# 新建区药用植物资源图志

王小青　熊周勇　熊周芳　主编

江西科学技术出版社

·南昌·

**图书在版编目（CIP）数据**

新建区药用植物资源图志 / 王小青, 熊周勇, 熊周芳主编. -- 南昌：江西科学技术出版社, 2024. 9.

ISBN 978-7-5390-9176-1

Ⅰ. S567.019.256.4-64

中国国家版本馆CIP数据核字第2024G0R599号

新 建 区 药 用 植 物 资 源 图 志
XINJIAN QU YAOYONG ZHIWU ZIYUAN TUZHI

王小青　熊周勇　熊周芳　主编

| | |
|---|---|
| 出版<br>发行 | 江西科学技术出版社 |
| 社址 | 南昌市蓼洲街2号附1号 |
| | 邮编：330009　电话：(0791)86623491　86639342(传真) |
| 印刷 | 江西赣版印务有限公司 |
| 经销 | 各地新华书店 |
| 开本 | 787 mm×1092 mm　1/16 |
| 印张 | 25 |
| 字数 | 360千字 |
| 版次 | 2024年9月第1版 |
| 印次 | 2024年9月第1次印刷 |
| 书号 | ISBN 978-7-5390-9176-1 |
| 定价 | 128.00元 |

国际互联网（Internet）地址：http://www.jxkjcbs.com　　选题序号：KX2024011　　赣版权登字：-03-2024-197
责任编辑：李智玉　　装帧设计：朱云浦　徐　育
版权所有　侵权必究
（赣科版图书凡属印装错误，可向承印厂调换）

# 《新建区药用植物资源图志》
## 编委会

主　　编：王小青　熊周勇　熊周芳

副 主 编：何小群　余章科　陈齐琳　陈　超
　　　　　熊善权　刘春燕　胡亮明

编　　委：万志坚　万春根　王仁忠　王武文
　　　　　毛云峰　邓海贵　卢　绩　付志强
　　　　　白六梅　李海斌　杨海燕　余　榕
　　　　　余艳梅　陈可宝　易悟强　金媚媚
　　　　　赵诗云　胡华春　胡智宁　袁源见
　　　　　涂　强　涂维新　黄　斌　黄小强
　　　　　黄晨智　康　明　彭智祥　曾慧婷
　　　　　蔡妙婷　廖卫波　熊建华　滕双凤
　　　　　戴勇华　魏鉴冰

编写单位：江西省中医药研究院
　　　　　南昌市新建区中医医院

# 前言

　　南昌市新建区（原新建县）位于江西省中北部，地处赣江、锦江、修河下游，鄱阳湖西南面。全区呈长条形，东西长，南北窄，三面环水，一面靠山，属江南丘陵滨湖地区，地势西南高，东北低，起伏平缓。全区土壤大致分为水稻土壤、旱作土壤和自然土壤，全区气候属亚热带季风气候，温暖湿润，四季分明。

　　新建区历史悠久，人杰地灵。北宋太平兴国六年（公元981年）设立县治，南唐元宗时的邓及为童子科状元，明天顺时的王一夔三元及第，明末清初著名医学家、江南圣医喻昌（喻嘉言），著名植物分类学家胡先骕等。喻昌不仅医技精湛且著作颇丰，主要包括《尚论篇》《尚论后篇》《医门法律》《（痘疹）生民切要》等十余部；胡先骕被誉为中国近代植物分类学的奠基人，留学回国后，组织科研机构，创办专业杂志，发起成立中国植物学会，在江西庐山创办了森林植物园，与邹秉文、钱崇澍等合著我国第一部《高等植物学》。新建区具有丰富的林业资源、生物资源和

1

矿物资源等自然资源。新建区西山山脉雨量充沛，形成了特殊的山地气候，森林覆盖面积大，植被丰厚，是野生植物生长、繁殖的天然场所，野生药用资源丰富。

新建区特殊的地理优势和良好的生态环境为中药材的生长提供了温床。新建区北部大塘坪乡出土的西汉海昏侯墓竹简中就有许多关于中药材的记载。江西省文物考古研究院与中国中医科学院专家团队研究发现，海昏侯墓出土的疑似冬虫夏草的植物遗存"海昏草"为中药地黄炮制品，是迄今为止发现年代最早的中药炮制品实物。"海昏草"的发现，将中药蒸法及米辅料加工法的应用历史提前至公元前59年。清朝同治《新建县志》卷十三记载该地药物种类166种，并且很多药材作为一方名品载入典籍。当地流传有唐虞时期洪崖先生在西山炼丹采药、晋人许逊与葛洪隐居西山采药济生等传说。据史料记载，该地区生产特色药材，如宋代《太平寰宇记》辑录洪州特色药材是西山黄精，元代熊天明《天宝洞天赋》列举新建石埠一带的"山中之产，有黄精、玉延、竹荪、松苓（叶连）、茗舌、蕨拳，一寸九节之昌阳，一秆十五花之芳兰"诸多植物药材，并赞誉为"固仙儒之所躔"，《农谱》引明代宁王朱权称西山天宝洞与洪崖的九节石菖蒲是天下名品，葛洪《神仙传》称"石上生有菖蒲神草，一寸九节，服之可以长生"等。

中药资源是中医药事业和中药产业赖以生存发展的重要物质基础，

是国家重要的战略性资源。我国历史上中医学家、药物学家编纂了大量医药典籍，如东汉时期的《神农本草经》、唐代的《新修本草》、明代的《本草纲目》等。而以图文形式来编纂药书，则发轫于北宋苏颂的《本草图经》；兴盛于明代李时珍的《本草纲目》与清代吴其濬的《植物名实图考》，《本草纲目》绘图有1160幅，《植物名实图考》则高达1805幅，蓬勃于新中国。新中国成立后，国家相继组织编纂了《全国中草药汇编》《中药大辞典》《中国植物志》等大型权威著作。

进入新时代，各地方政府纷纷组织开展中药资源普查工作。江西省第四次全国中药资源普查新建区普查队自2020年4月开始，历时1年2个月，开展野外实地调查，通过拍摄照片、采制标本、查阅资料、分析整理、科学考证等具体细致的工作，基本摸清了新建区中药材资源分布情况和蕴藏量。为做好档案资源的保存，新建区中医医院作为牵头单位组织编纂了《新建区药用植物资源图志》。本书共收录新建区327个药用植物资源，配置图片1600多幅，并详细记录了收录中药材的基原、别名、形态特征、生境分布、入药部位、采收加工、功能主治（含性味归经）等内容。在目录编排上，药用物种所属的科名按蕨类植物—裸子植物—被子植物的顺序排序，其中蕨类植物按秦仁昌蕨类植物分类系统（1978年）编排，裸子植物按郑万钧系统（1978年）编排，被子植物按恩格勒系统（1964年第12版）编排，同科的物种按属、种学名的字母排序排

列。《新建区药用植物资源图志》的编纂和出版，可为保护、开发和利用本区中药资源及学术研究提供借鉴和参考。

　　《新建区药用植物资源图志》的编纂是一项技术难度高、涉及范围广的复杂工程，囿于著者经验和水平等因素，难免存有错漏、不妥和需改进之处，敬请读者不吝指正。

《新建区药用植物资源图志》编委会

# 目录
## Contents

## 第一部分　总论

## 第二部分　各论

第一部分

总论

# 第一章

# 新建区自然资源环境与人文历史概况

## 一、新建区概况

新建区位于江西省中部偏北，赣江下游西岸，中国第一大淡水湖——鄱阳湖的南面，地处东经115°31′至116°25′，北纬28°20′至29°10′，呈长条状，南北总约112千米，东西宽约23千米，属江南丘陵滨湖地区。

新建区是江西省会南昌市市辖区，与南昌中心城区融为一体。东临赣江，西连西山山脉，北至鄱阳湖，南与丰城市、高安市接壤。

新建区政府所在地长堎街道与南昌市隔江相望，随着大南昌都市圈进一步的发展，新建区已成为南昌市的新城区。全区辖区面积2121.1平方千米，辖15个乡镇及街道，1个经济开发区。2022年末，新建区实际管辖区域户籍总人口为55.53万人。其中，城镇人口19.6万人，乡村人口35.93万人。

## 二、自然资源环境概况

新建区属中亚热带，四季分明、气候温和、日照充足、雨量充沛。新建区地域辽阔，境内东、南、北三面临水，西南丘陵平原相间，东北为滨湖平原圩区，有耕地、水面和红壤岗地各百万亩，自然资源得天独厚。

### （一）土地资源

全区耕地面积82908.42公顷，滩涂27171.53公顷，荒草4392.82公顷（包括经开、红谷滩等属新建区行政范围内的数据）。

新建区夕阳美景

### （二）水资源

全区辽阔的水域和丰富的草洲、草坡是发展水产、畜牧业的天然资源。境内河港纵横、湖泊密布，以赣江、锦江、修河支流蚂蚁河为主体，连接药湖、流湖、碟子湖、下庄湖和铁河5条溪流、18条小溪、62个湖泊，水域面积占区域总面积的1／3。全区年均降水量1630毫米左右。

### （三）林业资源

新建区现有林地面积3.92万公顷，林木绿化率为18.93%，活立木储积量为107.65万立方米。主要林特产品有松脂、香菇、三笋、油茶籽、油桐籽等。野生动物、植物资源品种繁多。野生药用植物百余种，油料芳香植物20种，工艺用植物15种，其中，经济价值较高的有蔓荆子、黄栀子、猕猴桃、鸡头莲、乌桕籽等。属国家保护的珍贵野生植物有30余种。

### （四）矿业资源

新建区境内初步探明矿藏13种。金属矿有铁、锰、砂金、钴锑、铜钛等。非金属矿有煤、辉绿岩、花岗石、白云岩、石英、红石、石灰石、高岭土（陶土）、河砂、卵石等。其中，红石、花岗岩、砂卵石品质优、产销量大。

### （五）农、渔业资源

新建区素有"鱼米之乡"美称，连续多次获得"全国生猪调出大县"的光荣称号，被农业部授予国家农产品质量安全县（区）。新建区盛产花生、油菜籽、大豆、茶叶、棉花、荞头、瓜果、禽蛋、牛奶等。新建区有鱼120余种，尤以银鱼、针鱼、红鳍白、代氏白鲦鱼和皱纹冠蚌产珍珠闻名。境内湖滩草洲、荒山草坡及未利用大水面广袤，是农业开发和农业产业化发展基地。

### （六）旅游资源

新建有着灿烂的历史文明，人文底蕴深厚，自然风光秀美，旅游资源丰富而独特，是环鄱阳湖生态经济圈旅游重点县（区）之一，具有便利的交通和独特的区位优势，发展旅游业有着巨大的潜力。新建区文物资源丰富，拥有国家级文物保护单位1处，省级文物保护单位8处，市级文物保护单位9处，区级文物保护单位26处；国家级自然保护区1处。主要为：红色经典——小平小道，既是一个爱国主义教育基地，又是一个集教育纪念、休闲为一体的纪念性公园。湖光山色——怪石岭生态公园，一个集高品质农产品供给、游客参与采摘、运动健身等多功能为一体的休闲农业与乡村旅游示范基地。鹭鸟王国——象山森林公园，休闲旅游、度假疗养的理想场所。筑梦之旅——梦山风景区，一个绝佳的度假场所和避暑胜地。道教圣地——西山万寿宫，钟响磬鸣、香客云集，远近闻名的道教旅游胜地、道教养生福地。鄱湖明珠——南矶湿地，生态科考的净地、休闲度假的胜地、艺术采风的天堂。中国府第文化博物馆——汪山土库，享有"江南小朝廷"的美誉，是江西省级文物保护单位。心湖艺海——中盛山庄，集休闲观光、会议接待为一体的综合性现代绿色生态农庄。南昌第一城市养生地——南昌金燕国际温泉城，地下深层优质温泉资源开发的大型旅游度假区。海昏侯都城——紫金城遗址与汉代古墓群，国内目前发现面积最大、保

怪石岭溪霞水库全景

存最好、格局最完整、内涵最丰富的典型汉代列侯国都城聚落遗址。江南地下宫殿——宁王朱权墓，国家级文物保护单位。万亩茶园——绿源农庄，一个集油茶生态、农耕体验、农业科普、乡村休闲等为一体的现代农业观光庄园。

## 三、人文历史概况

### （一）悠久的历史

新建历史悠久，早在新石器时期就有人居住。622年（唐武德五年）单独设县，名西昌，625年并入南昌县。981年（宋太平兴国六年）划南昌县西北境（今奉新，永修一部分地区）十六乡另建一县，命名新建县，至今已有一千余年历史。现区址长堎镇，原为荒丘，1961年始建。

### （二）深厚的人文底蕴

新建区有着灿烂的文化史，历代名人辈出，灿若星河。有东晋时蜀郡旌阳县令许逊，清正贤明，归隐后治水有功，后人建西山万寿宫纪念；南唐元宗时的邓及为童子科状元；明朝天文学家欧阳斌元；明末清初"医圣"喻昌，有《医门法律》《尚书篇》等医著传世；明末著名学者程登吉，所著《幼学故事琼林》(亦名《幼学须知》)称为小型百科全书；清初山水画家八大山人朱耷；清末著名爱国将领蔡希分，曾率军出镇南关，大败法军；左翼联盟作家胡也频；中国近代植物分类的奠基人、著名植物学家胡先骕；京剧表演艺术家肖长华；书法家熊石番；数学家曾炯；当代文化名人夏征农等。

# 第二章
# 新建区中药资源普查概况

新建区中药资源普查工作于2019年正式启动，成立由饶雪宇副区长担任组长的新建区中药资源普查领导小组，负责新建区中药资源普查的组织、协调和实施，按照江西省中药资源普查领导小组及办公室的统一规定和要求，具体组织实施当地的中药资源普查工作。

新建区中药资源普查领导小组下设新建区普查工作领导小组办公室，新建区卫生健康委员会主任邹爱娟任领导小组办公室主任。新建区普查工作领导小组办公室按照国家、省和区中药资源普查工作领导小组工作部署和要求开展相关工作，及时向区领导小组汇报中药资源普查有关情况。制定《新建区中药资源普查工作实施方案》并明确具体工作目标和措施。组织开展中药资源普查宣传工作，积极与区有关部门进行沟通协调，为中药资源普查创造良好条件，保障普查人员在本地区的生命财产安全等。

新建区中药资源普查队设在新建区中医医院，新建区卫生健康委员会戴勇华任队长，新建区中医院刘晓根任副队长，新建区中医院熊周芳、余丹、方强、熊小玲、熊国明、毛雲峰等同志为队员。新建区中药资源普查队主要负责县域中药资源普查的具体实施，包括外业野生药用资源调查、中药材种植基地调查、中药材市场调查、传统知识调查、内业腊叶标本制作、普查数据上传等。

根据第四次中药资源普查的技术要求，新建区中药资源普查工作的进行是按照区普查领导小组研究的方案进行的。首先以全国重点普查的植物药669个品种为主，以江西省299种常用中药材品种为目标，摸清其面积、分布、蕴藏量、生长环境、植物学特征、性能和药用功能等有关资料，然后根据新建区的中药资源情况，制订了具体的普查方案和步骤。按照省普查重点品种要求，根据新建区第三次中药普查的数据，拟定63个品种为新建区重点普查对象。结合新建区中医院的人员结构特点和工作情况，新建区中药资源普查工作由新建区中医院负责完成，江西省中医药研究院提供技术支持。

2020年4月16日，新建区普查工作领导小组办公室派出新建区中药资源普查队骨干队员刘晓根、熊周芳参加了省普查工作领导小组办公室在景德镇举办的2019年度江西省中药资源普查工作启动会暨技术培训会。会上，省普查工作领导小组办公室领导介绍了普查工作的重要意义，省中医药研究院的技术专家对大家进行了普查方案的解读并对普查要点进行培训，其间，还举行了普查队旗授旗仪式，新建区普查队队长戴勇华接旗。此次培训，保证了普查队普查技术骨干的业务能力和对普查技术规范的熟练掌握。

2020年4月21日，在新建区普查工作领导小组的领导下，在新建区普查工作领导小组办公室的组织下，新建区中药资源普查队在新建区举行了隆重的中药资源普查启动仪式，正式启动新建区本次中药资源普查工作，省中医药研究院专家王小青、赵诗云、廖卫波、杨海燕、康明等参加启动会。随后，在省中医药研究院专家的指导下，启动新建区中药资源普查野外样地调查工作。

新建区中药资源普查外业调查工作自2020年4月21日至2021年5月27日，先后分7次完成了县域内39个样地、种植基地、中药市场的调查，共采集植物标本1300多份，涉及品种334种，收集药材样品13种，收集种质资源12种。经过此次中药资源普查，基本上摸清了新建区野生和栽培中药资源情况，使队员们对一些野生药材品种所适应的土壤、气候和生长环境及适应能力、药用性能有所了解，为今后新建区发展中药材生产奠定了一定的理论基础。

2020年12月11日，江西省2018年普查验收会暨2019年普查工作汇报推进会在南昌召开，新建区中药资源普查队队长戴勇华及骨干队员熊周芳前往参加，熟悉了普查工作验收的流程及验收要点，为新建区参加普查验收做了准备。2021年9月25日，江西省2018—2019年中药资源普查工作验收会召开，会上，江西省中医药研究院陈超助理研究员代表新建区作中药资源普查工作总结汇报。新建区中药资源普查工作成果获评审专家肯定，并通过省级验收。

2019年普查工作启动会暨技术培训会

江西省2018—2019年中药资源普查验收会

传统知识调查合影

样线调查合影

在1号样地合影

在2号样地合影

在3号样地合影

在5号样地合影

在6号样地合影

在7号样地合影

在9号样地合影

在10号样地合影

在12号样地合影

在13号样地合影

在14号样地合影

在15号样地合影

在16号样地合影

在17号样地合影

在19号样地合影

在20号样地合影

在21号样地合影

在22号样地合影

在23号样地合影

在24号样地合影

在25号样地合影

在26号样地合影

在27号样地合影

在28号样地合影

在29号样地合影

在30号样地合影

在31号样地合影

在32号样地合影

在33号样地合影

在34号样地合影

在36号样地合影

在37号样地合影

在38号样地合影

在39号样地合影

在40号样地合影

在41号样地合影

在42号样地合影

在43号样地合影

在44号样地合影

中药材种植基地调查

第二部分 各论

# 石　松 别名：伸筋草

*Lycopodium japonicum* Thunb. ex Murray

**形态特征**　多年生草本。匍匐茎地上生，细长横走，2~3回分叉，绿色，被稀疏的叶；侧枝直立，多回二叉分枝，稀疏，压扁状，枝连叶直径5~10 mm。叶螺旋状排列，密集，上斜，披针形或线状披针形，基部楔形，下延，无柄，先端渐尖，具透明发丝。孢子囊穗不等位着生，直立，圆柱形，长2~8 cm，具1~5 cm长的长小柄；孢子叶阔卵形，先端急尖，具芒状长尖头，边缘膜质，啮蚀状，纸质；孢子囊生于孢子叶腋，略外露，圆肾形，黄色。

**生境分布**　生于林下、灌丛下、草坡、路边或岩石上。分布于西山镇等地。

**入药部位**　全草（伸筋草）。

**采收加工**　夏、秋二季茎叶茂盛时采收，除去杂质，晒干。

**功能主治**　微苦、辛，温。归肝、脾、肾经。祛风除湿，舒筋活络。用于关节酸痛，屈伸不利。

# 紫　萁 别名：矛状紫萁

*Osmunda japonica* Thunb.

■ 标本采集号：360122201013012LY

**形态特征**　多年生草本。植株高50~80 cm。根茎粗短，或稍弯短树干状。叶簇生，直立；叶柄长20~30 cm，禾秆色，幼时密被绒毛，全脱落；叶片三角状宽卵形，长30~50 cm，宽20~40 cm，顶部一回羽状，其下二回羽状；羽片3~5对，对生，长圆形，长15~25 cm，基部宽8~11 cm，奇数羽状；小羽片5~9对，对生或近对生，无柄，分离，基部具1~2合生圆裂片，或宽披针形小裂片，具细锯齿；叶脉两面明显。能育叶与不育叶等高，或稍高，羽片与小羽片均短，小羽片线形，长1.5~2 cm，沿中肋两侧背面密生孢子囊。

**生境分布**　生于林下或溪边酸性土上。分布于石岗镇等地。

**入药部位**　根茎和叶柄残基（紫萁贯众）、嫩苗或幼叶柄上的绵毛（紫萁苗）。

**采收加工**　**紫萁贯众：**春、秋二季采挖，洗净，除去须根，晒干。**紫萁苗：**春季采收，洗净，鲜用或晒干。

**功能主治**　**紫萁贯众：**苦、微寒；有小毒。归肺、胃、肝经。清热解毒，疏风通络，止血，杀虫。用于疫毒感冒，热毒泻痢，痈疮肿毒，吐血，衄血，便血，崩漏，虫积腹痛。**紫萁苗：**苦，微寒。止血。用于外伤出血。

# 海金沙 别名：狭叶海金沙

*Lygodium japonicum* (Thunb.) Sw..

标本采集号：360122200616031LY

**形态特征** 植株高攀达1~4 m。叶轴上面有两条狭边，羽片多数，相距9~11 cm，对生于叶轴上的短距两侧，平展。不育羽片尖三角形，长宽几相等，为10~12 cm或较狭，柄长1.5~1.8 cm，同羽轴一样多少被短灰毛，两侧并有狭边，二回羽状，一回羽片2~4对，互生，柄长4~8 mm。叶纸质，干后禄褐色。能育羽片卵状三角形，长宽几相等，为12~20 cm，二回羽状，一回小羽片4~5对，互生，相距2~3 cm，长圆披针形，长5~10 cm；卵状三角形，羽状深裂。孢子囊穗长2~4 mm，排列稀疏，暗褐色，无毛。

**生境分布** 生于阴湿山坡灌丛中或路边林缘。各乡镇均有分布。

**入药部位** 成熟孢子（海金沙）、地上部分（海金沙藤）。

**采收加工** **海金沙**：秋季孢子未脱落时采割藤叶，晒干，搓揉或打下孢子，除去藤叶。**海金沙藤**：秋季孢子未成熟时采收，除去杂质，鲜用或干燥。

**功能主治** **海金沙**：甘，咸，寒。归膀胱、小肠经。清利湿热，通淋止痛。用于热淋，石淋，血淋，膏淋，尿道涩痛。**海金沙藤**：甘，寒。归膀胱、小肠、肝经。清热解毒，利水通淋，活血通络。用于尿路感染，尿路结石，白浊带下，小便不利，肾炎水肿，湿热黄疸，感冒发热咳嗽，咽喉肿痛，肠炎，痢疾，烫伤，丹毒，跌打损伤，风湿痹痛。

# 乌　蕨 别名：乌韭

*Odontosoria chinensis* J. Sm.

**形态特征**　多年生草本。根状茎短而横走，粗壮，密被赤褐色的钻状鳞片。叶近生，禾秆色至褐禾秆色，有光泽，圆，上面有沟，除基部外，通体光滑；叶片披针形，先端渐尖，基部不变狭，四回羽状；一回小羽片在一回羽状的顶部下有10~15对，连接，有短柄，近菱形，先端钝，基部不对称，楔形，上先出。孢子囊群边缘着生，每裂片上1枚或2枚，顶生1~2条细脉上；囊群盖灰棕色，革质，半杯形，宽，与叶缘等长，近全缘或多少啮蚀，宿存。

**生境分布**　生于林下或灌丛中阴湿地。分布于望城镇、蛟桥镇等地。

**入药部位**　全草（乌韭）。

**采收加工**　夏、秋季采挖，除净泥土，晒干或鲜用。

**功能主治**　微苦，寒。清热解毒，利湿，止血。用于肝炎，菌痢，肠炎，乳腺炎，胆道结石，雷公藤中毒；外用于外伤出血，皮肤湿疹。

# 井栏边草　别名：凤尾草

*Pteris multifida* Poir.

标本采集号：360122200616034LY

| | |
|---|---|
| **形态特征** | 植株高30~45 cm。根状茎短而直立，粗1~1.5 cm，先端被黑褐色鳞片。叶多数，密而簇生，明显二型，不育叶柄长15~25 cm，粗1.5~2 mm，禾秆色或暗褐色而有禾秆色的边，稍有光泽，光滑，叶片卵状长圆形，长20~40 cm，宽15~20 cm，一回羽状，羽片通常3对，对生，斜向上，能育叶有较长的柄，羽片4~6对，狭线形，长10~15 cm，宽4~7 mm，仅不育部分具锯齿，余均全缘。主脉两面均隆起，禾秆色，侧脉明显，稀疏，单一或分叉。叶干后草质，暗绿色，遍体无毛，叶轴禾秆色，稍有光泽。 |
| **生境分布** | 生于半阴湿的岩石及墙角石隙中。分布于生米镇等地。 |
| **入药部位** | 全草（凤尾草）。 |
| **采收加工** | 夏、秋二季采收，洗净，晒干。 |
| **功能主治** | 淡、微苦，寒。归肝、胃、大肠经。清热利湿，凉血止血，消肿解毒。用于黄疸，痢疾，泄泻，淋浊，带下病，吐血，便血，崩漏，尿血，湿疹，痈肿疮毒。 |

# 狗　脊 别名：日本狗脊蕨

*Woodwardia japonica* (L. f.) Sm.

■ 标本采集号：360122200624005LY

| 形态特征 | 多年生草本，高50~120 cm。根状茎粗壮，横卧，暗褐色，粗3~5 cm，与叶柄基部密被鳞片；叶近生；叶片长卵形，二回羽裂；顶生羽片卵状披针形或长三角状披针形，大于其下的侧生羽片，羽状半裂。叶脉明显，羽轴及主脉均为浅棕色，两面均隆起，在羽轴及主脉两侧各有一行狭长网眼。叶近革质，干后棕色或棕绿色；羽轴下面的下部密被棕色纤维状小鳞片，向上逐渐稀疏。孢子囊群线形，挺直；囊群盖线形，质厚，棕褐色，成熟时开向主脉或羽轴，宿存。 |

**生境分布**　生于疏林、灌丛处。分布于石岗镇等地。

**入药部位**　根茎（狗脊贯众）。

**采收加工**　冬初至春末采挖，削去叶及须根，洗净泥沙，干燥。

**功能主治**　苦，微寒。归肝、胃、肾、大肠经。清热解毒，杀虫止血。用于瘟疫，斑疹，吐血，衄血，肠风便血，血痢，血崩，带下病。

# 贯 众 别名：山东贯众、宽羽贯众、多羽贯众

*Cyrtomium fortunei* J. Sm.

标本采集号：360122200615043LY

**形态特征**　植株高25~50 cm。根茎直立，密被棕色鳞片。叶簇生，叶柄长12~26 cm，基部直径2~3 mm，禾秆色，腹面有浅纵沟，密生卵形及披针形，棕色，有时中间为深棕色鳞片，鳞片边缘有齿，叶片矩圆披针形，长20~42 cm，宽8~14 cm，奇数一回羽状，侧生羽片7~16对，互生，顶生羽片狭卵形，下部有时有1或2个浅裂片，长3~6 cm，宽1.5~3 cm。叶为纸质，两面光滑，叶轴腹面有浅纵沟，疏生披针形及线形棕色鳞片。孢子囊群遍布羽片背面，囊群盖圆形，盾状，全缘。

**生境分布**　生于空旷地石灰岩缝或林下。分布于蛟桥镇等地。

**入药部位**　根茎（小贯众）。

**采收加工**　全年均可采收。全株掘起，清除地上部分及须根后充分晒干。

**功能主治**　苦、涩，寒。归肝、肺、大肠经。清热解毒，凉血祛瘀，驱虫。用于感冒，热病斑疹，白喉，乳痈，瘰疬，痢疾，黄疸，吐血，便血，崩漏，痔血，带下病，跌打损伤，肠道寄生虫病。

# 银　杏

别名：鸭掌树、鸭脚子、公孙树、白果

*Ginkgo biloba* L.

■ 标本采集号：360122200615044LY

**形态特征**　乔木，高达40 m，胸径4 m。树皮灰褐色，纵裂。大枝斜展，一年生长枝淡褐黄色，二年生枝变为灰色；短枝黑灰色。叶扇形，上部宽5~8 cm，上缘有浅或深的波状缺刻，有长柄；在短枝上3~8叶簇生。雄球花4~6生于短枝顶端叶腋或苞腋，长圆形，下垂，淡黄色；雌球花数个生于短枝叶丛中，淡绿色。种子椭圆形，倒卵圆形或近球形，长2~3.5 cm，成熟时黄或橙黄色，被白粉，中种皮骨质，白色，有2~3纵脊，内种皮膜质，黄褐色；胚乳肉质，胚绿色。花期为3~4月，种子9~10月成熟。

**生境分布**　生于酸性土壤及排水良好地带的天然林中，常见栽培。分布于蛟桥镇等地。

**入药部位**　根或根皮（银杏根）、叶（银杏叶）、成熟种子（白果）。

**采收加工**　**银杏根**：9~10月采挖，洗净，晒干。**银杏叶**：秋季叶尚绿时采收，及时干燥。**白果**：秋季种子成熟时采收，除去肉质外种皮，洗净，稍蒸或略煮后，烘干。

**功能主治**　**银杏根**：甘，温。益气补虚。用于遗精，遗尿，夜尿频多，带下病，石淋。**银杏叶**：甘、苦、涩，平。归心、肺经。活血化瘀，通络止痛，敛肺平喘，化浊降脂。用于瘀血阻络，胸痹心痛，中风偏瘫，肺虚咳喘，高脂血症。**白果**：甘、苦、涩，平；有毒。归肺、肾经。敛肺定喘，止带缩尿。用于痰多喘咳，带下白浊，遗尿尿频。

# 马尾松　别名：枞松、山松、青松

*Pinus massoniana* Lamb.

标本采集号：360122200617008LY

**形态特征**　乔木，高达45 m，胸径1.5 m。树皮红褐色，下部灰褐色，裂成不规则的鳞状块片。枝条每年生长1轮，稀2轮；一年生枝淡黄褐色，无白粉；冬芽褐色，圆柱形。针叶2针一束，极稀3针一束，长12~30 cm，宽约1 mm，细柔，两面有气孔线，边缘有细齿，树脂道4~7，边生。球果卵圆形或圆锥状卵圆形，长4~7 cm，径2.5~4 cm，有短柄，熟时栗褐色，种鳞张开；鳞盾菱形，横脊微明显。种子卵圆形，长4~6 mm，连翅长2~2.7 cm。花期为4~5月，球果翌年10~12月成熟。

**生境分布**　生于阳光充足的干旱、瘠薄的红壤、石砾土及沙质土。各乡镇均有分布。

26

**入药部位**　幼根（松根）、树皮（松木皮）、叶（松叶）、球果（松球）、瘤状节或分枝节（油松节）、花粉（松花粉）、嫩枝尖端（松笔头）、油树脂蒸馏液（松油）、油树脂蒸馏液残渣（松香）。

**采收加工**　**松根**：全年均可采挖，洗净泥沙，鲜用或劈碎干燥。**松木皮**：全年均可采剥，洗净，节段，晒干。**松叶**：全年可采，除去杂质，鲜用或晒干。**松球**：春末夏初采集，鲜用或干燥。**油松节**：全年均可采收，锯取后阴干。**松花粉**：春季花刚开时，采摘花穗，晒干，收集花粉，除去杂质。**松笔头**：春季松树嫩梢长出时采，鲜用或晒干。**松油**：多在夏季采收，在松树干上用刀挖成"V"字形或螺旋纹槽，使边材部的油树脂自伤口流出，收集后，加水蒸馏，使松节油馏出，收集馏出液，即为松油。**松香**：多在夏季采收，在松树干上用刀挖成"V"字形或螺旋纹槽，使边材部的油树脂自伤口流出，收集后，加水蒸馏，使松节油馏出，剩下的残渣，冷却凝固。

**功能主治**　**松根**：苦，温。归肺、胃经。祛风除湿，活血止血。用于风湿痹痛，风疹瘙痒，赤白带下病风寒咳嗽，跌打吐血，风虫牙痛。**松木皮**：苦，温。归肺、大肠经。祛风除湿，活血止血，敛疮生肌。用于风湿骨痛，跌打损伤，金刃伤，肠风下血，久痢，湿疹，烧烫伤，痈疽久不收口。**松叶**：苦，温。归心、脾经。祛风燥湿，杀虫止痒，活血安神。用于风湿痹痛，脚气，湿疮，癣，风疹瘙痒，跌打损伤，头风头痛，神经衰弱，慢性肾炎。**松球**：甘、苦，温。归肺、大肠经。祛风除痹，化痰止咳平喘，利尿，通便。用于风寒湿痹，白癜风，慢性气管炎，淋浊，便秘，痔疮。**油松节**：苦、辛，温。入肝、肾经。祛风除湿，通络止痛。用于风寒湿痹，历节风痛，转筋挛急，跌打伤痛。**松花粉**：甘，温。归肝、脾经。收敛止血，燥湿敛疮。用于外伤出血，湿疹，黄水疮，皮肤糜烂，脓水淋漓。**松笔头**：苦、涩，凉。祛风利湿，活血消肿，清热解毒。用于风湿痹痛，淋证，尿浊，跌打损伤，乳痈，动物咬伤，夜盲症。**松油**：苦，温。祛风，杀虫。用于疥疮，皮癣。**松香**：苦、甘，温。归肝、脾、肺经。燥湿祛风，生肌止痛，杀虫。用于风湿痹痛，痈疽，疥癣，湿疮，金疮出血。

# 杉 木 别名：杉、沙木、刺杉、杉树

*Cunninghamia lanceolata* (Lamb.) Hook.

■ 标本采集号：360122200617008LY

**形态特征**　乔木。树皮灰色至暗灰褐色；短枝深灰色，顶端叶枕之间有较密的淡黄色短柔毛；冬芽近球形，基部稍宽，外部芽鳞褐色或淡褐色，具背脊，先端长尖，边缘具睫毛。叶倒披针状窄条形。雌球花和幼果淡紫色，卵状矩圆形，苞鳞直伸，先端急尖。球果卵状矩圆形，种鳞较薄，成熟后显著地张开，中部种鳞扁方圆形、倒三角状圆形或近圆形；种子斜三角状卵圆形，种翅淡褐色，先端钝圆。花期4~5月，球果10月成熟。

**生境分布**　生于山地、丘陵，广泛栽培。各地均有分布。

**入药部位**　根和根皮（杉木根）、心材及树枝（杉材）、枝干上的结节（杉木节）、树皮（杉皮）、叶（杉叶）、种子（杉子）、球果（杉塔）。

**采收加工**　**杉木根：**全年均可采收，晒干或鲜用。**杉材：**全年均可采收，采集心材及树枝，晒干或鲜用。**杉木节：**全年均可采收，收集枝干上的结节，晒干或鲜用。**杉皮：**全年均可采收，剥去树皮，晒干或鲜用。**杉叶：**全年均可采收，收集叶子，晒干或鲜用。**杉子：**7、8月间采摘球果，晒干后收集种子。**杉塔：**7、8月间采摘，晒干。

**功能主治**　**杉木根：**辛，微温。祛风利湿，行气止痛，理伤接骨。用于风湿痹痛，胃痛，疝气痛，淋病，白带，血瘀崩漏，痔疮，骨折，脱臼，刀伤。**杉材：**苦、辛，微温。利尿排石，消肿杀虫。用于淋症，尿络结石，遗精，带下，顽癣，疔疮。**杉木节：**辛，微温。祛风止痛，散湿毒。用于风湿骨节疼痛，胃痛，脚气肿痛，带下病，跌打损伤，臁疮。**杉皮：**辛，微温。利湿，消肿解毒。用于水肿，脚气，漆疮，流火，烫伤，金疮出血，毒虫咬伤。**杉叶：**辛，微温。祛风，化痰，活血，解毒。用于半身不遂初起，风疹，咳嗽，牙痛，天疱疮，脓疱疮，鹅掌风，跌打损伤，毒虫咬伤。**杉子：**辛，微温。理气散寒，止痛。用于疝气疼痛。**杉塔：**辛，温。温肾壮阳，杀虫解毒，宁心，止咳。用于遗精，阳痿，白癜风，乳痈，心悸，咳嗽。

# 福建柏 别名：滇福建柏、广柏、滇柏、建柏

*Fokienia hodginsii* (Dunn) Henry et Thomas

标本采集号：360122200615012LY

**形态特征**　乔木，高达17 m。树皮紫褐色，平滑；生鳞叶的小枝扁平，排成一平面，二三年生枝圆柱形。鳞叶2对交叉对生，成节状，呈楔状倒披针形，通常长4~7 mm，宽1~1.2 mm，叶面蓝绿色，叶背中脉隆起，两侧具凹陷的白色气孔带，侧面之叶对折，近长椭圆形，背侧面具1凹陷的白色气孔带；生于成龄树上之叶较小。雄球花近球形，长约4 mm。球果近球形，熟时褐色，径2~2.5 cm；种鳞顶部多角形，种子顶端尖，具3~4棱，长约4 mm，上部有两个大小不等的翅。花期3~4月，种子翌年10~11月成熟。

**生境分布**　生于温暖湿润的山地森林中。分布于蛟桥镇等地。

**入药部位**　心材（福建柏）。

**采收加工**　全年均可采，剥去树皮，取心材切段或切片，晒干用。

**功能主治**　苦、辛，寒。行气止痛，降逆止呕。用于脘腹疼痛，噎膈，反胃，呃逆，恶心呕吐。

# 罗汉松 别名：土杉、罗汉杉、狭叶罗汉松

*Podocarpus macrophyllus* (Thunb.) D. Don

标本采集号：360122200622002LY

**形态特征**　乔木，高达20 m，树皮浅裂，呈薄片状脱落。枝条开展或斜展，小枝密被黑色软毛或无；顶芽卵圆形，芽鳞先端长渐尖。叶螺旋状着生，革质，线状披针形，长7~12 cm，宽0.7~1 cm，上部微渐窄或渐窄，上面深绿色，中脉显著隆起，下面灰绿色，被白粉。雄球花穗状，常2~5簇生，长3~5 cm。雌球花单生稀成对，有梗。种子卵圆形或近球形，径约1 cm，成熟时假种皮紫黑色，被白粉，肉质种托柱状椭圆形，红或紫红色，长于种子，种柄长于种托，长1~1.5 cm；花期4~5月，种子8~9月成熟。

**生境分布**　常栽培于庭园作观赏树，野生的树木极少。

**入药部位**　根皮（罗汉松根皮）、叶（罗汉松叶）、种子及花托（罗汉松实）。

**采收加工**　**罗汉松根皮：**全年或秋季采挖，洗净，鲜用或晒干。**罗汉松叶：**全年或夏、秋季采收，洗净，鲜用或晒干。**罗汉松实：**秋季种子成熟后连同花托一起摘下，晒干。

**功能主治**　**罗汉松根皮：**甘、微苦，温。活血祛瘀，祛风除温，杀虫止痒。用于跌打损伤，风湿痹痛，癣疾。**罗汉松叶：**淡，平。止血。用于吐血，咯血。**罗汉松实：**甘，温。行气止痛，温中补血。用于胃脘疼痛，血虚面色萎黄。

# 杨　梅
别名：山杨梅、朱红、珠蓉、树梅

*Myrica rubra* (Lour.) Sieb. et Zucc.

■ 标本采集号：360122200615018LY

**形态特征**　常绿乔木，高可达15 m以上，胸径达60 cm左右。叶革质，楔状倒卵形或长椭圆状倒卵形，长6~16 cm，全缘，下面疏被金黄色腺鳞；叶柄长0.2~1 cm。雄花序单生或数序簇生叶腋，圆柱状，长1~3 cm；雄花具2~4卵形小苞片，雄蕊4~6，花药暗红色，无毛；雌花序单生叶腋，长0.5~1.5 cm；雌花具4卵形小苞片。核果球形，具乳头状凸起，径1~1.5 cm，果皮肉质，多汁液及树脂，味酸甜，熟时深红或紫红色；核宽椭圆形或圆卵形，稍扁，长1~1.5 cm，径1~1.2 cm，内果皮硬木质。4月开花，6~7月果实成熟。

**生境分布**　生于低山丘陵向阳山坡或山谷中，常见栽培。分布于蛟桥镇等地。

**入药部位**　树皮（杨梅树皮）、叶（杨梅叶）、果实（杨梅）、种仁（杨梅核仁）。

**采收加工**　**杨梅树皮**：全年均可采收，多在栽培整修时趁鲜剥取茎皮、根皮或挖取全根，鲜用或晒干。**杨梅叶**：全年均可采收，通常在栽培整枝时采，鲜用或晒干。**杨梅**：果实成熟后，分批采摘，鲜用或烘干。**杨梅核仁**：果实成熟后，食用杨梅果实时，留下核仁，鲜用或晒干。

**功能主治**　**杨梅树皮**：苦、辛、微涩，温。归肝、胃经。行气活血，止痛，止血，解毒消肿。用于脘腹疼痛，胁痛，牙痛，疝气，跌打损伤，骨折，吐血，衄血，痔血，崩漏，外伤出血，疮疡肿痛，痄腮，牙疳，汤火烫伤，臁疮，湿疹，疥癣，感冒，泄泻，痢疾。**杨梅叶**：苦，微辛，温。燥湿祛风，止痒。用于皮肤湿疹。**杨梅**：酸、甘，温。归脾、胃、肝经。生津解烦，和中消食，解酒，涩肠，止血。用于烦渴，呕吐，呃逆，胃痛，食欲不振，食积腹痛，饮酒过度，腹泻，痢疾，衄血，头痛，跌打损伤，骨折，烫火伤。**杨梅核仁**：辛、苦，微温。利水消肿，敛疮。用于脚气，牙疳。

# 枫 杨

别名：麻柳、马尿骚、蜈蚣柳

*Pterocarya stenoptera* C. DC.

■ 标本采集号：360122210420007LY

**形态特征**　大乔木，高达30 m，胸径达1 m。裸芽具柄，常几个叠生，密被锈褐色腺鳞。偶数稀奇数羽状复叶，叶轴具窄翅；小叶多枚，无柄，长椭圆形或长椭圆状披针形，先端短尖，基部楔形至圆，具内弯细锯齿。雌荑黄花序顶生，长10~15 cm，花序轴密被星状毛及单毛；雌花苞片无毛或近无毛。果序长20~45 cm，果序轴常被毛；果长椭圆形，长6~7 mm，基部被星状毛；果翅条状长圆形，长1.2~2 cm，宽3~6 mm。花期4~5月，果熟期8~9月。

**生境分布**　生于溪涧河滩、阴湿山坡地的林中。分布于樵舍镇等地。

**入药部位**　根或根皮（麻柳树根）、树皮（枫柳皮）、叶（麻柳叶）、果实（麻柳果）。

**采收加工**　**麻柳树根：**全年均可采挖或结合伐木采挖，将根除去泥土，洗净，晒干，或趁鲜时剥取根皮，晒干。**枫柳皮：**夏、秋季剥取树皮，鲜用或晒干。**麻柳叶：**春、夏、秋季均可采收，除去杂质，鲜用或晒干。**麻柳果：**秋季果实近成熟时采收，鲜用或晒干。

**功能主治**　**麻柳树根：**苦、辛，热；有毒。归肺、肝经。祛风止痛，杀虫止痒，解毒敛疮。用于风湿痹痛，牙痛，疥癣，疮疡肿毒，溃疡日久不敛，汤火烫伤，咳嗽。**枫柳皮：**辛、苦，温；有小毒。归肝、大肠经。祛风止痛，杀虫，敛疮。用于风湿麻木，寒湿骨痛，头颅伤痛，齿痛，疥癣，浮肿，痔疮，烫伤，溃疡日久不敛。**麻柳叶：**辛、苦，温；有毒。归肺、肝经。祛风止痛，杀虫止痒，解毒敛疮。用于风湿痹痛，牙痛，膝关节痛，疥癣，湿疹，阴道滴虫，烫伤，创伤，溃疡不敛，血吸虫病，咳嗽气喘。**麻柳果：**苦，温。归肺经。温肺止咳，解毒敛疮。用于风寒咳嗽，疮疡肿毒，天疱疮。

# 栗

别名：板栗、栗子、毛栗、油栗

*Castanea mollissima* Blume

■ 标本采集号：360122200618007LY

**形态特征**　乔木，高达20 m，胸径80 cm。小枝灰褐色，托叶长圆形，长10~15 mm，被疏长毛及鳞腺。叶椭圆至长圆形，长11~17 cm，宽稀达7 cm，常一侧偏斜而不对称，新生叶的基部常狭楔尖且两侧对称，叶背被星芒状伏贴绒毛或因毛脱落变为几无毛；叶柄长1~2 cm。雄花序长10~20 cm，花序轴被毛；花3~5朵聚生成簇，雌花1~5朵发育结实，花柱下部被毛。成熟壳斗的锐刺有长有短，有疏有密，密时全遮蔽壳斗外壁，疏时则外壁可见，壳斗连刺径4.5~6.5 cm；坚果高1.5~3 cm，宽1.8~3.5 cm。花期4~6月，果期8~10月。

**生境分布**　生于低山丘陵、缓坡及河滩等地带，常见栽培。分布于溪霞镇等地。

**入药部位**　树根或根皮（栗树根）、树皮（栗树皮）、叶（栗叶）、穗状花序（板栗花）、外果皮（栗壳）、总苞（栗毛球）、种仁（栗子）、内果皮（栗荴）。

**采收加工**　**栗树根**：全年可采挖，鲜用或晒干。**栗树皮**：全年均可剥取，鲜用或晒干。**栗叶**：夏、秋季采集，多鲜用。**板栗花**：4~5月花开时采收，干燥。**栗壳**：剥取种仁时收集，晒干。**栗毛球**：剥取果实时收集，晒干。**栗子**：总苞由青色转黄色，微裂时采收，剥出种子，晒干。**栗荴**：剥取栗仁时收集，阴干。

**功能主治**　**栗树根**：微苦，平。行气止痛，活血调经。用于疝气偏坠，牙痛，风湿关节痛，月经不调。**栗树皮**：微苦、涩，平。解毒消肿，收敛止血。用于癞疮，丹毒，口疮，漆疮，便血，鼻衄，创伤出血，跌仆伤痛。**栗叶**：微甘，平。清肺止咳，解毒消肿。用于百日咳，肺结核，咽喉肿病，肿毒，漆疮。**板栗花**：微苦、涩，平。归大肠、肝经。清热燥湿，止血，散结。用于泄泻，痢疾，带下病，便血，瘰疬，瘿瘤。**栗壳**：甘、涩，平。降逆生津，化痰止咳，清热散结，止血。用于反胃，呕哕，消渴，咳嗽痰多，百日咳，腮腺炎，瘰疬，衄血，便血。**栗毛球**：甘、涩，平。清热散结，化痰，止血。用于丹毒，瘰疬痰核，百日咳，中风不语，便血，鼻衄。**栗子**：甘、微咸，平。归脾、肾经。益气健脾，补肾强筋，活血消肿，止血。用于脾虚泄泻，反胃呕吐，脚膝酸软，筋骨折伤肿痛，瘰疬，吐血，衄血，便血。**栗荴**：甘、涩，平。散结下气，养颜。用于骨鲠，瘰疬，反胃，面有皱纹。

# 茅 栗 别名：野栗子、毛栗、毛板栗

*Castanea seguinii* Dode

■ 标本采集号：360122200617003LY

**形态特征** 小乔木或灌木状，通常高5~2 m，稀达12 m。小枝暗褐色。叶长椭圆形或倒卵状椭圆形，长6.5~14 cm，宽4~5 cm，先端短尖，基部宽楔形或圆，有时一侧偏斜，疏生粗锯齿，下面被灰黄色腺鳞，幼叶下面疏被单毛，侧脉9~18对，直达齿尖；叶柄长5~9 mm，托叶窄，长0.7~1.5 cm，花期仍未脱落。雄花序长5.5~11 cm，雄花簇有花3~5朵；2~3总苞散生雄花序基部，或单生，每总苞具3~5雌花，花柱9或6枚。壳斗径3~4 cm，密被尖刺，每壳斗具1~5果；果长1.5~2 cm，径1.3~2.5 cm，无毛或顶部疏生伏毛。花期5~7月，果期9~11月。

**生境分布** 生于丘陵山地，较常见于山坡灌木丛中，与阔叶常绿或落叶树混生。分布于石岗镇、石埠镇、生米镇等地。

**入药部位** 根（茅栗根）、叶（茅栗叶）、种仁（茅栗仁）。

**采收加工** 茅栗根：全年可采，晒干。茅栗叶：夏、秋季采摘，鲜用或晒干。茅栗仁：秋季总苞由青转黄，微裂时采收，剥出种子，晒干。

**功能主治** 茅栗根：苦，寒。清热解毒，消食。用于肺炎，肺结核，消化不良。茅栗叶：消食健胃。用于消化不良。茅栗仁：甘，平。安神。用于失眠。

# 苦 槠

别名：槠栗、苦槠锥、血槠、苦槠子

*Castanopsis sclerophylla* (Lindl. et Paxton) Schottky

标本采集号：360122201013006LY

**形态特征** 乔木，高5~10 m，稀达15 m，胸径30~50 cm，树皮浅纵裂，片状剥落，小枝灰色，散生皮孔，当年生枝红褐色，略具棱，枝、叶均无毛。叶长椭圆形、卵状椭圆形或倒卵状椭圆形，长7~15 cm，先端短尖或短尾状，基部宽楔形或近圆，中部以上具锯齿，稀全缘，老叶下面银灰色；叶柄长1.5~2.5 cm。雄花序常单穗腋生。壳斗近球形，几全包果，径1.2~1.5 cm，壳斗小苞片突起连成脊肋状圆环，不规则瓣裂；果近球形；子叶平凹，有涩味。花期4~5月，果当年10~11月成熟。

**生境分布** 生于山地或沟谷杂木林中。分布于石岗镇等地。

**入药部位** 树皮或叶（槠子皮叶）、种仁（槠子）。

**采收加工** **槠子皮叶**：全年可采收，鲜用或晒干。**槠子**：秋季果实成熟时采收，晒干后剥取种仁。

**功能主治** **槠子皮叶**：止血，敛疮。用于产妇血崩，臁疮。**槠子**：甘、苦、涩，平。涩肠止泻，生津止渴。用于泄泻，痢疾，津伤口渴，伤酒。

# 柯

别名：槠子、石栎、椆、珠子栎

*Lithocarpus glaber* (Thunb.) Nakai.

■ 标本采集号：360122201015004LY

**形态特征**　乔木，高15 m，胸径40 cm，一年生枝、嫩叶叶柄、叶背及花序轴均密被灰黄色短绒毛，二年生枝的毛较疏且短，常变为污黑色。叶革质或坚纸质，倒卵形、倒卵状椭圆形或长椭圆形，长6~14 cm，全缘或近顶端具2~4个浅齿，老叶侧脉8~10对；叶柄长1~2 cm；小枝、幼叶柄、叶下面及花序轴均密被灰黄色短绒毛。壳斗3~5成簇，碟状或浅碗状，无柄，高0.5~1 cm，径1~1.5 cm，鳞片三角形，被灰色微柔毛；果椭圆形，长1.2~2.5 cm，径0.8~1.5 cm，被白霜，果脐凹下。花期7~11月，果次年同期成熟。

**生境分布**　生于坡地杂木林中，阳坡较常见。分布于石岗镇等地。

**入药部位**　树皮（柯树皮）。

**采收加工**　全年均可采，刮去栓皮，鲜用或晒干。

**功能主治**　辛，平；有小毒。行气，利水。用于腹水肿胀。

# 白　栎　别名：小白栎

*Quercus fabri* Hance

■ 标本采集号：360122201014005LY

**形态特征**　落叶乔木或灌木状，高达20 m。树皮灰褐色，深纵裂。小枝密生灰色至灰褐色绒毛。叶片倒卵形、椭圆状倒卵形，长7~15 cm，宽3~8 cm，叶缘具波状锯齿或粗钝锯齿，侧脉每边8~12条，叶背支脉明显；叶柄长3~5 mm，被棕黄色绒毛。雄花序长6~9 cm，花序轴被绒毛，雌花序长1~4 cm，生2~4朵花，壳斗杯形，包着坚果约1/3，直径0.8~1.1 cm，高4~8 mm；小苞片卵状披针形，排列紧密，在口缘处稍伸出。坚果长椭圆形或卵状长椭圆形，直径0.7~1.2 cm，高1.7~2 cm，无毛，果脐突起。花期4月，果期10月。

**生境分布**　生于坡地杂木林中，阳坡较常见。分布于西山镇、象山镇等地。

**入药部位**　带虫瘿的果实及总苞（白栎蓓）。

**采收加工**　秋季采集，晒干。

**功能主治**　苦、涩，平。理气消积，明目解毒。用于疳积，疝气，泄泻，痢疾，火眼赤痛，疮疖。

# 紫弹树

别名：沙楠子树、异叶紫弹树、黑弹朴

*Celtis biondii* Pamp.

■ 标本采集号：360122210421011LY

**形态特征** 落叶乔木，高达18 m。幼枝密被柔毛，后渐脱落；冬芽黑褐色，芽鳞被柔毛。叶薄革质，宽卵形、卵形或卵状椭圆形，长2.5~7 cm，基部楔形或近圆，先端渐尖或尾尖，中上部疏生浅齿，两面被微糙毛；叶柄长3~6 mm，托叶线状披针形。果序单生叶腋，常具2果，总梗极短，果柄较长，梗连同果柄长1~2 cm，被糙毛；果幼时被柔毛，后渐脱落，近球形，径约542 mm，黄色或橘红色；核两侧稍扁，近圆形，径约4 mm，具4肋及网孔状。花期4~5月，果期9~10月。

**生境分布** 生于山地灌丛或杂木林中，可生于石灰岩上。分布于象山镇等地。

**入药部位** 根皮（紫弹树根皮）、茎枝（紫弹树枝）、叶（紫弹树叶）。

**采收加工** **紫弹树根皮**：春初、秋末挖取根部，除去须根、泥土，剥皮，晒干。**紫弹树枝**：全年均可采，切片，晒干。**紫弹树叶**：春、夏季采集，鲜用或晒干。

**功能主治** **紫弹树根皮**：甘，寒。解毒消肿，祛痰止咳。用于乳痈肿痛，痰多咳喘。**紫弹树枝**：甘，寒。通络止痛。用于腰背酸痛。**紫弹树叶**：甘，寒。清热解毒。用于疮毒溃烂。

# 朴　树　别名：黄果朴、紫荆朴、小叶朴

*Celtis sinensis* Pers.

■ 标本采集号：360122210526004LY

**形态特征**　落叶乔木，高达20 m。树皮灰色，平滑；一年生枝被密毛，后渐脱落。叶互生，叶柄长3~10 mm；叶片革质，通常卵形或卵状椭圆形，长3~10 cm，宽1.5~4 cm，先端急尖至渐尖，基部圆形或阔楔形，偏斜，中部以上边缘有浅锯齿，上面无毛，下面沿脉及脉腋疏被毛；基出3脉。花杂性，同株，1~3朵，生于当年枝的叶腋，黄绿色，花被片4，被毛，雄蕊4；柱头2。核果单生或2个并生，近球形，熟时红褐色；果柄与叶柄近等长；果核有凹陷和棱脊。花期3~4月，果期9~10月。

**生境分布**　生于路旁、山坡、林缘。分布于生米镇等地。

**入药部位**　根皮（朴树根皮）、树皮（朴树皮）、叶（朴树叶）、成熟果实（朴树果）。

**采收加工**　**朴树根皮**：全年均可采收，刮去粗皮，洗净，鲜用或晒干。**朴树皮**：全年均可采，洗净，切片，晒干。**朴树叶**：夏季采收，鲜用或晒干。**朴树果**：冬季果实成熟时采，晒干。

**功能主治**　**朴树根皮**：苦、辛，平。祛风透疹，消食止泻。用于麻疹透发不畅，消化不良，食积泻痢，跌打损伤。**朴树皮**：辛、苦，平。祛风透疹，消食化带。用于麻疹透发不畅，消化不良。**朴树叶**：微苦，凉。清热，凉血，解毒。用于漆疮，荨麻疹。**朴树果**：苦、涩，平。清热利咽。用于感冒，咳嗽，音哑。

# 杜　仲

别名：丝棉皮、棉树皮、胶树

*Eucommia ulmoides* Oliver

标本采集号：360122200615023LY

**形态特征**　落叶乔木，高达20 m，胸径1 m。树皮灰褐色，粗糙，植株具丝状胶质。单叶互生，椭圆形、卵形或长圆形，薄革质，长6~15 cm，宽3.5~6.5 cm，羽状脉，具锯齿；叶柄长1~2 cm。花单性，雌雄异株，无花被，先叶开放；雄花簇生，花梗长约3 mm，具小苞片，雄蕊5~10，线形，花丝长约1 mm，花药4室，纵裂；雌花单生小枝下部，花梗长8 mm，子房无毛，1室，先端2裂，柱头位于裂口内侧，先端反折，倒生胚珠2。翅果扁平，长椭圆形，先端2裂，周围具薄翅。早春开花，秋后果实成熟。

**生境分布**　生于路旁、山坡、林缘。分布于蛟桥镇等地。

**入药部位**　树皮（杜仲）、叶（杜仲叶）、嫩叶（檰芽）。

**采收加工**　**杜仲**：4~6月剥取，刮去粗皮，堆置"发汗"至内皮呈紫褐色，晒干。**杜仲叶**：夏、秋二季枝叶茂盛时采收，晒干或低温烘干。**檰芽**：春季嫩叶初生时采摘，鲜用或晒干。

**功能主治**　**杜仲**：甘，温。归肝、肾经。补肝肾，强筋骨，安胎。用于肝肾不足，腰膝酸痛，筋骨无力，头晕目眩，妊娠漏血，胎动不安。**杜仲叶**：微辛，温。归肝、肾经。补肝肾，强筋骨。用于肝肾不足，头晕目眩，腰膝酸痛，筋骨痿软。**檰芽**：甘，平。补虚生津，解毒，止血。用于身体虚弱，口渴，脚气，痔疮肿痛，便血。

# 楮  别名：小构树

*Broussonetia kazinoki* Siebold

■ 标本采集号：360122210421007LY

**形态特征** 灌木，高2~4 m。小枝斜上，幼时被毛，成长脱落。叶卵形至斜卵形，叶柄长约
1 cm；托叶小，线状披针形，渐尖，长3~5 mm，宽0.5~1 mm。花雌雄同株；雄花序
球形头状，直径8~10 mm，雄花花被4~3裂，裂片三角形，外面被毛，雄蕊4~3，花
药椭圆形；雌花序球形，被柔毛，花被管状，顶端齿裂，或近全缘，花柱单生，仅
在近中部有小突起。聚花果球形，直径8~10 mm；瘦果扁球形，外果皮壳质，表面
具瘤体。花期4~5月，果期5~6月。

**生境分布** 生于山坡林缘、沟边、住宅近旁。分布于樵舍镇等地。

**入药部位** 全株或根及根皮（构皮麻）、叶（小构树叶）、树汁（小构树汁）。

**采收加工** **构皮麻**：全年均可采剥，晒干。**小构树叶**：全年均可采叶，鲜用或晒干。**小构树
汁**：全年均可采，割划树皮，使胶汁流出，收集。

**功能主治** **构皮麻**：甘、淡，平。归肝、肾、膀胱经。祛风除湿，散瘀消肿。用于风湿痹痛，
泄泻，痢疾，黄疸，浮肿，痈疖，跌打损伤。**小构树叶**：淡，凉。清热解毒，祛风
止痒，敛疮止血。用于痢疾，神经性皮炎，疥癣，疖肿，刀伤。**小构树汁**：涩，
凉。祛风止痒，清热解毒。用于皮炎，疥癣，蛇虫犬咬。

# 构树 别名：毛桃、谷树、谷桑

*Broussonetia papyrifera* (Linn.) L Hert. ex Vent.

■ 标本采集号：360122200616004LY

**形态特征** 高大乔木或灌木状，高10~20 m。树皮暗灰色。叶广卵形至长椭圆状卵形，长6~18 cm，宽5~9 cm，边缘具粗锯齿，不分裂或3~5裂，表面粗糙，疏生糙毛，背面密被绒毛，基生叶脉三出，侧脉6~7对；叶柄长2.5~8 cm；托叶大，卵形，长1.5~2 cm，宽0.8~1 cm。花雌雄异株；雄花序为柔荑花序，长3~8 cm，苞片披针形，雄蕊4，花药近球形；雌花序球形头状，苞片棍棒状，花被管状，子房卵圆形。聚花果直径1.5~3 cm，成熟时橙红色，肉质；瘦果具有等长的柄，表面有小瘤。花期4~5月，果期6~7月。

**生境分布** 生于山坡林缘或村寨道旁。各乡镇均有分布。

**入药部位** 果实（楮实子）、根或根皮（楮树根）、树皮（楮树白皮）、树枝条（楮茎）、叶（楮叶）、茎皮部的乳汁（楮皮间白汁）。

**采收加工** 楮实子：秋季果实成熟时采收，洗净，晒干，除去灰白色膜状宿萼和杂质。**楮树根**：春季挖嫩根，或秋季挖根，剥取根皮，鲜用或晒干。**楮树白皮**：春、秋季剥取树皮，除去外皮，晒干。**楮茎**：春季采收枝条，晒干。**楮叶**：全年均可采收，鲜用或晒干。**楮皮间白汁**：春、秋季割开树皮，流出乳汁后取下。

**功能主治** 楮实子：甘，寒。归肝、肾经。补肾清肝，明目，利尿。用于肝肾不足，腰膝酸软，虚劳骨蒸，头晕目昏，目生翳膜，水肿胀满。**楮树根**：甘，微寒。凉血散瘀，清热利湿。用于咳嗽吐血，崩漏，水肿，跌打损伤。**楮树白皮**：甘，平。利水，止血。用于小便不利，水肿胀痛，便血，崩漏。**楮茎**：祛风，明目，利尿。用于风疹，目赤肿痛，小便不利。**楮叶**：甘，凉。凉血止血，利尿解毒。用于吐血，衄血，崩血，金疮出血，水肿，疝气，痢疾，毒疮。**楮皮间白汁**：甘，平。利水，杀虫解毒。用于水肿，疥癣，虫咬。

# 琴叶榕

别名：铁牛入石、全缘榕、全叶榕

*Ficus pandurata* Hance

标本采集号：360122210525006LY

**形态特征**　小灌木，高1~2 m；小枝。嫩叶幼时被白色柔毛。叶纸质，提琴形或倒卵形，长4~8 cm，中部缢缩，表面无毛，背面叶脉有疏毛和小瘤点，基生侧脉2，侧脉3~5对；叶柄疏被糙毛，长3~5 mm；托叶披针形，迟落。榕果单生叶腋，鲜红色，椭圆形或球形，直径6~10 mm，顶部脐状突起，基生苞片3，卵形，总梗长4~5 mm，纤细，雄花有柄，生榕果内壁口部，花被片4，线形，雄蕊3；花被片3~4，子房近球形，花柱侧生；雌花花被片3~4，椭圆形，花柱侧生，细长，柱头漏斗形。花期6~8月。

**生境分布**　生于山地，旷野或灌丛林下。分布于石岗镇、西山镇等地。

**入药部位**　根、叶（琴叶榕）。

**采收加工**　**根**：全年可采，秋季为佳。**叶**：夏、秋季采收。

**功能主治**　甘、微辛、平。祛风除湿，解毒消肿，活血通经。用于风湿痹痛，黄疸，疟疾，百日咳，乳汁不通，乳痈，痛经，闭经，痈疖肿痛，跌打损伤，毒蛇咬伤。

# 薜 荔

别名：木馒头、鬼馒头、凉粉果、木莲

*Ficus pumila* Linn.

标本采集号：360122200623009LY

**形态特征**　攀援或匍匐灌木。叶两型，营养枝节上生不定根，叶薄革质，卵状心形，长约2.5 cm，先端渐尖，基部稍不对称，叶柄很短，果枝上无不定根，叶革质，卵状椭圆形，长5~10 cm，先端尖或钝，基部圆或浅心形，全缘，上面无毛，下面被黄褐色柔毛，侧脉3~4对，在上面凹下，下面网脉蜂窝状；叶柄长0.5~1 cm，托叶披针形，被黄褐色丝毛。瘦果近倒三角状球形，有黏液。花果期5~8月。

**生境分布**　生于旷野树上或村边残墙破壁上或石灰岩山坡上。分布于石岗镇等地。

**入药部位**　根（薜荔根）、带叶茎枝（薜荔藤）、果实（木馒头）、乳汁（薜荔汁）。

**采收加工**　**薜荔根**：全年均可采收，鲜用或晒干。**薜荔藤**：秋末、冬初叶未脱落前采收，干燥。**木馒头**：秋季采收将熟的果实，剪去果柄，投入沸水中浸泡，晒干或鲜用。**薜荔汁**：随时可采。割破茎皮，待乳汁流出后收集。也可取自叶中。

**功能主治**　**薜荔根**：苦，寒。祛风除湿，舒筋通络。用于风湿痹痛，坐骨神经痛，腰肌劳损，水肿，疟疾，闭经，产后瘀血腹痛，慢性肾炎，慢性肠炎，跌打损伤。**薜荔藤**：酸，平。归心、肝、肾经。祛风除湿，活血通络，解毒消肿。用于风湿痹痛，筋脉拘挛，跌打损伤，痈肿。**木馒头**：甘、平。归肾、胃、大肠经。补肾固精，清热利湿，活血通经，催乳，解消肿。用于肾虚遗精，阳痿，小便淋浊，久痢，痔血，肠风下血，久痢脱肛，闭经，疝气，乳汁不下，咽喉痛，疰腮，痈肿，疥癣。**薜荔汁**：祛风杀虫止痒，壮阳固精。用于白癜风，疬疡，疥癣瘙痒，疣赘，阳痿，遗精。

# 桑

别名：桑树、家桑、蚕桑

*Morus alba* Linn.

标本采集号：360122210421005LY

**形态特征** 乔木或灌木状，高达15 m，胸径50 cm。叶卵形或宽卵形，长5~15 cm，先端尖或渐短尖，基部圆或微心形，锯齿粗钝，有时缺裂，上面无毛，下面脉腋具簇生毛；叶柄长1.5~5.5 cm，被柔毛。花雌雄异株，雄花序下垂，长2~3.5 cm，密被白色柔毛，雄花花被椭圆形，淡绿色；雌花序长1~2 cm，被毛，花序梗长0.5~1 cm，被柔毛，雌花无梗，花被倒卵形，外面边缘被毛，包围子房，无花柱，柱头2裂，内侧具乳头状突起。聚花果卵状椭圆形，长1~2.5 cm，红色至暗紫色。花期4~5月，果期5~8月。

**生境分布** 生于丘陵、山坡、村旁、田野等处，多为人工栽培。分布于石岗镇、铁河乡、象山镇、樵舍镇等地。

**入药部位** 根皮（桑白皮）、嫩枝（桑枝）、叶（桑叶）、果穗（桑葚）、根（桑根）、茎枝烧成的灰（桑柴灰）、枝条经烧灼后沥出的液汁（桑沥）、树皮中之白色液汁（桑皮汁）、柴灰汁经过滤，取滤液蒸发所得的结晶状物（桑霜）、桑叶的蒸馏液（桑叶露）、鲜叶的乳汁（桑叶汁）、老树上的结节（桑瘿）。

**采收加工** 　**桑白皮**：秋末叶落时至次春发芽前采挖根部，刮去黄棕色粗皮，纵向剖开，剥取根皮，晒干。**桑枝**：春末夏初采收，去叶，晒干，或趁鲜切片，晒干。**桑叶**：初霜后采收，除去杂质，晒干。**桑葚**：4～6月果实变红时采收，晒干，或略蒸后晒干。**桑根**：全年均可挖取，除去泥土和须根，鲜用或晒干。**桑柴灰**：初夏剪取桑枝，晒干后，烧火取灰。**桑沥**：取较粗枝条，将两端架起，中间加火烤，收集两端滴出的液汁。**桑皮汁**：用刀划破桑树枝皮，立，即有白色乳汁流出，用洁净容器收取。**桑霜**：取桑柴灰，用热水浸泡，适当搅拌，静置，取上清液过滤，滤液再经加热蒸干，收取干燥的结晶状物，装入瓶中，加盖。**桑叶露**：取鲜桑叶和清水置于蒸馏器中，加热蒸馏，收取蒸馏液，分装于玻璃瓶中，封口，灭菌。**桑叶汁**：将桑叶摘下，滴取桑叶白色乳汁于容器中，鲜用。**桑瘿**：为桑科冬季桑树修枝时，锯取老桑树上的瘤状结节，趁鲜时劈成不规则小块片，晒干。

**功能主治** 　**桑白皮**：甘，寒。归肺经。泻肺平喘，利水消肿。用于肺热喘咳，水肿胀满尿少，面目肌肤浮肿。**桑枝**：微苦，平。归肝经。祛风湿，利关节。用于风湿痹病，肩臂、关节酸痛麻木。**桑叶**：甘、苦，寒。归肺、肝经。疏散风热，清肺润燥，清肝明目。用于风热感冒，肺热燥咳，头晕头痛，目赤昏花。**桑葚**：甘、酸，寒。归心、肝、肾经。滋阴补血，生津润燥。用于肝肾阴虚，眩晕耳鸣，心悸失眠，须发早白，津伤口渴，内热消渴，肠燥便秘。**桑根**：微苦，寒。归肝经。清热定惊，祛风通络。用于惊痫，目赤，牙痛，筋骨疼痛。**桑柴灰**：辛，寒。利水，止血，蚀恶肉。用于水肿，金疮出血，面上痣疵。**桑沥**：甘，凉。归肝经。祛风止痉，清热解毒。用于破伤风，皮肤疮疥。**桑皮汁**：苦，微寒。清热解毒，止血。用于口舌生疮，外伤出血，蛇虫咬伤。**桑霜**：甘，凉。解毒消肿，散积。用于痈疽疔疮，噎食积块。**桑叶露**：辛，微寒。归肝经。清肝明目。用于目赤肿痛。**桑叶汁**：苦，微寒。归肝经。清肝明目，消肿解毒。用于目赤肿痛，痈疖，瘿瘤，蜈蚣咬伤。**桑瘿**：苦，平。归肝、胃经。祛风除湿，止痛，消肿。用于风湿痹痛，胃痛，鹤膝风。

# 苎　麻　别名：野麻、野苎麻、家麻、苎仔

*Boehmeria nivea* (L.) Gaudich.

■ 标本采集号：360122200623009LY

**形态特征**　亚灌木或灌木，高0.5~1.5 m。茎上部与叶柄均密被开展的长硬毛和近开展和贴伏的短糙毛。叶互生；托叶分生，钻状披针形，背面被毛。圆锥花序腋生；雄团伞花序直径1~3 mm，有少数雄花；雌团伞花序直径0.5~2 mm，有多数密集的雌花。雄花：花被片4，狭椭圆形；雄蕊4；退化雌蕊狭倒卵球形，顶端有短柱头。雌花：花被椭圆形，顶端有2~3小齿，外面有短柔毛，果期菱状倒披针形。瘦果近球形，光滑，基部突缩成细柄。花期8~10月。

**生境分布**　生于山谷林边或草坡。分布于生米镇等地。

**入药部位**　根及根茎（苎麻根）、茎（苎麻梗）、茎皮（苎麻皮）、叶（苎麻叶）、花（苎花）。

**采收加工**　苎麻根：冬、春二季采挖，除去地上茎、细根及泥土，干燥。苎麻梗：春、夏季采收，鲜用或晒干。苎麻皮：夏、秋季采收，剥取茎皮，鲜用或晒干。苎麻叶：春、夏季采收，鲜用或晒干。苎花：夏季花盛期采收，鲜用或晒干。

**功能主治**　苎麻根：甘，寒。归心、肝、肾、膀胱经。止血，安胎。用于胎动不安，先兆流产，尿血；外用于痈肿初起。苎麻梗：甘，微寒。散瘀，解毒。用于金疮折损，痘疮，痈肿，丹毒。苎麻皮：甘，寒。归胃、膀胱、肝经。清热凉血，散瘀止血，解毒利尿，安胎回乳。用于瘀热心烦，天行热病，产后血晕，腹痛，跌打损伤，创伤出血，血淋，小便不通，肛门肿痛，胎动不安，乳房胀痛。苎麻叶：甘、微苦，寒。归肝、心经。凉血止血，散瘀消肿，解毒。用于咯血，吐血，血淋，尿血，月经过多，外伤出血，跌仆肿痛，脱肛不收，丹毒，疮肿，乳痈，湿疹，蛇虫咬伤。苎花：甘，寒。清心除烦，凉血透疹。用于心烦失眠，口舌生疮，麻疹透发不畅，风疹瘙痒。

# 悬铃叶苎麻

别名：八角麻、野苎麻、方麻、龟叶麻

*Boehmeria tricuspis* (Hance) Makino

标本采集号：360122200615042LY

**形态特征**　亚灌木或多年生草本。茎高达1.5 m，上部与叶柄及花序轴密被短毛。叶对生，稀顶部叶互生；叶纸质，扁五角形或扁圆卵形，长8~18 cm，宽7~22 cm，先端3骤尖或3浅裂，基部平截、浅心形或宽楔形，叶缘牙齿长1~2 cm，上面被糙伏毛，下面密被柔毛；叶柄长1.5~10 cm。花单性，雌雄异株或同株；穗状花序单生叶腋，分枝，雄花序长8~17 cm，雌花序长5.5~24 cm；团伞花序径1~2.5 mm；雄花花被片4，椭圆形，长1 mm，下部合生；雄蕊4，长1.6 mm；退化雌蕊无短尖头。花期7~8月。

**生境分布**　生于低山山谷疏林下、沟边或田边。分布于蛟桥镇等地。

**入药部位**　根（山麻根）。

**采收加工**　秋季采根，洗净，晒干或鲜用。

**功能主治**　微苦、辛，平。活血止血，解毒消肿。用于跌打损伤，胎漏下血，痔疮肿痛，疖肿。

54

# 齿叶矮冷水花 别名：苔水花、地油子、虎牙草

*Pilea peploides* (Gaudich.) Hook. et Arn. Var. *major* wedd. ■ 标本采集号：360122210419009LY

**形态特征** 植物高5~30 cm，多分枝或几乎不分枝；叶菱状扁圆形、菱状圆形、有时近圆形或扇形，长7~21 mm，宽7~23 mm，先端圆形或钝，基部钝或近圆形，有时宽楔形，边缘在中部以上有明显或不明显浅牙齿，稀波状或全缘，二级脉在背面较明显；花序几乎无梗，呈簇生状，或具较短的花序梗，呈伞房状；雌花被片2枚；瘦果熟时深褐色，表面常有稀疏的细刺状突起。花期4~5月，果期5~7月。

**生境分布** 生于山坡路边湿处或林下阴湿处石上。分布于樵舍镇等地。

**入药部位** 全草（水石油菜）。

**采收加工** 全年均可采收，洗净，鲜用或晒干。

**功能主治** 淡、微辛，微寒。清热解毒，化痰止咳，祛风除湿，祛瘀止痛。用于咳嗽，哮喘，风湿痹痛，水肿，跌打损伤，骨折，痈疖肿毒，皮肤瘙痒，毒蛇咬伤。

# 水　蓼 别名：辣柳菜、辣蓼

*Polygonum hydropiper* L.

标本采集号：360122200622022LY

**形态特征**　一年生草本，高40~70 cm。茎直立，多分枝，无毛，节部膨大。叶披针形或椭圆状披针形，长4~8 cm，宽0.5~2.5 cm，先端渐尖，基部楔形，两面无毛，被褐色小点，具辛辣味，叶腋具闭花受精花；叶柄长4~8 mm；托叶鞘筒状，膜质，褐色，长1~1.5 cm，具短缘毛。总状花序呈穗状，长3~8 cm；苞片漏斗状，长2~3 mm，绿色，每苞内具3~5花；花梗比苞片长；花被5深裂，绿色，上部白色或淡红色，被黄褐色透明腺点，花被片椭圆形，长3~3.5 mm。瘦果卵形，长2~3 mm，双凸镜状或具3棱，黑褐色。花期5~9月，果期6~10月。

**生境分布**　生于河滩、水沟边、山谷湿地。分布于铁河乡等地。

**入药部位**　根（水蓼根）、果实（蓼实）、全草（红辣蓼）。

**采收加工**　**水蓼根：**秋季开花时采挖，洗净，鲜用或晒干。**蓼实：**秋季果实成熟时采收，除去杂质，阴干。**红辣蓼：**花期采收，鲜用或晾干。

**功能主治**　**水蓼根：**辛，温。活血调经，健脾利湿，解毒消肿。用于月经不调，小儿疳积，痢疾，肠炎，疟疾，跌打肿痛，蛇虫咬伤。**蓼实：**辛，温。归肺、脾、肝经。化湿利水，破瘀散结，解毒。用于吐泻腹痛，水肿，小便不利，症积痞胀，痈肿疮疡，瘰疬。**红辣蓼：**辛，温。解毒，除湿，散瘀，止血。用于痢疾，泄泻，乳蛾，疟疾，风湿痹痛，跌打肿痛，崩漏，痈肿疔疮，瘰疬，毒蛇咬伤，湿疹，脚癣，外伤出血。

# 蚕茧草 别名：蚕茧蓼

*Polygonum japonicum* Meisn.

■ 标本采集号：360122200622021LY

**形态特征**　多年生草本，高达1 m；根状茎横走。茎直立。叶近薄革质，披针形，长5~15 cm，宽1~2 cm，先端渐尖，基部楔形，两面疏被平伏硬毛，具刺状缘毛；叶柄短；托叶鞘长1.5~2 cm，被平伏硬毛，缘毛长1~1.2 cm。穗状花序长6~12 cm；苞片漏斗状，绿色，上部淡红色，具缘毛；花单性，雌雄异株；花梗长2.5~4 mm；花被5深裂，白或淡红色，花被片长椭圆形，长2.5~3 mm；雄花具8雄蕊，雌花雌蕊花柱2~3，中下部连合。瘦果卵形，具3棱或双凸，长2.5~3 mm，包于宿存花被内。花期8~10月，果期9~11月。

**生境分布**　生于路边湿地、水边及山谷草地。分布于铁河乡等地。

**入药部位**　全草（蚕茧草）。

**采收加工**　花期采收，鲜用或晾干。

**功能主治**　辛，温。解毒，止痛，透疹。用于疮疡肿痛，诸虫咬伤，腹泻，痢疾，腰膝寒痛，麻疹透发不畅。

# 绵毛酸模叶蓼 别名：酸溜溜

*Polygonum lapathifolium* L. var. *salicifolium* Sibth.　　■ 标本采集号：360122200622018LY

**形态特征**　一年生草本，高40~90 cm。茎直立，具分枝，无毛，节部膨大。叶披针形或宽披针形，长5~15 cm，宽1~3 cm，顶端渐尖或急尖，基部楔形，上面绿色，常有一个大的黑褐色新月形斑点，叶下面密生白色绵毛，全缘；叶柄短，具短硬伏毛；托叶鞘筒状，长1.5~3 cm。总状花序呈穗状，花序梗被腺体；苞片漏斗状；花被淡红色或白色，4~5深裂，花被片椭圆形，脉粗壮，顶端叉分；雄蕊通常6。瘦果宽卵形，双凹，长2~3 mm，黑褐色，有光泽，包于宿存花被内。花期6~8月，果期7~9月。

**生境分布**　生于近水草地、流水沟中，或阴湿处。分布于铁河乡等地。

**入药部位**　全草（辣蓼草）。

**采收加工**　夏、秋季采收，晾干。

**功能主治**　辛，温。解毒，健脾，化湿，活血，截疟。用于疮疡肿痛，暑湿腹泻，肠炎痢疾，小儿疳积，跌打伤痛，疟疾。

# 杠板归

别名：蛇倒退、梨头刺、蛇不过、老虎舌

*Polygonum perfoliatum* L.

■ 标本采集号：360122200622003LY

**形态特征**　一年生草本。茎攀援，多分枝，长达2 m。茎具纵棱，沿棱具稀疏的倒生皮刺。叶三角形，长3~7 cm，宽2~5 cm，下面沿叶脉疏生皮刺；叶柄与叶片近等长，具倒生皮刺，盾状着生于叶片的近基部；托叶鞘叶状，圆形或近圆形，直径1.5~3 cm。总状花序呈短穗状，长1~3 cm；苞片卵圆形；花被5深裂，白色或淡红色，花被片椭圆形，长约3 mm，裂片卵形，不甚展开，随果实而增大，呈肉质，深蓝色；雄蕊8，花柱3，中上部合生。瘦果球形，直径3~4 mm，黑色，有光泽，包于宿存花被内。花期6~8月，果期7~10月。

**生境分布**　生于田边、路旁、山谷湿地。各乡镇均有分布。

**入药部位**　地上部分（杠板归）、根（杠板归根）。

**采收加工**　**杠板归：**夏季开花时采割，晒干。**杠板归根：**夏季采挖根部，除净泥土，鲜用或晒干。

**功能主治**　**杠板归：**酸，微寒。归肺、膀胱经。清热解毒，利水消肿，止咳。用于咽喉肿痛，肺热咳嗽，小儿顿咳，水肿尿少，湿热泻痢，湿疹，疖肿，蛇虫咬伤。**杠板归根：**酸、苦，平。解毒消肿。用于对口疮，痔疮，肛瘘。

# 习见蓼

别名：小扁蓄、腋花蓼、铁马齿苋、习见萹蓄

*Polygonum plebeium* R. Br.

■ 标本采集号：360122201014013LY

**形态特征**　一年生草本。茎平卧，自基部分枝，长10~40 cm，具纵棱，沿棱具小突起。叶狭椭圆形或倒披针形，长0.5~1.5 cm，宽2~4 mm；托叶鞘膜质，白色，透明，长2.5~3 mm。花3~6朵，簇生于叶腋，遍布于全植株；苞片膜质；花梗中部具关节；花被5深裂；花被片长椭圆形，绿色，背部稍隆起，边缘白色或淡红色，长1~1.5 mm；雄蕊5，花丝基部稍扩展，比花被短；花柱3，柱头头状。瘦果宽卵形，具3锐棱或双凸镜状，长1.5~2 mm，黑褐色，平滑，有光泽，包于宿存花被内。花期5~8月，果期6~9月。

**生境分布**　生于田边、路旁、水边湿地。分布于象山镇等地。

**入药部位**　全草（小扁蓄）。

**采收加工**　开花时采收，晒干。

**功能主治**　苦，凉。归膀胱、大肠、肝经。利尿通淋，清热解毒，化湿杀虫。用于热淋，石淋，黄疸，痢疾，恶疮疥癣，外阴湿痒，蛔虫病。

# 刺 蓼 别名：廊茵、蛇不钻、猫儿刺

*Polygonum senticosum* (Meisn.) Franch. et Sav.　■ 标本采集号：360122200622020LY

**形态特征**　一年生攀援草本，长达1.5 m。茎四棱形，沿棱被倒生皮刺。叶三角形或长三角形，长4~8 cm，先端尖或渐尖，基部戟形，两面被柔毛，下面沿叶脉疏被倒生皮刺；叶柄被倒生皮刺；托叶鞘筒状，具叶状肾圆形翅。花序头状，花序梗密被腺毛；苞片长卵形，具缘毛；花梗粗，较苞片短；花被5深裂，淡红色，花被片椭圆形，长3~4 mm；雄蕊8，2轮，较花被短；花柱3，中下部连合。瘦果近球形，微具3棱，黑褐色，无光泽，包于宿存花被内。花期6~7月，果期7~9月。

**生境分布**　生于沟边、路旁及山谷灌丛下。分布于铁河乡等地。

**入药部位**　全草（廊茵）。

**采收加工**　夏、秋季采收，洗净，鲜用或晒干。

**功能主治**　苦、酸、微辛，平。清热解毒，和湿止痒，散瘀消肿。用于痈疮疔疖，毒蛇咬伤，湿疹，黄水疮，带状疱疹，跌打损伤，内痔外痔。

# 酸 模 别名：遏蓝菜、酸溜溜

*Rumex acetosa* L.

标本采集号：360122210420008LY

**形态特征**　多年生草本，高达80 cm。根为须根。基生叶及茎下部叶箭形，长3~12 cm，先端尖或圆钝，基部裂片尖，全缘或微波状，叶柄长5~12 cm；茎上部叶较小，具短柄或近无柄。花单性，雌雄异株；窄圆锥状花序顶生，花梗中部具关节；雄花外花被片椭圆形，内花被片宽椭圆形，长2.5~3 mm；雌花外花被片椭圆形，果时反折，内花被片果时增大，近圆形，径达4 mm，基部心形，网脉明显，基部具小瘤。瘦果椭圆形，具3锐棱，长约2 mm。花期5~7月，果期6~8月。

**生境分布**　生于山坡、林缘、沟边、路旁。分布于樵舍镇等地。

**入药部位**　根（酸模）、茎叶（酸模叶）。

**采收加工**　**酸模：**夏季采收，洗净，晒干或鲜用。**酸模叶：**夏季采收，洗净，鲜用或晒干。

**功能主治**　**酸模：**酸、微苦，寒。凉血止血，泄热通便，利尿，杀虫。用于吐血，便血，月经过多，热痢，目赤，便秘，小便不通，淋浊，恶疮，疥癣，湿疹。**酸模叶：**酸、微苦，寒。泄热通秘，利尿，凉血止血，解毒。用于便秘，小便不利，内痔出血，疮疡，丹毒，疥癣，湿疹，烫伤。

# 羊　蹄　别名：酸摸、酸模

*Rumex japonicus* Houtt.

标本采集号：360122210421001LY

**形态特征**　多年生草本。茎直立，高达1 m。基生叶长圆形或披针状长圆形，长8~25 cm，宽3~10 cm，边缘微波状，下面沿叶脉具小突起；茎上部叶狭长圆形；叶柄长2~12 cm；托叶鞘膜质。花序圆锥状，花两性，多花轮生；花梗细长，中下部具关节；花被片6，淡绿色，外花被片椭圆形，长1.5~2 mm，内花被片果时增大，宽心形，长4~5 mm，网脉明显，边缘具不整齐的小齿，齿长0.3~0.5 mm，全部具小瘤，小瘤长卵形，长2~2.5 mm。瘦果宽卵形，具3锐棱，长约2.5 mm。花期5~6月，果期6~7月。

**生境分布**　生于田边路旁、河滩、沟边湿地。分布于樵舍镇等地。

**入药部位**　根（羊蹄）、叶（羊蹄叶）、果实（羊蹄实）。

**采收加工**　**羊蹄：**夏、秋季采收，切成厚片，晒干。**羊蹄叶：**夏、秋季采收，洗净；鲜用或晒干。**羊蹄实：**春季果实成熟时采摘晒干。

**功能主治**　**羊蹄：**苦、酸、涩、寒。凉血止血，杀虫。用于衄血，咯血，便血，子宫出血；外用于顽癣，头风白屑。**羊蹄叶：**甘、寒。凉血止血，通便，解毒消肿，杀虫止痒。用于肠风便血，便秘，小儿疳积，痈疮肿毒，疥癣。**羊蹄实：**苦、平。凉血止血，通便。用于赤白痢疾，漏下，便秘。

# 刺酸模 别名：野菠菜、刺果酸模、海滨酸模

*Rumex maritimus* L.

标本采集号：360122210419014LY

**形态特征** 一年生草本。茎直立，高15~60 cm，自中下部分，具深沟槽。茎下部叶披针形或披针状长圆形，长4~20 cm，宽1~4 cm，边缘微波状；叶柄长1~2.5 cm；托叶鞘膜。花序圆锥状，具叶，花两性，多花轮生；花梗基部具关节；外花被椭圆形，长约2 mm，内花被片果时增大，狭三角状卵形，长2.5~3 mm，宽约1.5 mm，顶端急尖，基部截形，边缘每近具2~3针刺，针刺长2~2.5 mm，全部具长圆形小瘤，小瘤长约1.5 mm。瘦果椭圆形，两端尖，具3锐棱，黄褐色，有光泽，长1.5 mm。花期5~6月，果期6~7月。

**生境分布** 生于田边路旁、河滩、沟边湿地。分布于樵舍镇等地。

**入药部位** 根或全草（野菠菜）。

**采收加工** 全年均可采收，鲜用或晒干。

**功能主治** 酸、苦，寒。凉血，解毒，杀虫。用于肺结核咯血，痔疮出血，痈疮肿毒，疥癣，皮肤瘙痒。

# 垂序商陆

别名：美洲商陆、美国商陆、洋商陆

*Phytolacca americana* L.

标本采集号：360122200616010LY

**形态特征**　多年生草本，高1~2 m。根粗壮，肥大，倒圆锥形。茎直立，圆柱形，有时带紫红色。叶片椭圆状卵形或卵状披针形，长9~18 cm，宽5~10 cm，顶端急尖，基部楔形；叶柄长1~4 cm。总状花序顶生或侧生，长5~20 cm。花梗长6~8 mm；花白色，微带红晕，直径约6 mm；花被片5，雄蕊、心皮及花柱通常均为10，心皮合生。果序下垂；浆果扁球形，熟时紫黑色；种子肾圆形，直径约3 mm。花期6~8月，果期8~10月。

**生境分布**　生于林下、路边及宅旁阴湿处。各乡镇均有分布。

**入药部位**　根（商陆）、叶（美商陆叶）、花（美商陆花）、种子（美商陆子）。

**采收加工**　**商陆**：秋季至次春采挖，除去须根和泥沙，切成块或片，晒干或阴干。**美商陆叶**：叶茂盛花未开时采收，除去杂质，干燥。**美商陆花**：7~8月花期采集，去杂质，晒干或阴干。**美商陆子**：9~10月采集，晒干。

**功能主治**　**商陆**：苦，寒；有毒。归肺、脾、肾、大肠经。逐水消肿，通利二便，外用于解毒散结。用于水肿胀满，二便不通；外用于痈肿疮毒。**美商陆叶**：清热。用于脚气。**美商陆花**：微苦、甘，平。归心、肾经。化痰开窍。用于痰湿上蒙，健忘，嗜睡，耳目不聪。**美商陆子**：苦，寒；有毒。利水消肿。用于水肿，小便不利。

# 紫茉莉 别名：野丁香、苦丁香、丁香叶、状元花

*Mirabilis jalapa* L.

标本采集号：360122200618015LY

**形态特征** 一年生草本，高可达1 m。根肥粗，倒圆锥形。茎直立，圆柱形，多分枝，节稍膨大。叶片卵形或卵状三角形，长3~15 cm，宽2~9 cm，顶端渐尖，基部截形或心形，全缘；叶柄长1~4 cm。花常数朵簇生枝端；花梗长1~2 mm；总苞钟形，5裂，裂片三角状卵形，具脉纹，果时宿存；花被紫红色、黄色、白色或杂色，高脚碟状，檐部5浅裂；花午后开放，有香气，次日午前凋萎；雄蕊5。瘦果球形，直径5~8 mm，革质，黑色，具皱纹；种子胚乳白粉质。花期6~10月，果期8~11月。

**生境分布** 生于水沟边、房前屋后、墙脚下或庭园中，常栽培。分布于溪霞镇等地。

**入药部位** 根（紫茉莉根）、叶（紫茉莉叶）、果实（紫茉莉子）。

**采收加工** **紫茉莉根**：10~11月采收，洗净，鲜用或晒干。**紫茉莉叶**：叶生长茂盛花未开时采摘，洗净，鲜用。**紫茉莉子**：9~10月果实成熟即采收，除去杂质，晒干。

**功能主治** **紫茉莉根**：甘、淡，微寒。清热利湿，解毒活血。用于热淋，白浊，水肿，赤白带下，关节肿痛，痈疮肿毒，乳痈，跌打损伤。**紫茉莉叶**：甘、淡，微寒。清热解毒，祛风渗湿，活血。用于痈肿疮毒，疥癣，跌打损伤。**紫茉莉子**：甘，微寒。清热化斑，利湿解毒。用于生斑痣，脓疱疮。

# 马齿苋 别名：胖娃娃菜、猪肥菜、五行菜、酸菜

*Portulaca oleracea* L.

标本采集号：360122200616018LY

**形态特征**　一年生草本，全株无毛。茎平卧或斜倚，伏地铺散，多分枝，圆柱形，长10~15 cm 淡绿色或带暗红色。叶互生或近对生，扁平肥厚，倒卵形，长1~3 cm，先端钝圆 或平截，中脉微隆起；叶柄粗短。花无梗，径4~5 mm，常3~5簇生枝顶，午时盛 开；叶状膜质苞片2~6，近轮生；萼片2，对生，绿色，盔形；花瓣4~5，黄色，长 3~5 mm，基部连合；雄蕊8或更多，长约1.2 cm，花药黄色，子房无毛，花柱较雄 蕊稍长。蒴果长约5 mm；种子黑褐色，径不及1 mm，具小疣。花期5~8月，果期 6~9月。

**生境分布**　生于菜园、农田、路旁，为田间常见杂草。分布于石岗镇、生米镇等地。

**入药部位**　地上部分（马齿苋）、种子（马齿苋子）。

**采收加工**　**马齿苋**：夏、秋二季采收，除去残根和杂质，洗净，略蒸或烫后晒干。**马齿苋子**： 夏、秋季果实成熟时，割取地上部分，收集种子，除去泥沙杂质，干燥。

**功能主治**　**马齿苋**：酸，寒。归肝、大肠经。清热解毒，凉血止血，止痢。用于热毒血痢，痈 肿疔疮，湿疹，丹毒，蛇虫咬伤，便血，痔血，崩漏下血。**马齿苋子**：甘，寒。归 肝、大肠经。清肝，化湿明目。用于青盲白翳，泪囊炎。

# 土人参

别名：栌兰、波世兰、力参、紫人参

*Talinum paniculatum* (Jacq.) Gaertn.

标本采集号：360122210524004LY

**形态特征**　一年生或多年生草本，高达1m。茎肉质，基部近木质。叶互生或近对生，倒卵形或倒卵状长椭圆形，先端尖，有时微凹具短尖头，基部窄楔形，全缘，稍肉质。圆锥花序顶生或腋生，常二叉状分枝，萼片卵形，紫红色，早落；花瓣粉红或淡紫红色，倒卵形或椭圆形；雄蕊15~20，较花瓣短。蒴果近球形，3瓣裂，坚纸质。种子多数，扁球形，黑褐或黑色，有光泽。花期6~8月，果期9~11月。

**生境分布**　生于田野、路边、墙脚石旁、山坡沟边等处。分布于生米镇等地。

**入药部位**　根（土人参）、叶（土人参叶）。

**采收加工**　**土人参**：8~9月采，挖出后，洗净，除去细根，晒干或刮去表皮，蒸熟晒干。**土人参叶**：夏、秋二季采收，洗净，鲜用或晒干。

**功能主治**　**土人参**：甘、淡，平。归脾、肺、肾经。补气润肺，止咳，调经。用于气虚乏倦，食少，泄泻，肺痨咯血，眩晕，潮热，盗汗，自汗，月经不调，带下病，产妇乳汁不足。**土人参叶**：甘，平。通乳汁，消肿毒。用于乳汁不足，痈肿疔毒。

# 球序卷耳 别名：圆序卷耳、婆婆指甲菜

*Cerastium glomeratum* Thuill.

标本采集号：360122210309016LY

**形态特征**　一年生草本，高10~20 cm。茎单生或丛生，密被长柔毛，上部混生腺毛。下部叶匙形，上部叶倒卵状椭圆形，长1.5~2.5 cm，基部渐窄成短柄，两面被长柔毛，具缘毛。聚伞花序密集成头状，花序梗密被腺柔毛；苞片卵状椭圆形，密被柔毛；花梗长1~3 mm，密被柔毛；萼片5，披针形，长约4 mm，密被长腺毛，花瓣5，白色，长圆形，先端2裂，基部疏被柔毛；花柱5。蒴果长圆筒形，长于宿萼，具10齿。种子褐色，扁三角形，具小疣。花期3~4月，果期5~6月。

**生境分布**　生于田野路边、山坡草丛中。分布于望城镇等地。

**入药部位**　全草（婆婆指甲菜）。

**采收加工**　春、夏季采集，晒干或鲜用。

**功能主治**　甘、微苦，凉。归肺、胃、肝经。清热，利湿，凉血解毒。用于感冒发热，湿热泄泻，肠风下血，乳痈，疔疮，高血压病。

# 鹅肠菜 别名：鹅儿肠、石灰菜、鹅肠草、牛繁缕

*Myosoton aquaticum* (L.) Moench

标本采集号：360122210309013LY

**形态特征** 二年生或多年生草本，具须根，长达80 cm。茎外倾或上升。叶对生，卵形，长2.5~5.5 cm，先端尖，基部近圆形或稍心形，边缘波状；叶柄长0.5~1 cm。花白色，1歧聚伞花序顶生或腋生，苞片叶状，边缘具腺毛；花梗细，长1~2 cm，密被腺毛；萼片5，卵状披针形；长4~5 mm，被腺毛；花瓣5，2深裂至基部，裂片披针形，长3~3.5 mm；雄蕊10；子房1室，花柱5，线形。蒴果卵圆形，较宿萼稍长，5瓣裂至中部，裂瓣2齿裂。种子扁肾圆形，径约1 mm，具小疣。花期5~8月，果期6~9月。

**生境分布** 生于沙地的低湿处或灌丛林缘和水沟旁。分布于望城镇等地。

**入药部位** 全草（鹅肠草）。

**采收加工** 春季生长旺盛时采收，鲜用或晒干。

**功能主治** 甘、酸，平。归肝、胃经。清热解毒，散瘀消肿。用于肺热喘咳，痢疾，痈疽，痔疮，牙痛，月经不调，小儿疳积。

# 鸡肠繁缕 别名：鹅肠繁缕、赛繁缕

*Stellaria neglecta* Weihe ex Bluff et Fingerh.

■ 标本采集号：360122210423002LY

**形态特征** 一至二年生草本，高达80 cm，被柔毛。茎丛生，少分枝。叶卵形或窄卵形，长1.5~3 cm，先端尖，基部楔形，稍抱茎，叶基边缘被长柔毛，最下部叶较小，柄长3~7 mm，被柔毛。二歧聚伞花序顶生；苞片披针形，被腺柔毛；花梗长1~1.5 cm，被腺柔毛，花后下垂萼片5，卵状椭圆形，长3~5 mm；花瓣5，稍短于萼片，2深裂近基部，裂瓣窄披针形，雄蕊8~10。蒴果卵圆形，长于宿萼，6齿裂，裂齿反卷。种子多数，扁圆形，径约1.5 mm，褐色，具圆锥状凸起。花期4~6月，果期6~8月。

**生境分布** 生于向阳的山坡路边、山麓、田埂边及庭园草丛中。分布于乐化镇等地。

**入药部位** 全草（鸡肚肠草）。

**采收加工** 夏、秋季采集，洗净，鲜用或晒干。

**功能主治** 微苦，凉。归胃、心、肝经。清热解毒，通淋，化瘀。用于痈疮肿毒，癣疹，乳痛，痔疮，痢疾，牙痛，热淋，产后腹痛。

# 雀舌草 别名：萼苈子、天蓬草

*Stellaria uliginosa* Murr.

■ 标本采集号：360122210309020LY

**形态特征** 二年生草本，高15~35 cm。须根细。茎丛生，稍铺散，上升，多分枝。叶无柄，叶片披针形至长圆状披针形，长5~20 mm，宽2~4 mm，半抱茎。聚伞花序通常具3~5花，顶生或花单生叶腋；花梗细，长5~20 mm，基部有时具2披针形苞片；萼片5，披针形，长2~4 mm，宽1 mm；花瓣5，白色，短于萼片或近等长，2深裂几达基部，裂片条形，钝头；雄蕊5~10；子房卵形，花柱3。蒴果卵圆形，6齿裂，含多数种子。种子肾脏形，微扁，褐色，具皱纹状凸起。花期5~6月，果期7~8月。

**生境分布** 生于田间、溪岸或潮湿地。分布于石埠镇等地。

**入药部位** 全草（天蓬草）。

**采收加工** 春至秋初采，洗净，鲜用或晒干。

**功能主治** 辛，平。归肺、脾经。祛风除湿，活血消肿，解毒止血。用于伤风感冒，泄泻，痢疾，风湿骨痛，跌打损伤，骨折，痈疮肿毒，痔漏，毒蛇咬伤，吐血，衄血，外伤出血。

# 土荆芥　别名：杀虫芥、臭草、鹅脚草

*Chenopodium ambrosioides* L.

标本采集号：360122200624012LY

**形态特征**　一年生或多年生草本，被椭圆形腺体，有香味。茎高达80 cm，多分枝，枝常细瘦，被柔毛及具节长柔毛。叶长圆状披针形或披针形，长达15 cm，宽达5 cm，先端尖或渐尖，具小整齐大锯齿，基部渐窄，具短柄。花被常5裂，淡绿色，果时常闭合；雄蕊5，花药长0.5 mm；花柱不明显，柱头3~4，丝形。胞果扁球形，种子横生或斜生，黑或暗红色，平滑，有光泽，周边钝，径约0.7 mm。花期和果期的时间都很长。

**生境分布**　生于村旁、路边、河岸等处。分布于乐化镇等地。

**入药部位**　全草（土荆芥）。

**采收加工**　8月下旬至9月下旬收割全草，摊放在通风处，或捆束悬挂阴干，避免日晒及雨淋。

**功能主治**　辛、苦、微温；有大毒。归脾经。祛风除湿，杀虫止痒，活血消肿。用于钩虫病，蛔虫病，蛲虫病，头虱，皮肤湿疹，疥癣，风湿痹痛，经闭，痛经，口舌生疮，咽喉肿痛，跌打损伤，蛇虫咬伤。

# 牛　膝 别名：牛磕膝、倒扣草、怀牛膝

*Achyranthes bidentata* Blume

**形态特征**　多年生草本，高70~120 cm。根圆柱形，直径5~10 mm，土黄色；茎有棱角或四方形，绿色或带紫色，有白色贴生或开展柔毛，分枝对生。叶片椭圆形或椭圆披针形；总花梗长1~2 cm，有白色柔毛；花多数，密生，长5 mm；苞片宽卵形，长2~3 mm，顶端长渐尖；花被片披针形，长3~5 mm；退化雄蕊顶端平圆。胞果矩圆形，长2~2.5 mm，黄褐色，光滑。种子矩圆形，长1 mm，黄褐色。花期7~9月，果期9~10月。

**生境分布**　生于山坡林下。分布于望城镇等地。

**入药部位**　干燥根（牛膝）、茎叶（牛膝茎叶）。

**采收加工**　**牛膝：**冬季茎叶枯萎时采挖，除去须根和泥沙，捆成小把，晒至干皱后，将顶端切齐，晒干。**牛膝茎叶：**春、夏、秋季均可采收，洗净，鲜用。

**功能主治**　**牛膝：**苦、甘、酸，平。归肝、肾经。逐瘀通经，补肝肾，强筋骨，利尿通淋，引血下行。用于经闭，痛经，腰膝酸痛，筋骨无力，淋证，水肿，头痛，眩晕，牙痛，口疮，吐血，衄血。**牛膝茎叶：**苦、酸，平。归肝、肾经。补肝肾，强筋骨，逐瘀通经，引血下行。用于腰膝酸痛，筋骨无力，经闭徵瘕，肝阳眩晕。

# 喜旱莲子草

别名：空心莲子草、水花生、水蕹菜、空心苋

*Alternanthera philoxeroides* (Mart.) Griseb.

■ 标本采集号：360122200616030LY

| | |
|---|---|
| **形态特征** | 多年生草本。茎基部匍匐，上部上升，管状，长55~120 cm，具分枝，幼茎及叶腋有白色或锈色柔毛，茎老时无毛。叶片矩圆形、矩圆状倒卵形或倒卵状披针形，长2.5~5 cm，宽7~20 mm，全缘，两面无毛或上面有贴生毛及缘毛，下面有颗粒状突起；叶柄长3~10 mm。花密生，成具总花梗的头状花序，单生在叶腋，球形，直径8~15 mm；苞片及小苞片白色，具1脉；苞片卵形，长2~2.5 mm；花被片矩圆形，长5~6 mm；雄蕊花丝长2.5~3 mm，基部连合成杯状；子房倒卵形。花期5~10月。 |
| **生境分布** | 生于水沟、池塘及田野荒地等处。分布于石岗镇、生米镇等地。 |
| **入药部位** | 全草（空心苋）。 |
| **采收加工** | 春、夏、秋季均可采收，除去杂草，洗净，鲜用或晒干用。 |
| **功能主治** | 苦、甘、寒。归肺、心、肝、膀胱经。清热凉血，解毒，利尿。用于咯血，尿血，感冒发热，麻疹，乙型脑炎，黄疸，淋浊，疔腮，湿疹，痈肿疮疖，毒蛇咬伤。 |

# 莲子草

别名：水牛膝、节节花、白花仔、满天星

*Alternanthera sessilis*（L.）DC.

■ 标本采集号：360122201014008LY

**形态特征** 多年生草本，高达45 cm。叶条状披针形、长圆形、倒卵形、卵状长圆形，长1~8 cm，先端尖或圆钝，基部渐窄；叶柄长1~4 mm。头状花序1~4个，腋生，无花序梗，初球形，果序圆柱形，径3~6 mm；花序轴密被白色柔毛，苞片卵状披针形，长约1 mm；花被片卵形，长2~3 mm，无毛，具1脉；雄蕊3，花丝长约0.7 mm，基部连成杯状，花药长圆形；退化雄蕊三角状钻形；花柱极短。胞果倒心形，长2~2.5 mm，侧扁，深褐色，包于宿存花被片内。种子卵球形。花期5~7月，果期7~9月。

**生境分布** 生于村庄附近的草坡、水沟、田边或沼泽。分布于象山镇等地。

**入药部位** 全草（节节花）。

**采收加工** 夏、秋季采收，鲜用或晒干。

**功能主治** 甘，寒。归心、胃、小肠经。凉血散瘀，清热解毒，除湿通淋。用于咯血，吐血，便血，湿热黄疸，痢疾，泄泻，牙龈肿痛，咽喉肿痛，肠痈，乳痈，痒腮，痈疽肿毒，湿疹，淋症，跌打损伤，毒蛇咬伤。

# 刺　苋　别名：勒苋菜、笏苋菜

*Alternanthera sessilis* (L.) DC.　　　■ 标本采集号：360122201014008LY

**形态特征**　一年生草本，高30~100 cm。茎直立，圆柱形或钝棱形，多分枝，有纵条纹，绿色或带紫色。叶片菱状卵形或卵状披针形，长3~12 cm，宽1~5.5 cm；叶柄长1~8 cm，在其旁有2刺，刺长5~10 mm。圆锥花序腋生及顶生，长3~25 cm；苞片在腋生花簇及顶生花穗的基部则变成尖锐直刺，长5~15 mm，在顶生花穗的上部者狭披针形，长1.5 mm；花被片绿色，在雄花者矩圆形，在雌花者矩圆状匙形；柱头3。胞果矩圆形，长1~1.2 mm，在中部以下不规则横裂，包裹在宿存花被片内。种子近球形，黑色或带棕黑色。花果期7~11月。

**生境分布**　生于村庄附近的草坡、水沟、田边或沼泽。分布于石岗镇等地。

**入药部位**　全草或根（勒苋菜）。

**采收加工**　春、夏、秋三季均可采收，洗净，鲜用或晒干。

**功能主治**　甘，微寒。凉血止血，清利湿热，解毒消痈。用于胃出血，便血，痔血，胆囊炎，胆石症，痢疾，湿热泄泻，带下病，小便涩痛，咽喉肿痛，湿疹，痈肿，牙龈糜烂，蛇咬伤。

# 皱果苋 别名：绿苋

*Amaranthus viridis* L.

标本采集号：360122200616038LY

**形态特征**　一年生草本，高达80 cm。茎直立。叶卵形、卵状长圆形或卵状椭圆形，长3~9 cm，先端尖凹或凹缺，具芒尖，全缘或微波状；叶柄长3~6 cm。穗状圆锥花序顶生，长达12 cm，圆柱形，细长，直立，顶生花穗较侧生者长；花序梗长2~2.5 cm；苞片披针形，具凸尖；花被片长圆形或宽倒披针形，长1.2~1.5 mm；雄蕊较花被片短；柱头3。胞果扁球形，径约2 mm，不裂，皱缩，露出花被片。种子近球形，径约1 mm，黑或黑褐色，环状边缘薄且锐。花期6~8月，果期8~10月。

**生境分布**　生于农家附近的杂草地上或田野间。分布于生米镇等地。

**入药部位**　全草或根（白苋）。

**采收加工**　春、夏、秋季均可采收全株或根，洗净，鲜用或晒干。

**功能主治**　甘、淡、寒。归大肠、小肠经。清热、利湿、解毒。用于痢疾，泄泻，小便赤涩，疮肿，蛇虫咬伤，牙疳。

# 青 葙

别名：百日红、鸡冠花、野鸡冠花、指天笔

*Celosia argentea* L.

■ 标本采集号：360122200622015LY

**形态特征** 一年生草本，高达1 m，全株无毛。叶长圆状披针形、披针形或披针状条形，长5~8 cm，宽1~3 cm，绿色常带红色，先端尖或渐尖，具小芒尖，基部渐窄；叶柄长0.2~1.5 cm。塔状或圆柱状穗状花序不分枝，长3~10 cm；苞片及小苞片披针形，白色，先端渐尖成细芒，具中脉；花被片长圆状披针形，长0.6~1 cm，花初为白色顶端带红色，或全部粉红色，后白色；花丝长2.5~3 mm，花药紫色；花柱紫色，长3~5 mm。胞果卵形，长3~3.5 mm，包在宿存花被片内。种子肾形，扁平，双凸，径约1.5 mm。花期5~8月，果期6~10月。

**生境分布** 生于坡地、路边、平原较干燥的向阳处。各地均有分布。

**入药部位** 成熟种子（青葙子）、茎叶或根（青葙）、花序（青葙花）。

**采收加工** **青葙子**：秋季果实成熟时采割植株或摘取果穗，晒干，收集种子，除去杂质。**青葙**：夏季采收，鲜用或晒干。**青葙花**：花期采收，晒干。

**功能主治** **青葙子**：苦，微寒。归肝经。清肝泻火，明目退翳。用于肝热目赤，目生翳膜，视物昏花，肝火眩晕。**青葙**：苦，寒。归肝、膀胱经。燥湿清热，杀虫止痒，凉血止血。用于湿热带下，小便不利，尿浊，泄泻，阴痒，疮疥，风瘙身痒，痔疮，衄血，创伤出血。**青葙花**：苦，凉。凉血止血，清肝除湿，明目。用于吐血，衄血，崩漏，赤痢，血淋，白带，目赤肿痛，目生翳障。

# 玉　兰

别名：应春花、白玉兰、望春花

*Magnolia denudata* Desr.

标本采集号：360122200622012LY

**形态特征**　落叶乔木，高达25 m，胸径1 m。枝广展形成宽阔的树冠；树皮深灰色，粗糙开裂；小枝稍粗壮，灰褐色；冬芽及花梗密被淡灰黄色长绢毛。叶纸质，倒卵形，基部徒长枝叶椭圆形，长10~18 cm，宽6~12 cm，叶上深绿色，下面淡绿色。花蕾卵圆形，花先叶开放，芳香，直径10~16 cm；花梗显著膨大，密被淡黄色长绢毛；花被片9片，白色，基部常带粉红色；蓇葖厚木质，褐色，具白色皮孔；种子心形，侧扁，高约9 mm，宽约10 mm，外种皮红色，内种皮黑色。花期2~3月，果期8~9月。

**生境分布**　生于常绿阔叶树和落叶阔叶树混交林中，现庭园普遍栽培。分布于铁河乡等地。

**入药部位**　花蕾（辛夷）。

**采收加工**　冬末春初花未开放时采收，除去枝梗，阴干。

**功能主治**　辛，温。归肺、胃经。散风寒，通鼻窍。用于风寒头痛，鼻塞流涕，鼻衄，鼻渊。

# 樟

别名：香樟、芳樟、油樟、樟木

*Cinnamomum camphora* (Linn.) Presl

标本采集号：360122200616001LY

**形态特征** 乔木，高达30 m。树皮黄褐色，不规则纵裂。叶卵状椭圆形，长6~12 cm，边缘有时微波状，离基三出脉，侧脉及支脉脉腋具腺窝；叶柄长2~3 cm，无毛。圆锥花序长达7 cm，具多花，花序梗长2.5~4.5 cm；花梗长1~2 mm；花被无毛或被微柔毛，花被片椭圆形；能育雄蕊长约2 mm，花丝被短柔毛，退化雄蕊箭头形，长约1 mm，被柔毛。果卵圆形或近球形，径6~8 mm，紫黑色；果托杯状，高约5 mm，顶端平截，径达4 mm。花期4~5月，果期8~11月。

**生境分布** 生于山坡或沟谷中，常见栽培。各地均有分布。

**入药部位** 枝叶（天然冰片）、树干（香樟木）、成熟果实（樟树子）。

**采收加工** **天然冰片**：新鲜枝、叶经提取加工制成。**香樟木**：锯下树干，去皮，砍、劈成小块晒干或收集洁净樟木制品加工边料，整理加工成小块。**樟树子**：秋、冬季果实成熟时采收，干燥。

**功能主治** **天然冰片**：辛、苦、凉。归心、脾、肺经。开窍醒神，清热止痛。用于热病神昏、惊厥，中风痰厥，气郁暴厥，中恶昏迷，胸痹心痛，目赤，口疮，咽喉肿痛，耳道流脓。**香樟木**：辛，温。祛风湿，引气血，利关节。用于疗心腹胀痛，脚气，痛风，疥癣，跌打损伤。**樟树子**：辛，温。归肝、胃经。祛风散寒，温胃和中，理气止痛。用于脘腹冷痛，寒湿吐泻，气滞腹胀，脚气。

# 乌　药

别名：香叶子、白叶子树、细叶樟、白背树

*Lindera aggregata* (Sims) Kosterm.

标本采集号：360122210525003LY

| | |
|---|---|
| **形态特征** | 常绿小乔木或灌木状，高达5 m。根纺锤状，长达8 cm，径2.5 cm，褐黄或褐黑色。幼枝密被黄色绢毛，老时无毛；顶芽长椭圆形。叶卵形、椭圆形或近圆形，长2.7~7 cm，宽1.5~4 cm，三出脉，中脉及第1对侧脉在上面常凹下；叶柄长0.5~1 cm。伞形花序腋生，无总梗，常6~8序集生短枝，每花序具7花；雄花花被片长约4 mm，花丝疏被柔毛；雌花花被片长约2.5 mm，子房椭圆形，被褐色短柔毛，柱头头状，退化雄蕊长条片状，疏被柔毛。果卵圆形或近球形，长0.6~1 cm。花期3~4月，果期5~11月。 |
| **生境分布** | 生于向阳坡地、山谷或疏林灌丛中。各地均有分布。 |
| **入药部位** | 块根（乌药）。 |
| **采收加工** | 全年均可采挖，除去细根，洗净，趁鲜切片，晒干，或直接晒干。 |
| **功能主治** | 辛，温。归肺、脾、肾、膀胱经。行气止痛，温肾散寒。用于寒凝气滞，胸腹胀痛，气逆喘急，膀胱虚冷，遗尿尿频，疝气疼痛，经寒腹痛。 |

# 山胡椒 别名：油金条、香叶子、野胡椒、牛筋树

*Lindera glauca* (Sieb. et Zucc.) Bl.

标本采集号：360122210524001LY

**形态特征**　落叶小乔木或灌木状，高达8 m。小枝灰或灰白色，幼时淡黄色，初被褐色毛；冬芽长角锥形，芽鳞无脊。叶宽椭圆形、椭圆形、倒卵形或窄倒卵形，长4~9 cm，下面被白色柔毛，侧脉4~6对；翌年发新叶时落叶。伞形花序从混合芽生出，梗长不及3 mm，具3~8花；雄花花梗长约1.2 cm，密被白柔毛，花被片椭圆形，脊部被柔毛，雄蕊9，花被片椭圆形或倒卵形，柱头盘状，退化雄蕊线形。果球形，黑褐色，径约6 mm；果柄长1~1.5 cm。花期3~4月，果期7~8月。

**生境分布**　生于山地、丘陵的灌丛中和疏林缘。分布于生米镇等地。

**入药部位**　根（山胡椒根）、叶（山胡椒叶）、果实（山胡椒）。

**采收加工**　**山胡椒根**：9~10月，挖取根部，洗净，晒干。**山胡椒叶**：秋季采收，晒干或鲜用。**山胡椒**：秋季果熟时采收。

**功能主治**　**山胡椒根**：辛，温。祛风湿，散瘀血，通络脉。用于风湿麻木，筋骨疼痛，脘腹冷痛，跌打损伤。**山胡椒叶**：苦、辛，微寒。归膀胱、肝经。解毒消疮，祛风止痛，止痒，止血。用于疮疡肿毒，风湿痹痛，跌打损伤，外伤出血，皮肤瘙痒，蛇虫咬伤。**山胡椒**：辛，温。归肺、胃经。温中散寒，行气止痛，平喘。用于脘腹冷痛，胸满痞闷，哮喘。

# 山　檔　别名：大叶钓樟、铁脚樟、生姜树、甘檔

*Lindera reflexa* Hemsl.

| | |
|---|---|
| **形态特征** | 落叶小乔木或灌木状。幼枝黄绿色，皮孔不明显，初被绢状柔毛；冬芽长角锥状。叶卵形或倒卵状椭圆形，长5~16.5 cm，宽5~12.5 cm，先端渐尖，基部圆或宽楔形，上面幼时中脉被微柔毛，下面被白色柔毛，侧脉6~10对；叶柄长0.6~3 cm。伞形花序梗长约3 mm，密被红褐色微柔毛后脱落，具5花；花被片6，黄色，椭圆形；雌花花梗密被白柔毛，花被片宽长圆形，被白柔毛，花柱与子房等长，柱头盘状。果球形，径约7 mm，红色；果柄长约1.5 cm，疏被柔毛。花期3~4月，果期9~10月。 |
| **生境分布** | 生于山谷、山坡林下或灌丛中。分布于生米镇等地。 |
| **入药部位** | 根或根皮（山檔根）。 |
| **采收加工** | 全年均可采收，晒干或鲜用。 |
| **功能主治** | 温、辛。归肺、胃经。理气止痛，祛风解表，杀虫，止血。用于胃痛，腹痛，风寒感冒，风疹疥癣，刀伤出血。 |

# 山鸡椒

别名：澄茄子、毕澄茄、山苍树、山苍子

*Litsea cubeba* (Lour.) Pers.

■ 标本采集号：360122200617009LY

**形态特征**　落叶灌木或小乔木，高达8~10 m。幼树树皮黄绿色，光滑；老树树皮灰褐色。小枝细长，绿色，枝、叶具芳香味。顶芽圆锥形，外面具柔毛。叶互生，披针形或长圆形，长4~11 cm，宽1.1~2.4 cm，上面深绿色，下面粉绿色，羽状脉，侧脉每边6~10条。伞形花序单生或簇生，总梗细长，长6~10 mm；每一花序有花4~6朵，先叶开放或与叶同时开放，花被裂片6，宽卵形；能育雄蕊9，花丝中下部有毛；子房卵形。果近球形，幼时绿色，成熟时黑色，果梗长2~4 mm。花期2~3月，果期7~8月。

**生境分布**　生于向阳的山地、灌丛、疏林或林中路旁、水边。分布于石埠镇、西山镇等地。

**入药部位**　成熟果实（荜澄茄）、叶（山苍子叶）。

**采收加工**　**荜澄茄：** 秋季果实成熟时采收，除去杂质，晒干。**山苍子叶：** 夏、秋季采收，除去杂质，鲜用或晒干。

**功能主治**　**荜澄茄：** 辛，温。归脾、胃、肾、膀胱经。温中散寒，行气止痛。用于胃寒呕逆，脘腹冷痛，寒疝腹痛，寒湿郁滞，小便浑浊。**山苍子叶：** 辛、微苦，温。理气散结，解毒消肿，止血。用于痈疽肿痛，乳痈，蛇虫咬伤，外伤出血，脚肿，慢性气管炎。

# 檫 木 别名：半风樟、檫树、药树

*Sassafras tzumu* (Hemsl.) Hemsl.

标本采集号：360122200617009LY

| | |
|---|---|
| **形态特征** | 落叶乔木，高可达35 m。顶芽大，椭圆形。枝条粗壮，叶互生，聚集于枝顶，全缘或2~3浅裂，裂片先端略钝，坚纸质；叶柄纤细，苞片线形至丝状。花黄色；花梗纤细，密被棕褐色柔毛。雄花：花被筒极短，花被裂片6，披针形；子房卵珠形，柱头盘状。果近球形，直径达8 mm，成熟时蓝黑色而带有白蜡粉，着生于浅杯状的果托上，果梗长1.5~2 cm，上端渐增粗，无毛，与果托呈红色。花期3~4月，果期5~9月。 |
| **生境分布** | 生于疏林或密林中。分布于蛟桥镇、石埠镇等地。 |
| **入药部位** | 根、茎、叶（边风樟）。 |
| **采收加工** | 采收后晒干。 |
| **功能主治** | 辛、微苦，温。归肝、脾经。祛风除湿，活血止痛。用于风湿痹痛，跌打损伤，月经不调等。 |

# 山木通 别名：雪球藤、老虎毛、老虎须、九里花

*Litsea cubeba* (Lour.) Pers.

■ 标本采集号：360122210419019LY

**形态特征**　木质藤本。茎圆柱形，有纵条纹，小枝有棱。三出复叶，基部有时为单叶；小叶片薄革质或革质，卵状披针形、狭卵形至卵形。花常单生，或为聚伞花序、总状聚伞花序，腋生或顶生，有1~7花；在叶腋分枝处常有多数长三角形至三角形宿存芽鳞，长5~8 mm；苞片小，钻形，顶端3裂；萼片4~6，开展，白色，狭椭圆形或披针形，长1~2.5 cm；雄蕊无毛，药隔明显。瘦果镰刀状狭卵，长约5 mm，宿存花柱长达3 cm，有黄褐色长柔毛。花期4~6月，果期7~11月。

**生境分布**　生于山坡疏林、溪边、路旁灌丛中及山谷石缝中。分布于樵舍镇等地。

**入药部位**　根（山木通根）、地上部分（灵仙藤）。

**采收加工**　**山木通根**：全年均可采，鲜用或晒干。**灵仙藤**：夏、秋二季采割，除去杂质，干燥。

**功能主治**　**山木通根**：辛、苦，温。祛风除湿，活络止痛，解毒。用于风湿痹痛，跌打损伤，骨鲠喉，走马牙疳，目生星翳。**灵仙藤**：辛、咸，温。归肝、膀胱经。祛风除湿，通络止痛，利尿通淋。用于风湿痹痛，关节拘急，四肢麻木，跌打损伤，小便不利，诸骨鲠喉。

# 还亮草

别名：车子野芫荽、鱼灯苏

*Delphinium anthriscifolium* Hance

标本采集号：360122210420003LY

**形态特征**　一年生草本，茎高达78 cm。具直根。二至三回近羽状复叶，或三出复叶；叶菱状卵形或三角状卵形，长5~11 cm，羽片2~4对，对生，窄卵形，常分裂近中脉，小裂片窄卵形或披针形；叶柄长2.5~6 cm。总状花序具1~15花；序轴及花梗被反曲短柔毛；小苞片披针状线形，长2.5~4 mm；花梗长0.4~1.2 cm；花长1~2.5 cm；萼片堇色或紫色，椭圆形，长6~11 mm，疏被短柔毛；花瓣顶部宽；退化雄蕊无毛，蓝紫色，瓣片斧形，2深裂近基部；心皮3。种子球形，具横窄膜翅。花期3~5月。

**生境分布**　生于丘陵或低山的山坡草丛或溪边草地。分布于南矶乡等地。

**入药部位**　全草（还亮草）。

**采收加工**　夏、秋季采收，洗净，切段，鲜用或晒干。

**功能主治**　辛、苦，温；有毒。归心、肝、肾经。祛风除湿，通络止痛，化食，解毒。用于风湿痹痛，半身不遂，食积腹胀，荨麻疹，痈疮癣癞。

# 毛 茛

别名：老虎脚迹、五虎草

*Ranunculus japonicus* Thunb.

■ 标本采集号：360122200616002LY

**形态特征**　多年生草本。须根多数簇生。茎直立，高30~70 cm，中空，有槽，具分枝，生开展或贴伏的柔毛。基生叶多数；叶片圆心形或五角形，长及宽为3~10 cm，通常3深裂不达基部；叶柄长达15 cm，生开展柔毛；下部叶与基生叶相似，渐向上叶柄变短；最上部叶线形，全缘，无柄。聚伞花序有多数花，疏散；花直径1.5~2.2 cm；花梗长达8 cm，贴生柔毛；萼片椭圆形；花瓣5，倒卵状圆形；花托短小，无毛。聚合果近球形，直径6~8 mm；瘦果扁平，长2~2.5 mm。花果期4~9月。

**生境分布**　生于田沟旁和林缘路边的湿草地上。分布于生米镇、樵舍镇等地。

**入药部位**　全草及根（毛茛）。

**采收加工**　夏末秋初7~8月采收全草及根，洗净，阴干。

**功能主治**　辛，温；有毒。归肝、胆、心、胃经。退黄，定喘，截疟，镇痛，消翳。用于黄疸，哮喘，疟疾，偏头痛，牙痛，鹤膝风，风湿关节痛，目生翳膜，瘰疬，痈疮肿毒。

# 扬子毛茛 别名：辣子草、地胡椒

*Ranunculus sieboldii* Miq.

标本采集号：360122200623002LY

**形态特征**　多年生草本。须根伸长簇生。茎铺散，斜升，高20~50 cm，下部节偃地生根，多分枝。基生叶与茎生叶相似，为3出复叶；叶片圆肾形至宽卵形，长2~5 cm，宽3~6 cm，3浅裂至较深裂，边缘有锯齿；叶柄长2~5 cm，密生开展的柔毛。花与叶对生，直径1.2~1.8 cm；花梗长3~8 cm，密生柔毛；萼片狭卵形；花瓣5，黄色或上面变白色，狭倒卵形至椭圆形；雄蕊20余枚，花药长约2 mm；花托粗短，密生白柔毛。聚合果圆球形，直径约1 cm；瘦果扁平。花果期5~10月。

**生境分布**　生于山坡林边及平原湿地。分布于石岗镇、流湖镇等地。

**入药部位**　全草（鸭脚板草）。

**采收加工**　春、夏季采集，洗净，鲜用或晒干。

**功能主治**　辛、苦、热；有毒。归心经。除痰截疟，解毒消肿。用于疟疾，瘰肿，毒疮，跌打损伤。

# 猫爪草　别名：小毛茛

*Ranunculus ternatus* Thunb.

**形态特征**　一年生草本。簇生多数肉质小块根，块根卵球形或纺锤形，顶端质硬，形似猫爪，直径3~5 mm。茎铺散，高5~20 cm，多分枝。基生叶有长柄；叶片形状多变，单叶或3出复叶，宽卵形至圆肾形，小叶3浅裂至3深裂或多次细裂，末回裂片倒卵形至线形，无毛；叶柄长6~10 cm。花瓣5~7或更多，黄色或后变白色，倒卵形，长6~8 mm，基部有长约0.8 mm的爪，蜜槽棱形；聚合果近球形；瘦果卵球形。花期早，春季3月开花，果期4~7月。

**生境分布**　生于平原湿草地或田边荒地。分布于石埠镇、铁河乡等地。

**入药部位**　块根（猫爪草）。

**采收加工**　春季采挖，除去须根和泥沙，晒干。

**功能主治**　甘、辛，温。归肝、肺经。化痰散结，解毒消肿。用于瘰疬痰核，疔疮肿毒，蛇虫咬伤。

# 天 葵

别名：耗子屎、紫背天葵、千年老鼠屎、麦无踪

*Semiaquilegia adoxoides* (DC.) Makino

标本采集号：360122210308004LY

**形态特征**　多年生草本，块根长达2.5 cm，径3~6 mm，褐黑色。茎高达32 cm，疏被柔毛，分枝。基生叶多数，一回三出复叶；小叶扇状菱形或倒卵状菱形，长0.6~2.5 cm，宽1~2.8 cm，3深裂，裂片疏生粗齿；叶柄长3~12 cm。花序具2至数花；萼片5，白色，带淡紫色，长4~6 mm；花瓣匙形，长2.5~3.5 mm，基部囊状；雄蕊8~14，花药椭圆形，退化雄蕊2，窄披针形；心皮3~5，花柱短。蓇葖卵状长椭圆形，长6~7 mm，宽约2 mm，表面具凸起的横向脉纹，种子卵状椭圆形，褐色至黑褐色。3~4月开花，4~5月结果。

**生境分布**　生于疏林下、路旁或山谷地的较阴处。各地均有分布。

**入药部位**　块根（天葵子）、种子（千年耗子屎种子）、地上部分（天葵草）。

**采收加工**　**天葵子**：夏初采挖，洗净，干燥，除去须根。**千年耗子屎种子**：春末种子成熟时采收，晒干。**天葵草**：春季采收，晒干。

**功能主治**　**天葵子**：甘，苦，寒。归肝、胃经。清热解毒，消肿散结。用于痈肿疔疮，乳痈，瘰疬，蛇虫咬伤。**千年耗子屎种子**：甘，寒。归心、肝经。解毒，散结。用于乳痈，瘰疬，疮毒，妇人血崩，带下病，小儿惊风。**天葵草**：甘，寒。消肿，解毒，利水。用于瘰疬，疝气，小便不利。

# 三叶木通

别名：香蜜果、中华圣果、活血藤、三叶拿藤

*Akebia trifoliata* (Thunb.) Koidz.

**形态特征**　落叶木质藤本。茎皮灰褐色，有稀疏的皮孔及小疣点。掌状复叶互生或在短枝上的簇生；叶柄直；小叶3片，先端通常钝或略凹入，具小凸尖，边缘具波状齿或浅裂；侧脉每边5~6条，与网脉同在两面略凸起。总花梗纤细。雄花：花梗丝状；萼片3，淡紫色；雄蕊6，离生，排列为杯状。果长圆形，成熟时灰白略带淡紫色；种子极多数，扁卵形，种皮红褐色或黑褐色。花期4~5月，果期7~8月。

**生境分布**　生于山地沟谷边疏林或丘陵灌丛中。分布于望城镇等地。

**入药部位**　根（木通根）、藤茎（木通）、成熟果实（预知子）。

**采收加工**　**木通根**：秋季采收，截取茎部，除去细枝，阴干。**木通**：秋季采收，截取茎部，除去细枝，阴干。**预知子**：夏、秋二季果实绿黄时采收，晒干，或置沸水中略烫后晒干。

**功能主治**　**木通根**：苦，平。归膀胱、肾、肝经。祛风通络，利水消肿，行气，活血，补肝肾，强筋骨。用于风湿痹痛，跌打损伤，经闭，疝气，睾丸肿痛，脘腹胀闷，小便不利，带下病，虫蛇咬伤。**木通**：苦，寒。归心、小肠、膀胱经。利尿通淋，清心除烦，通经下乳。用于淋证，水肿，心烦尿赤，口舌生疮，经闭乳少，湿热痹痛。**预知子**：苦，寒。归肝、胆、胃、膀胱经。疏肝理气，活血止痛，散结，利尿。用于脘胁胀痛，痛经经闭，痰核痞块，小便不利。

# 木防己 别名：土木香、青藤香

*Cocculus orbiculatus* (Linn.) DC.

標本采集号：360122200615046LY

**形态特征**　木质藤本。小枝被绒毛至疏柔毛，有条纹。叶片纸质至近革质，形状变异极大，边全缘至掌状5裂不等。聚伞花序具少花，腋生，长达10 cm，被柔毛；雄花具2或1小苞片，被柔毛，萼片6，外轮卵形或椭圆状卵形，长1~1.8 mm，内轮宽圆形或近圆形，长达2.5 mm，花瓣6，裂片叉开，雄蕊6，较花瓣短；雌花萼片及花瓣与雄花相同，退化雄蕊6，心皮6。核果红或紫红色，近球形，径7~8 mm；果核骨质，径5~6 mm，背部具小横肋状雕纹。花期5~8月，果期8~10月。

**生境分布**　生于灌丛、村边、林缘等处。分布于蛟桥镇等地。

**入药部位**　根（木防己）、茎（小青藤）、花（木防己花）。

**采收加工**　**木防己**：春、秋二季采挖，以秋季采收质量较好，挖取根部，除去茎、叶、芦头，洗净，晒干。**小青藤**：秋、冬季采收，除去杂质，刮去粗皮，洗净，切段，晒干。**木防己花**：秋季采收，除去杂质，晒干。

**功能主治**　**木防己**：苦、辛，寒。归膀胱、肾、脾、肺经。祛风除湿，通经活络，解毒消肿。用于风湿痹痛，水肿，小便淋痛，闭经，跌打损伤，咽喉肿痛，疮疡肿毒，湿疹，毒蛇咬伤。**小青藤**：苦，平。祛风除湿，调气止痛，利水消肿。用于风湿痹痛，跌打损伤，胃痛，腹痛，水肿，淋证。**木防己花**：解毒化痰。用于慢性骨髓炎。

# 千金藤

别名：金线钓乌龟、公老鼠藤、野桃草、爆竹消

*Stephania japonica* (Thunb.) Miers

■ 标本采集号：360122200618013LY

| | |
|---|---|
| **形态特征** | 稍木质藤本，全株无毛；根条状，褐黄色；小枝纤细，有直线纹。叶纸质或坚纸质，通常三角状近圆形或三角状阔卵形，长6~15 cm，通常不超过10 cm；掌状脉10~11条，下面凸起；叶柄长3~12 cm，明显盾状着生。复伞形聚伞花序腋生，通常有伞梗4~8条；花近无梗，雄花：萼片6或8，膜质，倒卵状椭圆形至匙形，长1.2~1.5 mm，无毛；花瓣3或4，黄色，稍肉质，阔倒卵形，长0.8~1 mm。果倒卵形至近圆形，长约8 mm，成熟时红色；果核背部有2行小横肋状雕纹。 |
| **生境分布** | 生于村边或旷野灌丛中。分布于溪霞镇等地。 |
| **入药部位** | 根或茎叶（千金藤）。 |
| **采收加工** | 7~8月采收茎叶，晒干；9~10月挖根，洗净晒干。 |
| **功能主治** | 苦、辛，寒。归肺、脾、大肠经。清热解毒，祛风止痛，利水消肿。用于咽喉肿痛，痈肿疮疖，毒蛇咬伤，风湿痹痛，胃痛，脚气水肿。 |

# 粉防己

别名：汉防己、瓜防己、石蟾蜍

*Stephania tetrandra* S. Moore

■ 标本采集号：360122200616037LY

**形态特征**　草质藤本，高1~3 m；主根肉质，柱状；小枝有直线纹。叶纸质，阔三角形，长通常4~7 cm，宽5~8.5 cm，顶端有凸尖，两面或仅下面被贴伏短柔毛；掌状脉9~10条，较纤细，网脉甚密，很明显；叶柄长3~7 cm。花序头状，于腋生、长而下垂的枝条上作总状式排列；雄花：萼片4或有时5，通常倒卵状椭圆形，有缘毛；花瓣5，肉质，长0.6 mm，边缘内折；聚药雄蕊长约0.8 mm。核果成熟时近球形，红色；果核径约5.5 mm，背部鸡冠状隆起。花期夏季，果期秋季。

**生境分布**　生于村边、旷野、路边等处的灌丛中。分布于石岗镇、生米镇等地。

**入药部位**　根（防己）。

**采收加工**　秋季采挖，洗净，除去粗皮，晒至半干，切段，个大者再纵切，干燥。

**功能主治**　苦，寒。归膀胱、肺经。祛风止痛，利水消肿。用于风湿痹痛，水肿脚气，小便不利，湿疹疮毒。

# 蕺　菜　别名：鱼腥草、狗贴耳、侧耳根

*Houttuynia cordata* Thunb.

■ 标本采集号：360122200616037LY

**形态特征**　多年生草本。有腥臭味，高30~60 cm；茎下部伏地，节上轮生小根，上部直立，无毛或节上被毛。叶薄纸质，有腺点，背面尤甚，卵形或阔卵形，长4~10 cm，宽2.5~6 cm，顶端短渐尖，基部心形，背面常呈紫红色；叶脉5~7条；叶柄长1~3.5 cm，无毛；托叶膜质，下部与叶柄合生而成长8~20 mm的鞘，且常有缘毛，略抱茎。花序长约2cm，宽5~6 mm；总花梗长1.5~3 cm，无毛；总苞片长圆形或倒卵形，顶端钝圆；雄蕊长于子房，花丝长为花药的3倍。蒴果长2~3 mm，顶端有宿存的花柱。花期4~7月。

**生境分布**　生于沟边、溪边或林下湿地上。分布于蛟桥镇、乐化镇等地。

**入药部位**　新鲜全草或干燥地上部分（鱼腥草）。

**采收加工**　鲜品全年均可采割；干品夏季茎叶茂盛花穗多时采割，除去杂质，晒干。

**功能主治**　辛，微寒。归肺经。清热解毒，消痈排脓，利尿通淋。用于肺痈吐脓，痰热喘咳，热痢，热淋，痈肿疮毒。

# 中华猕猴桃

别名：猕猴桃、藤梨、羊桃藤、羊桃

*Actinidia chinensis* Planch.

■ 标本采集号：360122200616037LY

**形态特征**　大型落叶藤本。叶纸质，倒阔卵形至倒卵形或阔卵形至近圆形，顶端截平形并中间凹入或具突尖，边缘具脉出的直伸的睫状小齿，腹面深绿色，背面苍绿色，密被灰白色或淡褐色星状绒毛，侧脉5~8对，横脉比较发达，网状小脉不易见；叶柄长3~10 cm。聚伞花序1~3花；花瓣5片；雄蕊极多，花丝狭条形；子房球形。果黄褐色，具小而多的淡褐色斑点；宿存萼片反折。花期4~5月，果期8~10月。

**生境分布**　生于山林中、灌丛、灌木林或次生疏林中。分布于蛟桥镇等地。

**入药部位**　根（猕猴桃根）、枝叶（猕猴桃枝叶）、果实（猕猴桃）。

**采收加工**　**猕猴桃根**：全年均可采挖，洗净，鲜用或晒干。**猕猴桃枝叶**：夏季采收，鲜用或晒干。**猕猴桃**：9月中、下旬至10月上旬采摘成熟果实，鲜用或晒干用。

**功能主治**　**猕猴桃根**：微甘、涩、凉；有小毒。归肾、胃经。清热解毒，祛风利湿，活血消肿。用于肝炎，痢疾，消化不良，淋浊，带下病，风湿关节痛，跌打损伤，疮疖，瘰疬。**猕猴桃枝叶**：微苦、涩、凉。归肺、肝经。清热解毒，散瘀，止血。用于痈肿疮疡，烫伤，风湿关节痛，外伤出血。**猕猴桃**：甘、酸、寒。归肾、胃、胆、脾经。解热，止渴，健胃，通淋。用于烦热，消渴，肺热干咳，消化不良，湿热黄疸，石淋，痔疮。

# 杨 桐 别名：黄瑞木、毛药红淡

*Adinandra millettii*
(Hook. et Arn.) Benth. et Hook. f. ex Hance

■ 标本采集号：360122200615005LY

| | |
|---|---|
| **形态特征** | 小乔木或灌木状。幼枝初被灰褐色平伏柔毛，后脱落无毛；顶芽被灰褐色平伏柔毛。叶长圆状椭圆形，长4.5~9 cm，先端短渐尖或近钝，基部楔形，全缘，侧脉10~12对；叶柄疏被柔毛或近无毛。单花腋生；花梗纤细，长约2 cm；小苞片2，早落，线状披针形；萼片5，卵状披针形或卵状三角形；花瓣5，白色，卵状长圆形至长圆形，无毛；雄蕊约25；子房3室，花柱单一。果球形，疏被柔毛，径约1 cm，宿存花柱长约8 mm。花期5~7月，果期8~10月。 |
| **生境分布** | 生于山坡路旁灌丛、山地阳坡的疏林中或密林中。分布于蛟桥镇、石埠镇等地。 |
| **入药部位** | 根（黄瑞木）。 |
| **采收加工** | 全年可采，晒干或鲜用。 |
| **功能主治** | 苦，凉。归肺、肝经。凉血止血，解毒消肿。用于衄血，尿血，传染性肝炎，腮腺炎，疖肿，蛇虫咬伤，癌肿。 |

# 油 茶 别名：野油茶、山油茶、单籽油茶

*Camellia oleifera* Abel

标本采集号：360122200618001LY

**形态特征**　小乔木或灌木状。幼枝被粗毛，叶革质，椭圆形或倒卵形，长5~7cm，先端钝尖，基部楔形，下面中脉被长毛，侧脉5~6对，具细齿；叶柄长4~8mm，被粗毛。叶革质，椭圆形或倒卵形，先端钝尖，基部楔形，具细齿。花顶生，苞片及萼片约10，革质，宽卵形；花瓣白色，5~7，倒卵形，先端4缺或2裂；雄蕊花丝近离生，或具短花丝筒；花柱顶端3裂。蒴果球形，径2~5cm，3室，每1~2种子，果爿厚3~5mm。花期冬春间。

**生境分布**　生于山坡路旁灌丛中，广泛栽培。各地均有分布。

**入药部位**　根或根皮（油茶根）、叶（油茶叶）、花（油茶花）、种子（油茶子）、种子的脂肪油（茶油）、种子榨去脂肪油后的渣滓（茶油粑）。

**采收加工**　**油茶根：**全年均可采收，鲜用或晒干。**油茶叶：**全年均可采收，鲜用或晒干。**油茶花：**冬季采收。**油茶子：**秋季果实成熟时采收。**茶油：**秋季果实成熟时采收种子，榨取油。**茶油粑：**秋季果实成熟时采收种子，种子榨去脂肪油后的渣滓。

**功能主治**　**油茶根：**苦，平；有小毒。清热解毒，理气止痛，活血消肿。用于咽喉肿痛，胃痛，牙痛，跌打伤痛，水火烫伤。**油茶叶：**微苦，平。收敛止血，解毒。用于鼻衄，皮肤溃烂瘙痒，疮疖。**油茶花：**苦，微寒。凉血止血。用于吐血，咯血，衄血，便血，子宫出血，烫伤。**油茶子：**苦、甘，平；有毒。归脾、胃、大肠经。行气，润肠，杀虫。用于气滞腹痛，肠燥便秘，蛔虫，钩虫，疥癣瘙痒。**茶油：**甘、凉、苦。归大肠经。清热解毒，润肠，杀虫。用于痧气腹痛，便秘，蛔虫腹痛，蛔虫性肠梗阻，疥癣，汤火伤。**茶油粑：**辛、苦、涩，平；有小毒。归脾、胃、大肠经。燥湿解毒，杀虫去积，消肿止痛。用于湿疹痛痒，虫积腹痛，跌打伤肿。

# 茶

别名：茶树、茗、大树茶

*Camellia sinensis* (L.) O. Ktze.

**形态特征** 灌木或小乔木。叶革质，长圆形或椭圆形，先端钝或尖锐，基部楔形，上面发亮，侧脉5~7对，边缘有锯齿，叶柄长3~8 mm。花1~3朵腋生，白色，花柄长4~6 mm，有时稍长；苞片2片，早落；萼片5片，阔卵形至圆形，宿存；花瓣5~6片，阔卵形，长1~1.6 cm，基部略连合，背面无毛；雄蕊长8~13 mm，基部连生1~2 mm；子房密生白毛；花柱无毛，先端3裂，裂片长2~4 mm。蒴果3球形或1~2球形，高1.1~1.5 cm，每球有种子1~2粒。花期10月至翌年2月。

**生境分布** 生于山地疏林，常见栽培。分布于石埠镇、石岗镇、樵舍镇等地。

**入药部位** 根（茶树根）、芽叶（茶叶）、花（茶花）、果实（茶子）。

**采收加工** **茶树根：**全年可采挖，洗净，晒干。**茶叶：**春、夏、秋季均可采收，除去秆及杂质，用特殊的加工方法制成。**茶花：**夏、秋季开花时采摘，鲜用或晒干。**茶子：**秋果成熟时采收。

**功能主治** **茶树根：**苦、涩，寒。利尿，强心。用于心脏病，口疮，银屑病。**茶叶：**苦、甘，凉。归心、肝、脾、肺、肾经。清头目，除烦渴，化痰，消食，利尿，解毒。用于头痛，目昏，多睡善寐，心烦口渴，食积痰滞，疟和痢等症。**茶花：**微苦，凉。归肺、肝经。清肺平肝。用于鼻疳，高血压。**茶子：**苦，寒；有小毒。归肺经。降火消痰平喘。用于痰热喘嗽，头脑鸣响。

# 木 荷

别名：荷树、荷木、信宜木荷

*Schima superba* Gardn. et Champ.

■ 标本采集号：360122200615038LY

**形态特征**　乔木，高达25 m。叶革质或薄革质，椭圆形，长7~12 cm，宽4~6.5 cm，先端尖锐，有时略钝，基部楔形，上面干后发亮，下面无毛，侧脉7~9对，在两面明显，边缘有钝齿；叶柄长1~2 cm。花生于枝顶叶腋，常多朵排成总状花序，直径3 cm，白色，花柄长1~2.5 cm，纤细，无毛；苞片2，贴近萼片，长4~6 mm，早落；萼片半圆形，长2~3 mm，外面无毛，内面有绢毛；花瓣长1~1.5 cm，最外1片风帽状，边缘多少有毛；子房有毛。蒴果直径1.5~2 cm。花期6~8月。

**生境分布**　生于向阳山地杂木林中。各地均有分布。

**入药部位**　根皮（木荷）、叶（木荷叶）。

**采收加工**　**木荷**：全年均可采收，晒干。**木荷叶**：春、夏季采收，鲜用或晒干。

**功能主治**　**木荷**：辛，温；有毒。归脾经。攻毒，消肿。用于疔疮，无名肿毒。**木荷叶**：辛，温；有毒。解毒疗疮。用于臁疮，疮毒。

# 地耳草　别名：田基黄、小元宝草、小连翘

*Hypericum japonicum* Thunb. ex Murray

■ 标本采集号：360122200618010LY

**形态特征**　一年生或多年生草本，高2~45 cm。茎单一或多少簇生，直立或外倾或匍地而在基部生根，具4纵线棱，散布淡色腺点。叶卵形、卵状三角形、长圆形或椭圆形，长0.2~1.8 cm，宽0.1~1 cm，先端尖或圆，基部心形抱茎至平截，基脉1~3，侧脉1~2对；无柄。花径4~8 mm，平展；萼片窄长圆形、披针形或椭圆形，长2~5.5 mm；花冠白、淡黄至橙黄色，花瓣椭圆形，长2~5 mm，先端钝，无腺点，宿存；雄蕊5~30，不成束，宿存；子房1室，花柱3，离生。蒴果短圆柱形或球形。花期3~8月，果期6~10月。

**生境分布**　生于田边、沟边、草地以及荒地上。各地均有分布。

**入药部位**　全草（田基黄）。

**采收加工**　春、夏季开花时采收全草，晒干或鲜用。

**功能主治**　甘，苦，凉。归肺、肝、胃经。清热利湿，解毒，散瘀消肿。用于湿热黄疸，泄泻，痢疾，肠痈，痈疖肿毒，乳蛾，口疮，目赤肿痛，毒蛇咬伤，跌打损伤。

# 金丝桃

别名：狗胡花、金线蝴蝶、金丝海棠、金丝莲

*Hypericum monogynum* Linn.

标本采集号：360122200624004LY

**形态特征**　灌木，高0.5~1.3 m，丛状或通常有疏生的开张枝条。茎红色，幼时具2~4纵线棱及两侧压扁。叶对生，无柄或具短柄，柄长达1.5 mm；叶片倒披针形或椭圆形至长圆形，先端锐尖至圆形，坚纸质，主侧脉4~6对。花序具1~30花，自茎端第1节生出，疏松的近伞房状；花梗长0.8~5 cm；苞片小，线状披针形。花直径3~6.5 cm，星状；花蕾卵珠形；花瓣金黄色至柠檬黄色，三角状倒卵形。蒴果宽卵珠形或稀为卵珠状圆锥形至近球形，长6~10 mm，宽4~7 mm。种子深红褐色。花期5~8月，果期8~9月。

**生境分布**　生于山坡、路旁或灌丛中。分布于望城镇等地。

**入药部位**　果实（金丝桃果）、全株（金丝桃）。

**采收加工**　**金丝桃果**：秋季果熟时采摘，鲜用或晒干。**金丝桃**：四季均可采收，洗净，晒干。

**功能主治**　**金丝桃果**：甘，凉。润肺止咳。用于虚热咳嗽，百日咳。**金丝桃**：苦，凉。归心、肝经。清热解毒，散瘀止痛，祛风湿。用于肝炎，肝脾肿大，急性咽喉炎，结膜炎，疮疖肿毒，蛇咬及蜂蜇伤，跌打损伤，风寒性腰痛。

105

# 元宝草　别名：散血丹、黄叶连翘、哨子草

*Hypericum sampsonii* Hance

標本采集号：360122200616003LY

**形态特征**　多年生草本，高0.2~0.8 m，全体无毛。茎单一或少数，圆柱形，无腺点，上部分枝。叶对生，无柄，其基部完全合生为一体而茎贯穿其中心，长2~8 cm，宽0.7~3.5 cm。花序顶生，多花，伞房状。花直径6~15 mm，近扁平，基部为杯状；花蕾卵珠形，先端钝形；花梗长2~3 mm。萼片长圆形或长圆状匙形或长圆状线形，长3~10 mm，宽1~3 mm。花瓣淡黄色，椭圆状长圆形，长4~13 mm，宽1.5~7 mm。雄蕊3束，宿存，每束具雄蕊10~14枚，花药淡黄色，具黑腺点。蒴果宽卵珠形。种子黄褐色，长卵柱形。花期5~6月，果期7~8月。

**生境分布**　生于路旁、山坡、草地、灌丛、田边、沟边等处。分布于生米镇等地。

**入药部位**　全草（元宝草）。

**采收加工**　夏、秋二季采挖，除去泥沙，晒干。

**功能主治**　苦、辛，寒。归肝、脾经。调经通络，止血，解毒。用于月经不调，跌仆损伤，风湿腰痛，吐血，咯血，痈肿，毒蛇咬伤。

# 茅膏菜 别名：新月茅膏菜、光萼茅膏菜、毛毡苔

*Drosera peltata* Smith

■ 标本采集号：360122200616003LY

**形态特征** 多年生草本，直立，高9~32 cm，淡绿色，具紫红色汁液；鳞茎状球茎，紫色，球形，直径1~8 mm。基生叶密集成近一轮或最上几片着生于节间伸长的茎上；茎生叶稀疏，盾状，互生，叶柄长8~13 mm；叶片半月形或半圆形，长2~3 mm，叶缘密具单一或成对而一长一短的头状粘腺毛，背面无毛。螺状聚伞花序生于枝顶和茎顶，具花3~22朵；花序下部的苞片楔形或倒披针形，顶部具3~5腺齿或全缘；花瓣楔形，白色、淡红色或红色；雄蕊5；子房近球形，1室，胚珠多数。蒴果长2~4 mm，3~5裂，稀6裂。种子椭圆形、卵形或球形。花果期6~9月。

**生境分布** 生于松林和疏林下、草丛或灌丛中，田边、水旁、草坪等处。分布于西山镇等地。

**入药部位** 地下球茎（地下明珠）、全草（茅膏菜）。

**采收加工** **地下明珠**：夏季采挖，收集球茎，鲜用或晒干。**茅膏菜**：5~6月采集，鲜用或晒干。

**功能主治** **地下明珠**：甘、微苦，平；有小毒。归肺、肝、胃经。祛风胜湿，活血止痛，散结解毒。用于筋骨疼痛，腰痛，偏头痛，跌打损伤，疟疾，瘰疬，肿毒，目赤，翳障，疥疮，亦可用于小儿破伤风，肺炎，感冒。**茅膏菜**：甘、辛，平。归脾、胃、肺经。祛风止痛，活血，解毒。用于跌打损伤，腰肌劳损，胃痛，感冒，咽喉肿痛，痢疾，疟疾，小儿疳积，目翳，瘰疬，湿疹，疥疮。

# 北越紫堇 别名：台湾黄堇

*Corydalis balansae* Prain

标本采集号：360122210420006LY

**形态特征** 灰绿色丛生草本，高30~50 cm，具主根。茎具棱，疏散分枝，枝条花葶状，常对叶生。基生叶早枯，通常不明显。下部茎生叶长15~30 cm，具长柄，叶片上面绿色，下面苍白色，长7.5~15 cm，宽6~10 cm，二回羽状全裂。总状花序多花而疏离，具明显花序轴。苞片披针形至长圆状披针形；花黄色至黄白色；萼片卵圆形，长约2 mm，边缘具小齿。外花瓣勺状，具龙骨状突起。蒴果线状长圆形，约长3 cm，宽3 mm，斜伸或多少下垂，具1列种子。种子黑亮，扁圆形，具印痕状凹点，具大而舟状的种阜。

**生境分布** 生于低山沟边潮湿处。分布于南矶乡等地。

**入药部位** 全草（湾黄堇）。

**采收加工** 春、夏季采挖，洗净，鲜用。

**功能主治** 苦，凉。清热解毒，消肿止痛。用于痈疮肿毒，顽癣，跌打损伤。

# 夏天无 别名：伏生紫堇、落水珠

*Corydalis decumbens* (Thunb.) Pers.

■ 标本采集号：360122210420006LY

**形态特征**　多年生草本。块茎小，圆形或多少伸长，直径4~15 mm；新块茎形成于老块茎顶端的分生组织和基生叶腋，向上常抽出多茎。茎高10~25 cm，细长，不分枝，具2~3叶，无鳞片。叶二回三出，小叶片倒卵圆形。总状花序疏具3~10花。苞片小，卵圆形，全缘。花近白色至淡粉红色或淡蓝色。外花瓣顶端下凹，常具狭鸡冠状突起；下花瓣宽匙形。蒴果线形，多少扭曲，具 6~14种子。种子具龙骨状突起和泡状小突起。花期4~5月，果期5~6月。

**生境分布**　生于山坡或路边。分布于石埠镇等地。

**入药部位**　块茎（夏天无）。

**采收加工**　春季或初夏出苗后采挖，除去茎、叶及须根，洗净，干燥。

**功能主治**　苦、微辛，温。归肝经。活血止痛，舒筋活络，祛风除湿。用于中风偏瘫，头痛，跌扑损伤，风湿痹痛，腰腿疼痛。

# 小花黄堇

别名：黄花地锦苗、黄堇、鱼子草

*Corydalis racemosa* (Thunb.) Pers.

**形态特征**　灰绿色丛生草本，高30~50 cm，具主根。茎具棱，分枝，具叶；枝花葶状，对叶生。生叶具长柄，常早枯萎；茎生叶具短柄，叶二回羽状全裂。总状花序长3~10 cm，多花密集；苞片披针形或钻形，与花梗近等长；花梗长3~5 mm；萼片卵形；花冠黄或淡黄色，外花瓣较窄，无鸡冠状突起，先端稍圆，具短尖，上花瓣长6~7 mm，距短囊状，长1.5~2 mm，蜜腺长约距1/2；子房与花柱近等长，柱头具4乳突。蒴果线形，种子1列。种子近肾形，具短刺状突起，种阜三角形。

**生境分布**　生于林缘阴湿地或多石溪边。分布于溪霞镇等地。

**入药部位**　全草或根（黄堇）。

**采收加工**　夏季采收，洗净，晒干。

**功能主治**　苦、涩，寒；有毒。归肺、肝、膀胱经。清热利湿，解毒杀虫。用于湿热泄泻，痢疾，黄疸，目赤肿痛，聤耳流脓，疮毒，疥癣，毒蛇咬伤。

# 地锦苗 别名：尖距紫堇、珠芽尖距紫堇、珠芽地锦苗

*Corydalis sheareri* S. Moore

标本采集号：360122200618016LY

| | |
|---|---|
| **形态特征** | 多年生草本，高40~60 cm。主根具多数须根；根茎粗，具顶芽，叶基宿存。茎1~2，上部分枝。基生叶数枚，长12~30 cm，具长柄，上部叶腋无珠芽，叶长3~13 cm，二回羽状全裂，一回全裂片具柄，二回无柄；茎生叶数枚，互生。总状花序生于茎顶端，长4~10 cm，具10~20花，稀疏；下部苞片3~5深裂，中部者3浅裂，上部者全缘；花梗较苞片短；萼片缺刻流苏状；花瓣紫红色。蒴果窄圆柱形，长2~3 cm，种子2列。种子近圆形，具多数乳突。花果期3~6月。 |
| **生境分布** | 生于水边或林下潮湿地。分布于望城镇等地。 |
| **入药部位** | 全草或块茎（护心胆）。 |
| **采收加工** | 春、夏季采集全草；冬、春季采挖块茎。 |
| **功能主治** | 苦、辛，寒；有小毒。归心、肝、胃经。活血止痛，清热解毒。用于腹痛泄泻，跌打损伤，痈疮肿毒，目赤肿痛，胃痛。 |

# 博落回　别名：号筒杆、号筒管、号筒树、号筒草

*Macleaya cordata* (Willd.) R. Br.

■ 标本采集号：360122200615009LY

**形态特征** 亚灌木状草本，基部木质化，高达3 m。叶宽卵形或近圆形，长5~27 cm，深裂或浅裂，裂片半圆形、三角形或方形，上面无毛，下面被白粉及被易脱落细绒毛，侧脉2~3对，细脉常淡红色；叶柄长1~12 cm，具浅槽。圆锥花序长15~40 cm；花梗长2~7 mm；苞片窄披针形；花芽棒状，长约1 cm；萼片倒卵状长圆形，长约1 cm，舟状，黄白色；雄蕊24~30，花药与花丝近等长。果窄倒卵形或倒披针形，长1.3~3 cm，无毛。种子4~8，生于腹缝两侧，卵球形，长1.5~2 mm，具蜂窝状孔穴，种阜窄。花果期6~11月。

**生境分布** 生于丘陵或低山林中、灌丛中或草丛间。分布于蛟桥镇等地。

**入药部位** 根或全草（博落回）。

**采收加工** 秋、冬季采收，根茎与茎叶分开，晒干。

**功能主治** 辛、苦，寒；有大毒。归心、肝、胃经。散瘀，祛风，解毒，止痛，杀虫。用于痛疮疔肿，臁疮，痔疮，湿疹，蛇虫咬伤，跌打肿痛，风湿关节痛，龋齿痛，顽癣，滴虫性阴道炎及酒糟鼻。

# 黄花草

别名：臭矢菜、野油菜、黄花菜

*Cleome viscosa* L.

■ 标本采集号：360122201015002LY

**形态特征**　一年生直立草本，高0.3~1 m。茎被粘质腺毛，有异味。掌状复叶，小叶3~7，薄草质，倒卵形或倒卵状长圆形，中间1片最大，侧生小叶渐小，侧脉3~7对；叶柄长1~5 cm，无托叶。总状花序顶生，具3裂的叶状苞片；花梗长1~2 cm，被毛；萼片披针形，长4~7 mm，背面具粘质腺毛；花瓣黄色，窄倒卵形或匙形，无爪，长0.7~1.2 cm，宽3~5 mm；雄蕊10~30，着生花盘上；花柱长2~6 mm，子房圆柱形。果圆柱形，有纵网纹。种子黑褐色，有皱纹。无明显的花果期，通常3月出苗，7月果熟。

**生境分布**　生于荒地、路旁及田野间。分布于石岗镇等地。

**入药部位**　全草（黄花草）、种子（黄花草子）。

**采收加工**　**黄花草**：秋季采收，鲜用或晒干。**黄花草子**：7月份果熟时，割取全株，晒干，打下种子，扬净。

**功能主治**　**黄花草**：甘、辛，温；有毒。归肝、膀胱经。散瘀消肿，祛风止痛，生肌疗疮。用于跌打肿痛，劳伤腰痛，疝气疼痛，头痛，痢疾，疮疡溃烂，耳尖流脓，眼红痒痛，白带淋浊。**黄花草子**：驱虫消疳。用于肠寄生虫病，小儿疳积。

# 芸薹 别名：油菜、芸苔

*Brassica campestris* L.

■ 标本采集号：360122210309023LY

**形态特征**　二年生草本，高30~90 cm；茎粗壮，直立。基生叶大头羽裂，顶裂片圆形或卵形，边缘有不整齐弯缺牙齿，侧裂片1至数对，卵形；叶柄宽，长2~6 cm，基部抱茎；下部茎生叶羽状半裂；上部茎生叶长圆状倒卵形、长圆形或长圆状披针形。总状花序在花期呈伞房状，以后伸长；花鲜黄色，直径7~10 mm；萼片长圆形，长3~5 mm；花瓣倒卵形。长角果线形，长3~8 cm，宽2~4 mm，果梗长5~15 mm。种子球形，直径约1.5 mm。紫褐色。花期3~4月，果期5月。

**生境分布**　为栽培植物，喜肥沃、湿润的土地。各地均有分布。

**入药部位**　根、茎和叶（芸薹）、种子（芸薹子）、种子的油（芸薹子油）、花粉（油菜蜂花粉）。

**采收加工**　**芸薹**：2~3月采收，多鲜用。**芸薹子**：4~6月，种子成熟时，将地上部分割下，晒干，打落种子，除去杂质，晒干。**芸薹子油**：种子榨取的油。**油菜蜂花粉**：花开时收集花粉，除去杂质，晒干。

**功能主治**　**芸薹**：辛、甘，平。归肺、肝、脾经。凉血散血，解毒消肿。用于血痢，丹毒，热毒疮肿，乳痈，风疹，吐血。**芸薹子**：辛、甘，平。归肝、肾经。活血化瘀，消肿散结，润肠通便。用于产后恶露不尽，瘀血腹痛，痛经，肠风下血，血痢，风湿关节肿痛，痈肿丹毒，乳痈，便秘，粘连性肠梗阻。**芸薹子油**：辛、甘，平。归肺、胃经。解毒消肿，润肠。用于风疮，痈肿，汤火灼伤，便秘。**油菜蜂花粉**：辛，微温。补血益气，消肿散结。用于前列腺炎，前列腺增生及气虚血瘀等症。

# 荠

别名：地米菜、芥、荠菜

*Capsella bursa-pastoris* (L.) Medik.

■ 标本采集号：360122210308003LY

| | |
|---|---|
| **形态特征** | 一年或二年生草本，高7~50 cm。茎直立，单一或从下部分枝。基生叶丛生呈莲座状，大头羽状分裂，顶裂片卵形至长圆形，长5~30 mm，宽2~20 mm，叶柄长5~40 mm；茎生叶窄披针形或披针形，长5~6.5 mm，宽2~15 mm，基部箭形，抱茎，边缘有缺刻或锯齿。总状花序顶生及腋生，果期延长达20 cm；花梗长3~8 mm；萼片长圆形，长1.5~2 mm；花瓣白色，卵形，长2~3 mm，有短爪。短角果倒三角形或倒心状三角形，顶端微凹，裂瓣具网脉；果梗长5~15 mm。种子2行，长椭圆形，长约1 mm，浅褐色。花果期4~6月。 |
| **生境分布** | 生于田野、路边及庭园。分布于石岗镇等地。 |
| **入药部位** | 全草（荠菜）。 |
| **采收加工** | 春季开花结果时采收，洗净，晒干。 |
| **功能主治** | 甘、淡、凉。归肝、脾、膀胱经。清热利湿，平肝明目，凉血止血，和胃消滞。用于肾炎水肿，尿痛，尿血，便血，月经过多，目赤肿痛，小儿乳滞，腹泻，痢疾，乳糜尿，高血压。 |

# 弯曲碎米荠

别名：山油菜、高山碎米荠、卵叶弯曲碎米荠

*Cardamine flexuosa* With.

标本采集号：360122210309019LY

**形态特征**　一年生或二年生草本，高达30 cm。茎较曲折，基部分枝。羽状复叶；基生叶有柄，叶柄常无缘毛，顶生小叶菱状卵形或倒卵形，先端不裂或1~3裂，基部宽楔形，有柄，侧生小叶2~7对，较小，1~3裂，有柄；茎生叶的小叶2~5对，倒卵形或窄倒卵形，1~3裂或全缘。花序顶生；萼片长约2.5 mm；花瓣白色；雄蕊6，稀5，花丝细；柱头扁球形。果序轴呈"之"字形曲折；长角果长1.2~2.5 cm，种子间凹入；果柄长3~6 mm，斜展；种子长约1 mm。花期3~5月，果期4~6月。

**生境分布**　生于山坡、路旁、荒地和耕地的阴湿处。分布于望城镇等地。

**入药部位**　全草（白带草）。

**采收加工**　2~5月采集，晒干或鲜用。

**功能主治**　甘、淡、凉。清热利湿，安神，止血。用于湿热泻痢，热淋，白带，心悸，失眠，虚火牙痛，小儿疳积，吐血，便血，疔疮。

# 碎米荠 别名：山油菜、高山碎米荠、卵叶弯曲碎米荠

*Cardamine hirsuta L*

**形态特征** 一年生小草本，高15~35 cm。茎直立或斜升。基生叶具叶柄，有小叶2~5对，顶生小叶肾形或肾圆形，长4~10 mm，宽5~13 mm；茎生叶具短柄，生于茎上部的顶生小叶菱状长卵形，侧生小叶长卵形至线形，多数全缘；全部小叶两面稍有毛。总状花序生于枝顶，花小，直径约3 mm，花梗纤细，长2.5~4 mm；萼片绿色或淡紫色，长椭圆形，长约2 mm；花瓣白色，倒卵形。长角果线形，长达30 mm；果梗纤细，直立开展，长4~12 mm。种子椭圆形，宽约1 mm，顶端有的具明显的翅。花期2~4月，果期4~6月。

**生境分布** 生于山坡、路旁、荒地和耕地的阴湿处。分布于石岗镇等地。

**入药部位** 全草（白带草）。

**采收加工** 2~5月采集，晒干或鲜用。

**功能主治** 甘、淡，凉。清热利湿，安神，止血。用于湿热泻痢，热淋，白带，心悸，失眠，虚火牙痛，小儿疳积，吐血，便血，疔疮。

# 北美独行菜 别名：独行菜、辣菜

*Lepidium virginicum* L.

■ 标本采集号：360122200615033LY

**形态特征**　一年或二年生草本，高20~50 cm。茎单一，分枝，被柱状腺毛。基生叶倒披针形，长1~5 cm，羽状分裂或大头羽裂，裂片长圆形或卵形，有锯齿，被短伏毛，叶柄长1~1.5 cm；茎生叶倒披针形或线形，长1.5~5 cm，先端尖，基部渐窄。总状花序顶生；萼片椭圆形，长约1 mm；花瓣白色，倒卵形，和萼片等长或稍长；雄蕊2或4。短角果近圆形，长2~3 mm，顶端微缺，有窄翅；宿存花柱极短。种子卵圆形，长约1 mm，红棕色，有窄翅；子叶缘倚胚根。花期4~6月，果期5~9月。

**生境分布**　生于山坡、沟旁、路旁及村庄附近，为常见的田间杂草。分布于蛟桥镇等地。

**入药部位**　全草（大叶香荠菜）。

**采收加工**　春、夏季采收，鲜用或晒干。

**功能主治**　甘，平。驱虫消积。用于小儿虫积腹胀。

# 萝　卜

**别名：菜菔、菜菔子、水萝卜、白萝卜**

*Raphanus sativus* L

标本采集号：360122210310009LY

**形态特征**　一年生或二年生草本，高20~100 cm。根肉质，长圆形、球形或圆锥形，外皮白、红或绿色。茎高1 m，分枝，被粉霜。基生叶和下部叶大头羽状分裂，长8~30 cm，顶裂片卵形，侧裂片2~6对，向基部渐小，长圆形，有锯齿；上部叶长圆形或披针形，有锯齿或近全缘。总状花序顶生或腋生；萼片长圆形，长5~7 mm；花瓣白、粉红或淡红紫色，有紫色纹，倒卵形，长1~2 cm，基部爪长0.5~1 cm。长角果圆柱形，长1~6 cm，横隔海绵质，喙长1~1.5 cm。种子1~6，卵圆形，红绿色。花期4~5月，果期5~6月。

**生境分布**　生于田园菜地，常见栽培。各地均有分布。

**入药部位**　成熟种子（莱菔子）、鲜根（莱菔）、老根（地骷髅）、叶（莱菔叶）。

**采收加工**　**莱菔子：**夏季果实成熟时采割植株，晒干，搓出种子，除去杂质，再晒干。**莱菔：**秋、冬季采挖鲜根，除去茎叶，洗净。**地骷髅：**夏、秋二季开花结果后采挖，除去茎叶，洗净，晒干。**莱菔叶：**冬季或早春采收，阴干。

**功能主治**　**莱菔子：**辛、甘，平。归肺、脾、胃经。消食除胀，降气化痰。用于饮食停滞，脘腹胀痛，大便秘结，积滞泻痢，痰壅喘咳。**莱菔：**辛、甘，凉，熟者甘，平。归脾、胃、肺、大肠经。消食，下气，化痰，止血，解渴，利尿。用于消化不良，食积胀满，吞酸，腹泻，痢疾，痰热咳嗽，咽喉不利，咯血，吐血衄血，便血，消渴，淋浊；外用于疮疡，损伤瘀肿，烫伤及冻疮。**地骷髅：**甘、辛，平。归肝、脾、肺经。宣肺化痰，消食利水。用于咳嗽多痰，咽喉肿痛，食积气滞，脘腹痞闷胀痛，水肿喘满。**莱菔叶：**辛、苦，温。消积止痢。用于痢疾，消化不良；外用于消肿。

# 风花菜

别名：银条菜、圆果蔊菜、球果蔊菜、云南亚麻荠

*Rorippa globosa* (Turcz.) Hayek

标本采集号：360122210420002LY

**形态特征**　一年生或二年生草本，高20~80 cm。茎单一，下部被白色长毛；茎下部叶具柄，上部叶无柄，长圆形或倒卵状披针形，长5~15 cm，两面被疏毛，基部短耳状半抱茎，具不整齐粗齿。基生叶早枯；茎生叶具柄，叶1回羽状全裂，无叶耳，顶端裂片长圆形至条形，上部叶全缘，侧裂片1~3对，向上渐少。总状花序多数，顶生或腋生，圆锥状排列，无叶状苞片。短角果近球形，径约2 mm；果瓣隆起，有不明显网纹；果柄纤细。种子淡褐色，多数，扁卵形。花期4~6月，果期7~9月。

**生境分布**　生于山坡、石缝、路旁、田边、水沟潮湿地及杂草丛中。分布于南矶乡等地。

**入药部位**　全草（风花菜）。

**采收加工**　7~8月采全草，切段，晒干。

**功能主治**　苦、辛，凉。归心、肝、肺经。清热利尿，解毒，消肿。用于黄疸，水肿，淋病，咽痛，痈肿，汤火伤。

# 枫香树 别名：路路通、山枫香树

*Liquidambar formosana* Hance

■ 标本采集号：360122210526001LY

**形态特征**　植株落叶乔木，高达30 m，胸径最大可达1.5 m，树皮灰褐色，方块状剥落；小枝干后灰色，被柔毛，略有皮孔；芽体卵形，长约1 cm，略被微毛，鳞状苞片敷有树脂，干后棕黑色，有光泽。叶宽卵形，掌状3裂，基部心形具锯齿；托叶线形，早落。短穗状雄花序多个组成总状，雄蕊多数，花丝不等长；头状雌花序具花24~43，花序梗长3~6 cm，萼齿4~7，针形，长4~8 mm，子房被柔毛，花柱长0.6~1 cm，卷曲。头状果序球形，木质，蒴果下部藏于果序轴内。种子多数，褐色，多角形或具窄翅。

**生境分布**　生于平地、村落附近及低山的次生林。各地均有分布。

**入药部位**　成熟果序（路路通）、根（枫香树根）、树皮（枫香树皮）、叶（枫香树叶）、树脂（枫香脂）。

**采收加工**　**路路通：**冬季果实成熟后采收，除去杂质，干燥。**枫香树根：**秋、冬采挖，洗净，去粗皮，晒干。**枫香树皮：**四季均可剥去树皮，洗净，晒干或烘干。**枫香树叶：**春、夏季采摘，洗净，鲜用或晒干。**枫香脂：**7、8月间割裂树干，使树脂流出，10月至次年4月采收，阴干。

**功能主治**　**路路通：**苦，平。归肝、肾经。祛风活络，利水，通经。用于关节痹痛，麻木拘挛，水肿胀满，乳少，经闭。**枫香树根：**辛、苦，平。归脾、肾、肝经。解毒消肿，祛风止痛。用于痈疽疔疮，风湿痹痛，牙痛，湿热泄泻，痢疾，小儿消化不良。**枫香树皮：**辛，平。归肾、大肠经。除湿止泻，祛风止痒。用于泄泻，痢疾，大风癞疮，痒疹。**枫香树叶：**辛、苦，平。归脾、肾、肝经。行气止痛，解毒，止血。用于胃脘疼痛，伤暑腹痛，痢疾，泄泻，痈肿疮疡，湿疹，吐血，咯血，创伤出血。**枫香脂：**辛、微苦，平。归肺、脾经。活血止痛，解毒生肌，凉血止血。用于跌扑损伤，痈疽肿痛，吐血，衄血，外伤出血。

# 檵　木

别名：白花檵木、白彩木、继木、大叶檵木

*Loropetalum chinense* (R. Br.) Oliver

■ 标本采集号：360122200617004LY

**形态特征**　灌木或小乔木。嫩枝有星毛，老枝秃净；芽体细小，有褐色绒毛。叶革质，卵形，长2~5 cm，宽1.5~2.5 cm，上面略有粗毛或秃净，干后暗绿色；叶柄长2~5 mm，有星毛；托叶膜质，三角状披针形，长3~4 mm，宽1.5~2 mm，早落。花3~8朵簇生，有短花梗，白色，比新叶先开放，或与嫩叶同时开放，花序柄被毛，萼筒杯状，花瓣4片，带状；雄蕊4，退化雄蕊4，鳞片状，与雄蕊互生，子房完全下位。蒴果卵圆形，先端圆。种子圆卵形，黑色，发亮。花期3~4月。

**生境分布**　生于山坡、山谷沟底或荒野疏林及灌丛内。各地均有分布。

**入药部位**　根（檵花根）、叶（檵花叶）、花（檵花）。

**采收加工**　**檵花根**：全年均可采挖，洗净，切块，晒干或鲜用。**檵花叶**：全年均可采摘，晒干。**檵花**：清明前后采收阴干，贮干燥处。

**功能主治**　**檵花根**：苦、涩，微温。归肝、脾、大肠经。止血，活血，收敛固涩。用于咯血，吐血，便血，外伤出血，崩漏，产后恶露不尽，风湿关节疼痛，跌打损伤，泄泻，痢疾，白带脱肛。**檵花叶**：苦、涩，凉。归肝、胃、大肠经。收敛止血，清热解毒。用于咯血，吐血，便血，崩漏，产后恶露不净，紫癜，暑热泻痢，跌打损伤，创伤出血，肝热目赤，喉痛。**檵花**：甘、涩，平。归肺、脾、胃、大肠经。清热止咳，收敛止血。用于肺热咳嗽，咯血鼻衄，便血，痢疾，泄泻，崩漏。

# 桃

别名：桃子、粘核桃、离核桃、离核毛桃

*Amygdalus persica* L.

■ 标本采集号：360122200616020LY

**形态特征** 乔木，高达8 m。小枝无毛；冬芽被柔毛。叶披针形，先端渐尖，基部宽楔形，具锯齿。花单生，先叶开放，径2.5~3.5 cm；花梗极短或几无梗；萼筒钟形，被柔毛，稀几无毛，萼片卵形或长圆形，被柔毛；花瓣长圆状椭圆形或宽倒卵形，粉红色，稀白色；花药绯红色。核果卵圆形，成熟时向阳面具红晕；果肉多色，多汁有香味，甜或酸甜。花期3~4月，果成熟期因品种而异，常8~9月。

**生境分布** 生于山坡、山谷沟底或荒野疏林及灌丛内，常见栽培。各地均有分布。

**入药部位** 枝条（桃枝）、成熟种子（桃仁）、根或根皮（桃根）、树皮（桃茎白皮）、叶（桃叶）、花（桃花）、未成熟果实（碧桃干）、果实（桃子）、树脂（桃胶）。

**采收加工** **桃枝**：夏季采收，切段，晒干。**桃仁**：果实成熟后采收，除去果肉和核壳，取出种子，晒干。**桃根**：全年可采。**桃茎白皮**：夏、秋剥皮，除去栓皮，切碎，晒干或鲜用。**桃叶**：果实未成熟前采集，鲜用或干燥。**桃花**：3月间桃花将开放时采收，阴干，放干燥处。**碧桃干**：4～5月采收或拾取自落的未成熟果实，除去杂质，晒干。**桃子**：果实成熟时采摘。**桃胶**：夏季采收，用刀切割树皮，待树脂溢出后收集。

**功能主治** **桃枝**：苦，平。归心、肝经。活血通络，解毒杀虫。用于心腹刺痛，风湿痹痛，跌打损伤，疮癣。**桃仁**：苦、甘，平。归心、肝、大肠经。活血祛瘀，润肠通便，止咳平喘。用于经闭痛经，癥瘕痞块，肺痈肠痈，跌扑损伤，肠燥便秘，咳嗽气喘。**桃根**：苦，平。归肝经。清热利湿，活血止痛，消痈肿。用于黄疸，吐血，衄血，经闭，痈肿，痔疮，风湿痹痛，跌打劳伤疼痛，腰痛，痧气腹痛。**桃茎白皮**：苦，平。归肺、脾经。清热利水，解毒，杀虫。用于水肿，痧气腹痛，肺热喘闷，痈疽，瘰疬，湿疮，风湿关节痛，牙痛，疮痈肿毒，湿癣。**桃叶**：苦、辛，平。归脾、肾经。祛风清热，燥湿解毒，杀虫。用于外感风邪，头风头痛，风痹，湿疹，痈肿疮疡，癣疮，疟疾，阴道滴虫。**桃花**：苦，平。归心、肝、大肠经。利水，活血化瘀。用于水肿，脚气，痰饮，利水通便，砂石淋，便秘，闭经，癫狂，疮疹。**碧桃干**：酸、苦，平。归肺、肝经。敛汗涩精，活血止血，止痛。用于盗汗，遗精，心腹痛，吐血，妊娠下血。**桃子**：甘、酸，温。归肺、大肠经。生津，润肠，活血，消积。用于津少口渴，肠燥便秘，闭经，积聚。**桃胶**：甘、苦，平。归大肠、膀胱经。和血，通淋，止痢。用于石淋，血淋，痢疾，腹痛，糖尿病，乳糜尿。

# 野山楂

别名：山梨、毛枣子、小叶山楂、南山楂

*Crataegus cuneata* Sieb. et Zucc.

标本采集号：360122201013007LY

**形态特征**　落叶灌木。分枝密；小枝细弱，圆柱形，有棱，无毛，老枝灰褐色，散生长圆形皮孔；伞房花序，具花5~7朵，总花梗和花梗均被柔毛。花梗长约1 cm；苞片草质，披针形，条裂或有锯齿，脱落很迟；萼筒钟状，外被长柔毛，萼片三角卵形，约与萼筒等长，先端尾状渐尖，全缘或有齿，内外两面均具柔毛；雄蕊20；花药红色；花柱4~5，基部被绒毛。果实近球形或扁球形；小核4~5。花期5~6月，果期9~11月。

**生境分布**　生于山谷、多石湿地或山地灌木丛中。分布于西山镇等地。

**入药部位**　成熟果实（南山楂）。

**采收加工**　秋季果实成熟时采收，置沸水中略烫后干燥或直接干燥。

**功能主治**　酸、甘，微温。归脾、胃、肝经。行气散瘀，收敛止泻。用于泻痢腹痛，瘀血经闭，产后瘀阻，心腹刺痛，疝气疼痛，高脂血症。

# 蛇　莓　别名：三爪风、龙吐珠、蛇泡草、东方草莓

*Duchesnea indica* (Andr.) Focke

**形态特征**　多年生草本。根茎短，粗壮；匍匐茎多数，长30~100 cm，有柔毛。小叶片倒卵形至菱状长圆形，长2~5 cm，宽1~3 cm，先端圆钝，边缘有钝锯齿，两面皆有柔毛，具小叶柄；叶柄长1~5 cm，有柔毛；托叶窄卵形至宽披针形，长5~8 mm。花瓣倒卵形，长5~10 mm，黄色，先端圆钝；雄蕊20~30；心皮多数，离生；花托在果期膨大，海绵质，鲜红色，有光泽，直径10~20 mm。瘦果卵形，长约1.5 mm，光滑或具不明显突起，鲜时有光泽。花期6~8月，果期8~10月。

**生境分布**　生于山坡、河岸、草地、潮湿的地方。分布于乐化镇等地。

**入药部位**　蛇根（蛇莓根）、全草（蛇莓）。

**采收加工**　**莓根：**夏、秋季采收根。**蛇莓：**花期前后采收，洗净，鲜用或晒干。

**功能主治**　**蛇莓根：**苦，甘，寒。归肺、肝、胃经。清热泻火，解毒消肿。用于热病，小儿惊风，目赤红肿，疟腮，牙龈肿痛，咽喉肿痛，热毒疮疡。**蛇莓：**甘，苦，寒；有小毒。归肝、肺、大肠经。清热解毒，凉血止血，散结消肿。用于热病，惊痫，咳嗽，吐血，咽喉肿痛，痢疾，痈肿，疔疮。

# 枇　杷 别名：卢桔、卢橘、金丸

*Eriobotrya japonica* (Thunb.) Lindl.

**形态特征**　常绿小乔木。小枝粗壮，黄褐色，密生锈色或灰棕色绒毛。叶片革质，披针形、倒披针形、倒卵形或椭圆长圆形，长12~30 cm，宽3~9 cm，上部边缘有疏锯齿，基部全缘，上面光亮，多皱，下面密生灰棕色绒毛，侧脉11~21对；托叶钻形，先端急尖，有毛。果实球形或长圆形，直径2~5 cm，黄色或橘黄色，外有锈色柔毛，不久脱落；种子1~5，球形或扁球形，直径1~1.5 cm，褐色，光亮，种皮纸质。花期10~12月，果期5~6月。

**生境分布**　生于村边、平地或坡地，常见栽培。分布于望城镇等地。

**入药部位**　叶（枇杷叶）、根（枇杷根）、树干的韧皮部（枇杷木白皮）、花（枇杷花）、果实（枇杷）、种子（枇杷核）、叶的蒸馏液（枇杷叶露）。

**采收加工**　**枇杷叶：**全年均可采收，晒至七、八成干时，扎成小把，再晒干。**枇杷根：**全年均可采挖，洗净泥土，切片，晒干。**枇杷木白皮：**全年均可采，剥取树皮，去除外层粗皮，晒干或鲜用。**枇杷花：**冬、春季采花，晒干。**枇杷：**果实因成熟不一致，宜分次采收。**枇杷核：**春、夏季果实成熟时采收。**枇杷叶露：**新鲜叶蒸馏得到的液体。

**功能主治**　**枇杷叶：**苦，微寒。归肺、胃经。清肺止咳，降逆止呕。用于肺热咳嗽，气逆喘急，胃热呕逆，烦热口渴。**枇杷根：**苦，平。归肺经。清肺止咳，下乳，祛内湿。用于虚痨咳嗽，乳汁不通，风湿痹痛。**枇杷木白皮：**苦，平。归胃经。降逆和胃，止咳，止泻，解毒。用于呕吐，呃逆，久咳，久泻，痈疡肿痛。**枇杷花：**淡，平。归肺经。疏风止咳，通鼻窍。用于感冒咳嗽，鼻塞流涕，虚劳久嗽，痰中带血。**枇杷：**甘、酸，凉。归脾、肺、肝经。润肺下气，止渴。用于肺热咳喘，吐逆，烦渴。**枇杷核：**苦，平。归肾经。化痰止咳，疏肝行气，利水消肿。用于咳嗽痰多，疝气，水肿，瘰疬。**枇杷叶露：**淡，平。归肺、胃经。清肺止咳，和胃下气。用于肺热咳嗽，痰多，呕逆，口渴。

# 小叶石楠 别名：山红子、牛李子、牛筋木

*Photinia parvifolia* (Pritz.) Schneid.

■ 标本采集号：360122201014003LY

**形态特征**　落叶灌木，高1~3 m；枝纤细，小枝红褐色，无毛，有黄色散生皮孔；冬芽卵形。叶片草质，椭圆形、椭圆卵形或菱状卵形，先端渐尖或尾尖，基部宽楔形或近圆形，边缘有具腺尖锐锯齿，上面光亮，初疏生柔毛，以后无毛，下面无毛，侧脉4~6对；叶柄长1~2 mm，无毛。花2~9朵，成伞形花序，生于侧枝顶端，无总花梗；苞片及小苞片钻形，早落；花梗细，有疣点；花直径0.5~1.5 cm。果实椭圆形或卵形，橘红色或紫色，无毛，有直立宿存萼片，内含2~3卵形种子。花期4~5月，果期7~8月。

**生境分布**　生于低山丘陵灌丛中。分布于象山镇等地。

**入药部位**　根（小叶石楠）。

**采收加工**　秋、冬季采挖，洗净，晒干。

**功能主治**　苦、涩，微寒。归肝经。清热解毒，活血止痛。用于牙痛，黄疸，乳痈。

# 翻白草 别名：鸡爪参、叶下白、翻白萎陵菜、天藕

*Potentilla discolor* Bge.

■ 标本采集号：360122200616013LY

**形态特征**　多年生草本。根粗壮，下部常肥厚呈纺锤形。花茎直立，上升或微铺散，高10~45 cm，密被白色绵毛。基生叶有小叶2~4对，间隔0.8~1.5 cm，连叶柄长4~20 cm，叶柄密被白色绵毛，有时并有长柔毛；小叶对生或互生，无柄；基生叶托叶膜质，褐色，外面被白色长柔毛，茎生叶托叶草质，绿色，边缘常有缺刻状牙齿，稀全缘，下面密被白色绵毛。花直径1~2 cm；花瓣黄色，倒卵形，顶端微凹或圆钝，比萼片长；花柱近顶生，基部具乳头状膨大，柱头稍微扩大。瘦果近肾形，宽约1 mm，光滑。花果期5~9月。

**生境分布**　生于荒地、山谷、沟边、山坡草地及疏林下。分布于生米镇等地。

**入药部位**　全草（翻白草）。

**采收加工**　夏、秋二季开花前采挖，除去泥沙和杂质，干燥。

**功能主治**　甘、微苦，平。归肝、胃、大肠经。清热解毒，止痢，止血。用于湿热泻痢，痈肿疮毒，血热吐衄，便血，崩漏。

# 火　棘 别名：赤阳子、红子、救军粮、火把果

*Pyracantha fortuneana* (Maxim.) Li

■ 标本采集号：360122210526003LY

**形态特征**　常绿灌木，高达3 m；侧枝短，先端成刺状，嫩枝外被锈色短柔毛，老枝暗褐色，无毛；芽小，外被短柔毛。叶片倒卵形或倒卵状长圆形，先端圆钝或微凹，边缘有钝锯齿，齿尖向内弯，近基部全缘，两面皆无毛；叶柄短，无毛或嫩时有柔毛。花集成复伞房花序，花直径约1 cm；萼筒钟状，无毛；萼片三角卵形，先端钝；花瓣白色，近圆形，花柱5，离生，与雄蕊等长，子房上部密生白色柔毛。果实近球形，直径约5 mm，橘红色或深红色。花期3~5月，果期8~11月。

**生境分布**　生于山地、丘陵地阳坡、灌丛草地及河沟路旁。分布于生米镇等地。

**入药部位**　根（红子根）、叶（救军粮叶）、果实（赤阳子）。

**采收加工**　**红子根**：9~10月采挖，洗净，晒干。**救军粮叶**：全年均可采，鲜用，随采随用。**赤阳子**：秋季果实成熟时采摘，晒干。

**功能主治**　**红子根**：酸、涩，平。归肝、肾经。清热凉血，化瘀止痛。用于潮热盗汗，肠风下血，崩漏，疮疖痈痛，目赤肿痛，风火牙痛，跌打损伤，劳伤腰痛，外伤出血。**救军粮叶**：微苦，凉。归肝经。清热解毒，止血。用于疮疡肿痛，目赤，痢疾，便血，外伤出血。**赤阳子**：甘、酸、涩，平。归肝、脾、胃经。健脾消积，收敛止痢，止痛。用于痞块，食积停滞，脘腹胀满，泄泻，痢疾，崩漏，带下病，跌打损伤。

# 软条七蔷薇　别名：湖北蔷薇、亨利蔷薇

*Rosa henryi* Bouleng.

■ 标本采集号：360122210526005LY

**形态特征**　灌木，高3~5 m，有长匍枝；小枝有短扁、弯曲皮刺或无刺。小叶通常5，近花序小叶片常为3，连叶柄长9~14 cm；小叶片长圆形、卵形、椭圆形或椭圆状卵形。小叶柄和叶轴无毛，有散生小皮刺；托叶大部贴生于叶柄，离生部分披针形，先端渐尖，全缘，无毛，或有稀疏腺毛。花5~15朵，成伞形伞房状花序；花直径3~4 cm；花瓣白色，宽倒卵形，先端微凹，基部宽楔形；花柱结合成柱，被柔毛，比雄蕊稍长。果近球形，直径8~10 mm，成熟后褐红色，有光泽，果梗有稀疏腺点；萼片脱落。

**生境分布**　生于山谷、林边、田边或灌丛中。分布于生米镇等地。

**入药部位**　根、果实（软条七蔷薇）。

**采收加工**　根全年均可采，果实成熟时采收。

**功能主治**　辛、苦、涩，温。消肿止痛，祛风除湿，止血解毒，补脾固涩。用于月经过多，带下病，阴挺，遗尿，老年尿频，慢性腹泻，跌打损伤，风湿痹痛，口腔破溃，疮疖肿痛，咳嗽痰喘。

# 金樱子

别名：唐樱莠、和尚头、山鸡头子、刺梨子

*Rosa laevigata* Michx.

■ 标本采集号：360122200618017LY

**形态特征**　常绿攀援灌木，高可达5 m；小枝粗壮，散生扁弯皮刺，无毛，幼时被腺毛，老时逐渐脱落减少。小叶革质；小叶柄和叶轴有皮刺和腺毛；托叶离生或基部与叶柄合生，披针形，边缘有细齿，齿尖有腺体，早落。花单生于叶腋，内面密被柔毛，比花瓣稍短；花瓣白色，宽倒卵形，先端微凹；雄蕊多数；心皮多数，花柱离生，有毛，比雄蕊短很多。果梨形、倒卵形，稀近球形，紫褐色，外面密被刺毛，果梗长约3 cm，萼片宿存。花期4~6月，果期7~11月。

**生境分布**　生于向阳的山野、田边、溪畔灌木丛中。各地均有分布。

**入药部位**　成熟果实（金樱子）、根（金樱根）、嫩叶（金樱叶）、花（金樱花）。

**采收加工**　金樱子：10~11月果实成熟变红时采收，干燥，除去毛刺。金樱根：全年可采收，除去泥沙，砍成小段，干燥。金樱叶：全年均可采收，多鲜用。金樱花：4~6月采收将开放的花蕾，干燥即得。

**功能主治**　金樱子：酸、甘、涩，平。归肾、膀胱、大肠经。固精缩尿，固崩止带，涩肠止泻。用于遗精滑精，遗尿尿频，崩漏，带下病，久泻久痢。金樱根：苦、酸、涩，平。归脾、肝、肾经。清热利湿，解毒消肿，活血止血，收敛固涩。用于吐血、衄血，便血，外伤出血，疮疡，月经不调，带下病，风湿痹痛，跌打损伤，遗尿，滑精，泄泻，子宫下垂。金樱叶：苦，平。归肺、心经。清热解毒，活血止血，止带。用于痈肿疔疮，烫伤，痢疾，闭经，崩漏，带下病，创伤出血。金樱花：酸、涩，平。归肺、肾、大肠经。涩肠，固精，缩尿，止带，杀虫。用于久泻久痢，遗精，尿频，带下病，绦虫，蛔虫，蛲虫症，须发早白。

# 野蔷薇 别名：多花蔷薇、营实墙藤、墙藤、白花蔷薇

*Rosa multiflora* Thunb.

■ 标本采集号：360122200618012LY

**形态特征** 攀援灌木；小枝圆柱形，通常无毛，有短、粗稍弯曲皮束。小叶片倒卵形、长圆形或卵形。小叶柄和叶轴有柔毛或无毛，有散生腺毛；托叶篦齿状，大部贴生于叶柄，边缘有或无腺毛。花多朵，排成圆锥状花序，无毛或有腺毛，外面无毛，内面有柔毛；花瓣白色，宽倒卵形，先端微凹，基部楔形；花柱结合成束，无毛，果近球形，红褐色或紫褐色，有光泽，无毛，萼片脱落。

**生境分布** 生于向阳的山野、田边、溪畔灌木丛中。分布于溪霞镇等地。

**入药部位** 根（蔷薇根）、枝条（蔷薇枝）、叶（蔷薇叶）、花（蔷薇花）、花的蒸馏液（蔷薇露）、果实（营实）。

**采收加工** **蔷薇根：** 秋季挖根，洗净，切片晒干备用。**蔷薇枝：** 全年均可采，剪枝，切段晒干。**营实：** 秋季采收，以半青半红未成熟时为佳，鲜用或晒干。**蔷薇叶：** 夏、秋采叶，晒干。**蔷薇花：** 5~6月花盛开时，择晴天采集，晒干。**蔷薇露：** 取蔷薇花瓣，拣净，用蒸馏法蒸取，收集。

**功能主治** **蔷薇根：** 苦、涩，凉。归脾、胃、肾经。清热解毒，祛风除湿，活血调经，固精缩尿，消骨鲠。用于疮痈肿痛，烫伤，口疮，痔血，鼻衄，关节疼痛，月经不调，痛经，久痢不愈，遗尿，尿频，白带过多，子宫脱垂，骨鲠。**蔷薇枝：** 甘，凉。归肾经。清热消肿，生发。用于疮疖，秃发。**营实：** 酸，凉。归肺、脾、肝、膀胱经。清热解毒，祛风活血，利水消肿。用于疮痈肿毒，风湿痹痛，关节不利，月经不调，水肿，小便不利。**蔷薇叶：** 甘，凉。归脾经。解毒消肿。用于疮痈肿毒。**蔷薇花：** 苦、涩，凉。归胃、大肠经。清暑，和胃，活血止血，解毒。用于暑热烦渴，胃脘胀闷，吐血，衄血，口疮，痈疖，月经不调。**蔷薇露：** 甘，平。归心、脾经。温中行气。用于胃脘不舒，胸膈郁气，口疮，消渴。

# 粉团蔷薇　别名：红刺玫

*Rosa multiflora* Thunb. var. cathayensis Rehd.et Wils.　■ 标本采集号：360122210419005LY

**形态特征**　攀援灌木。多数被有皮刺、针刺或刺毛，稀无刺，有毛、无毛或有腺毛。叶互生，奇数羽状复叶，稀单叶；小叶边缘有锯齿；托叶贴生或着生于叶柄上，稀无托叶。花粉红色，单瓣；花盘环绕萼筒口部；雄蕊多数分为数轮，着生在花盘周围；心皮多数，稀少数，着生在萼筒内，无柄，极稀有柄，离生；花柱顶生至侧生，外伸，离生或上部合生；胚珠单生，下垂。瘦果木质，多数稀少数，着生在肉质萼筒内形成蔷薇果；种子下垂。

**生境分布**　生于山坡、灌丛或河边等处。分布于樵舍、西山镇等地。

**入药部位**　根及根茎（金樱根）、花（白残花）。

**采收加工**　**金樱根**：全年可采收，除去泥沙，砍成小段，干燥。**白残花**：5~6月花盛开时，择晴天采集，晒干。

**功能主治**　**金樱根**：苦、酸、涩，平。归脾、肝、肾经。清热利湿，解毒消肿，活血止血，收敛固涩。用于吐血，衄血，便血，外伤出血，疮疡，月经不调，带下病，风湿痹痛，跌打损伤，遗尿，滑精，泄泻，子宫下垂。**白残花**：清暑热，化湿浊，顺气和胃。用于暑热胸闷，口渴，呕吐，不思饮食，口疮口糜。

# 山莓

别名：四月泡、撒秧泡、牛奶泡、树莓

*Rubus corchorifolius* L. f.

标本采集号：360122210308002LY

**形态特征** 直立灌木，高1~3 m；枝具皮刺，幼时被柔毛。单叶，卵形至卵状披针形，顶端渐尖，基部微心形；叶柄长1~2 cm，疏生小皮刺，幼时密生细柔毛；托叶线状披针形，具柔毛。花单生或少数生于短枝上；花梗长0.6~2 cm，具细柔毛；花直径可达3 cm；花萼外密被细柔毛，无刺；萼片卵形或三角状卵形，顶端急尖至短渐尖；花瓣长圆形或椭圆形，白色，顶端圆钝，长于萼片；子房有柔毛。果实由很多小核果组成，近球形或卵球形，直径1~1.2 cm，红色，密被细柔毛；核具皱纹。花期2~3月，果期4~6月。

**生境分布** 生于路旁、田边或丘陵地的灌木丛中。各地均有分布。

**入药部位** 果实（覆盆子）。

**采收加工** 夏初，果实由绿变黄时采摘，除去梗、叶，置沸水中略烫，取出，干燥或鲜用。

**功能主治** 酸、微甘，平。归肝、肺、肾经。醒酒止渴，化痰解毒，收涩。用于醉酒，痛风，丹毒，烫火伤，遗精，遗尿。

# 蓬蘽
别名：蓬蘽、三月泡、割田藨、泼盘

*Rubus hirsutus* Thunb.

标本采集号：360122210310005LY

**形态特征**　灌木，高1~2 m；枝红褐色或褐色，被柔毛和腺毛，疏生皮刺。小叶3~5枚，卵形或宽卵形，长3~7 cm，宽2~3.5 cm，顶端急尖，顶生小叶，顶端常渐尖，基部宽楔形至圆形，两面疏生柔毛，边缘具不整齐尖锐重锯齿；叶柄长2~3 cm，顶生小叶柄长约1 cm，稀较长，均具柔毛和腺毛，并疏生皮刺；托叶披针形或卵状披针形，两面具柔毛。花常单生于侧枝顶端，也有腋生；花瓣倒卵形或近圆形，白色，基部具爪；花丝较宽；花柱和子房均无毛。果实近球形，直径1~2 cm，无毛。花期4月，果期5~6月。

**生境分布**　生于山坡、路旁、阴湿处或灌丛中。分布于铁河乡、蛟桥镇等地。

**入药部位**　根或叶（刺菠）。

**采收加工**　春、夏之间采收，鲜用或晒干。

**功能主治**　酸，平。清热解毒，活血止痛。用于伤暑吐泻，风火头痛，感冒，黄疸。

# 茅莓

别名：婆婆头、牙鹰勒、蛇泡勒、茅莓悬钩子

*Rubus parvifolius* L.

标本采集号：360122200616022LY

**形态特征**　灌木，高1~2 m；枝呈弓形弯曲，被柔毛和稀疏钩状皮刺；小叶3枚，在新枝上偶有5枚，菱状圆形或倒卵形；叶柄长2.5~5 cm，顶生小叶柄长1~2 cm，均被柔毛和稀疏小皮刺；托叶线形。伞房花序顶生或腋生，稀顶生花序成短总状，具花数朵至多朵，被柔毛和细刺；花直径约1 cm；花萼外面密被柔毛和疏密不等的针刺；萼片卵状披针形或披针形；雄蕊花丝白色，稍短于花瓣；子房具柔毛。果实卵球形，直径1~1.5 cm，红色，无毛或具稀疏柔毛；核有浅皱纹。花期5~6月，果期7~8月。

**生境分布**　生于山坡杂木林下、向阳山谷、路旁或荒野。分布于生米镇等地。

**入药部位**　根（薅田藨根）、地上部分（薅田藨）。

**采收加工**　**薅田藨根：**秋、冬季挖根，洗净鲜用，或切片晒干。**薅田藨：**7~8月采收，割取全草，捆成小把，晒干。

**功能主治**　**薅田藨根：**甘、苦，凉。归肝、肺、肾经。清热解毒，祛风利湿，活血凉血。用于感冒发热，咽喉肿痛，风湿痹痛，肝炎，肠炎，痢疾，肾炎水肿，尿路感染，结石，跌打损伤，咯血，吐血，崩漏，疔疮肿毒，腮腺炎。**薅田藨：**苦、涩，凉。归肝、肺、肾经。清热解毒，散瘀止血，杀虫疗疮。用于感冒发热，咳嗽痰血，痢疾，跌打损伤，产后腹痛，疥疮，疖肿，外伤出血。

# 地　榆

别名：一串红、山枣子、黄爪香、豚榆系

*Sanguisorba officinalis L.*

■ 标本采集号：360122201012013LY

**形态特征**　多年生草本，高30~120 cm。根粗壮，多呈纺锤形，稀圆柱形，表面棕褐色或紫褐色，有纵皱及横裂纹，横切面黄白或紫红色，较平正。茎直立，有棱，无毛或基部有稀疏腺毛。基生叶为羽状复叶；小叶片有短柄；茎生叶较少，小叶片有短柄至几无柄，长圆形至长圆披针形，狭长，基部微心形至圆形，顶端急尖；基生叶托叶膜质，褐色，外面无，毛或被稀疏腺毛，苞片膜质，披针形，顶端渐尖至尾尖，比萼片短或近等长；果实包藏在宿存萼筒内，外面有4棱。花果期7~10月。

**生境分布**　生于山坡草地、灌丛中、疏林下。分布于铁河乡等地。

**入药部位**　根（地榆）。

**采收加工**　春季将发芽时或秋季植株枯萎后采挖，除去须根，洗净，干燥，或趁鲜切片，干燥。

**功能主治**　苦、酸、涩，微寒。归肝、大肠经。凉血止血，解毒敛疮。用于便血，痔血，血痢，崩漏，水火烫伤，痈肿疮毒。

# 合　萌　别名：镰刀草、田皂角

*Aeschynomene indica* Linn.

**形态特征**　一年生草本或亚灌木状，高0.3~1 m。茎直立，多分枝，圆柱形，小枝绿色。叶具20~30对小叶；托叶膜质，卵形至披针形，基部下延成耳状。花冠淡黄色，具紫色的纵脉纹，旗瓣大，近圆形，基部具极短的瓣柄，翼瓣篦状，龙骨瓣比旗瓣稍短，比翼瓣稍长或近相等；雄蕊二体；子房扁平，线形。荚果线状长圆形；荚节4~10，平滑或中央有小疣凸，不开裂，成熟时逐节脱落；种子黑棕色，肾形。花期7~8月，果期8~10月。

**生境分布**　生于潮湿地或水边。分布于铁河乡等地。

**入药部位**　根（合萌根）、去除外皮的干燥茎（梗通草）、叶（合萌叶）、地上部分（合萌）。

**采收加工**　**合萌根**：秋季采挖，鲜用或晒干。**梗通草**：秋季采收，除去根、茎梢及枝叶，剥去外皮，晒干。**合萌叶**：夏、秋季采集，鲜用或晒干。**合萌**：9~10月采收，齐地割取地上部分，鲜用或晒干。

**功能主治**　**合萌根**：甘、苦、寒。归肺、胃、膀胱经。清热利湿，消积，解毒。用于血淋，泄泻，痢疾，疳积，目昏，牙痛，疮疖。**梗通草**：淡、寒。利湿清热，通淋下乳。用于湿热内蕴，小便不利，乳汁稀少。**合萌叶**：甘、寒。归肝经。解毒，消肿，止血。用于痈肿疮疡，创伤出血，毒蛇咬伤。**合萌**：甘、苦、寒。归肺、胃经。清热利湿，祛风明目，通乳。用于热淋，血淋，水肿，泄泻，疖肿，疮疥，目赤肿痛，眼生云翳，夜盲，关节疼痛，产妇乳少。

# 合 欢 别名：马缨花、绒花树、夜合、鸟绒树

*Albizia julibrissin* Durazz.

标本采集号：360122200622001LY

**形态特征** 落叶乔木，高可达16 m，树冠开展；小枝有棱角，嫩枝、花序和叶轴被绒毛或短柔毛。托叶线状披针形，较小叶小，早落。二回羽状复叶，总叶柄近基部及最顶一对羽片着生处各有1枚腺体；羽片4~12对，栽培的有时达20对；小叶10~30对；中脉紧靠上边缘。头状花序于枝顶排成圆锥花序；花粉红色；花萼管状，长3 mm；花冠长8 mm，裂片三角形，长1.5 mm，花萼、花冠外均被短柔毛；花丝长2.5 cm。荚果带状，长9~15 cm，宽1.5~2.5 cm，嫩荚有柔毛，老荚无毛。花期6~7月，果期8~10月。

**生境分布** 生于山坡或栽培。分布于铁河乡、生米镇等地。

**入药部位** 树皮（合欢皮）、花序或花蕾（合欢花）。

**采收加工** 合欢皮：夏、秋二季剥取，晒干。合欢花：夏季花开放时择晴天采收或花蕾形成时采收，及时晒干。

**功能主治** 合欢皮：甘，平。归心、肝、肺经。解郁安神，活血消肿。用于心神不安，忧郁失眠，肺痈，疮肿，跌扑伤痛。合欢花：甘，平。归心、肝经。解郁安神。用于心神不安，忧郁失眠。

# 落花生
别名：长生果、地豆、花生、长果

*Arachis hypogaea* Linn.

■ 标本采集号：360122200616008LY

**形态特征**　一年生草本。根部有丰富的根瘤；茎直立或匍匐，长30~80 cm，茎和分枝均有棱，被黄色长柔毛，后变无毛。叶通常具小叶2对；托叶长2~4 cm，具纵脉纹，被毛；叶柄基部抱茎，长5~10 cm，被毛；小叶纸质，卵状长圆形至倒卵形，长2~4 cm，宽0.5~2 cm，先端钝圆形，有时微凹，具小刺尖头，基部近圆形，全缘，两面被毛，边缘具睫毛；侧脉每边约10条；叶脉边缘互相联结成网状；小叶柄长2~5 mm，被黄棕色长毛；花长约8 mm；苞片2，披针形。荚果长2~5 cm，宽1~1.3 cm，膨胀，荚厚，种子横径0.5~1 cm。花果期6~8月。

**生境分布**　生于山地、丘陵等地。常为栽培品种。分布于石岗镇、乐化镇、生米镇等地。

**入药部位**　种子（落花生）、种皮（花生衣）、地上部分（落花生枝叶）、种子的脂肪油（花生油）。

**采收加工**　**落花生**：秋末挖取果实，剥去果壳，取种子，晒干。**花生衣**：在花生仁榨油作坊或其他花生加工厂，收集洁净种皮，晒干。**落花生枝叶**：夏、秋二季采收，割取地上部分，除去杂质，干燥。**花生油**：种子榨出的脂肪油。

**功能主治**　**落花生**：甘，平。归脾、肺经。健脾养胃，润肺化痰。用于脾虚不运，反胃不舒，乳妇奶少，脚气，肺燥咳嗽，大便燥结。**花生衣**：淡、微涩，平。止血。用于消化道出血、肺结核、支气管扩张咯血，泌尿道出血、齿龈渗血、鼻衄、外伤性渗血、血小板减少性紫癜和过敏性紫癜等。**落花生枝叶**：甘，平。归肝、心经。散瘀消肿，解毒，止汗。用于跌打损伤，各种疮毒，盗汗。**花生油**：甘，平。归脾、胃、大肠经。润滑肠去积。用于蛔虫性肠梗阻，胎衣不下，烫伤。

# 紫云英 别名：红花草籽

*Astragalus sinicus* L.

标本采集号：360122210310008LY

**形态特征** 二年生草本，多分枝，匍匐，高10~30 cm，被白色疏柔毛。奇数羽状复叶，具7~13片小叶，长5~15 cm；叶柄较叶轴短；托叶离生，卵形，长3~6 mm，先端尖，基部互相多少合生，具缘毛。总状花序生5~10花，呈伞形；总花梗腋生，较叶长；花冠紫红色或橙黄色，瓣片半圆形，瓣柄长约等于瓣片的1/3；子房无毛或疏被白色短柔毛，具短柄。荚果线状长圆形，稍弯曲，长12~20 mm，宽约4 mm，具短喙，黑色，具隆起的网纹；种子肾形，栗褐色，长约3 mm。花期2~6月，果期3~7月。

**生境分布** 生于田间、山坡、溪边及潮湿处。分布于大塘坪乡等地。

**入药部位** 全草（红花菜）、种子（紫云英子）。

**采收加工** 红花菜：春、夏季采收，洗净，鲜用或晒干。紫云英子：春、夏季果实成熟时，割下全草，打下种子，晒干。

**功能主治** 红花菜：甘、辛，平。归心、肝、肺经。清热解毒，祛风明目，凉血止血。用于咽喉痛，风痰咳嗽，目赤肿痛，疔疮，带状疱疹，疥癣，痔疮，齿衄，外伤出血，月经不调，带下病，血小板减少性紫癜。紫云英子：辛，凉。归肝经。祛风明目。用于目赤肿痛。

# 决 明

别名：马蹄决明、假绿豆、假花生、草决明

*Cassia tora* Linn.

■ 标本采集号：360122200623008LY

**形态特征** 直立、粗壮、一年生亚灌木状草本，高1~2 m。叶长4~8 cm；叶柄上无腺体；叶轴上每对小叶间有棒状的腺体1枚；小叶3对，膜质，倒卵形或倒卵状长椭圆形；小叶柄长1.5~2 mm；托叶线状，被柔毛，早落。花腋生，卵形或卵状长圆形，膜质，外面被柔毛，长约8 mm；花瓣黄色，下面二片略长，长12~15 mm，宽5~7 mm；能育雄蕊7枚，花药四方形，顶孔开裂，长约4 mm，花丝短于花药；子房无柄，被白色柔毛。荚果纤细，近四棱形，两端渐尖，长达15 cm，宽3~4 mm，膜质；种子约25颗、菱形，光亮。花果期8~11月。

**生境分布** 生于田间、山坡、溪边及潮湿处。分布于象山镇、石岗镇等地。

**入药部位** 成熟种子（决明子）。

**采收加工** 秋季采收成熟果实，晒干，打下种子，除去杂质。

**功能主治** 甘、苦、咸，微寒。归肝、大肠经。清热明目，润肠通便。用于目赤涩痛，羞明多泪，头痛眩晕，目暗不明，大便秘结。

# 藤黄檀

别名：桥果藤、藤檀、藤香、红香藤

*Dalbergia hancei* Benth.

■ 标本采集号：360122200617014LY

**形态特征**　藤本。枝纤细，幼枝略被柔毛，小枝有时变钩状或旋扭。羽状复叶长5~8 cm；托叶膜质，披针形，早落；小叶3~6对，较小狭长圆或倒卵状长圆形，长10~20 mm，宽5~10 mm，先端钝或圆，微缺，基部圆或阔楔形，嫩时两面被伏贴疏柔毛，成长时上面无毛。总状花序远较复叶短，幼时包藏于舟状、覆瓦状排列、早落的苞片内。荚果扁平，长圆形或带状，无毛，长3~7 cm，宽8~14 mm，基部收缩为一细果颈，通常有1粒种子，稀2~4粒；种子肾形，极扁平，长约8 mm，宽约5 mm。花期4~5月。

**生境分布**　生于山坡灌丛中或山谷溪旁。分布于石埠镇等地。

**入药部位**　根（藤黄檀）、茎（红香藤）。

**采收加工**　**藤黄檀**：秋、冬季挖根，洗净鲜用，或切片晒干。**红香藤**：夏季采收，切段，晒干。

**功能主治**　**藤黄檀**：辛，温。强筋骨，宽筋，活络。**红香藤**：行气，止痛，破积。用于心胃气痛，久伤积痛，气喘，衄血。

# 黄 檀

别名：不知春、望水檀、檀树、上海黄檀

*Dalbergia hupeana Hance*

标本采集号：360122200616041LY

| | |
|---|---|
| **形态特征** | 乔木，高10~20 m；树皮暗灰色，呈薄片状剥落。幼枝淡绿色，无毛。羽状复叶长15~25 cm；小叶3~5对，近革质，椭圆形至长圆状椭圆形，长3.5~6 cm，宽2.5~4 cm，先端钝，或稍凹入，基部圆形或阔楔形，两面无毛，细脉隆起，上面有光泽。花冠白色或淡紫色，龙骨瓣关月形，与翼瓣内侧均具耳；雄蕊10，成5+5的二体；子房具短柄，除基部与子房柄外，无毛，胚珠2~3粒，花柱纤细，柱头小，头状。荚果长圆形或阔舌状，果瓣薄革质，对种子部分有网纹，有1~2 (~3)粒种子；种子肾形，长7~14 mm，宽5~9 mm。花期5~7月。 |
| **生境分布** | 生于多石的山坡灌丛中。分布于石埠镇等地。 |
| **入药部位** | 根或根皮（檀根）。 |
| **采收加工** | 夏、秋季采挖，洗净，切碎晒干。 |
| **功能主治** | 辛、苦，平；有小毒。归心经。清热解毒，止血消肿。用于疮疖疔毒，毒蛇咬伤，细菌性痢疾，跌打损伤。 |

# 假地豆 别名：异果山绿豆、大叶青、假花生、山地豆

*Desmodium heterocarpon* (Linn.) DC.

■ 标本采集号：360122201012003LY

| | |
|---|---|
| **形态特征** | 小灌木或亚灌木，高达1.5 m，基部多分枝，多少被糙伏毛；叶具3小叶；叶柄长1~2 cm；顶生小叶椭圆形、长椭圆形或宽倒卵形，长2.5~6 cm，侧生小叶较小，先端圆或纯，微凹，具短尖，基部钝，上面无毛，下面被贴伏白色短柔毛，侧脉5~10对；总状花序长2.5~7 cm，花序梗密被淡黄色开展钩状毛；花极密，2朵生于每节上；花梗长3~4 mm；花萼长1.5~2 mm，裂片较萼筒稍短，上部裂片先端微2裂；花冠紫或白色，长约5 mm，旗瓣倒卵状长圆形，基部具短瓣柄，翼瓣倒卵形，具耳和瓣柄，龙骨瓣极弯曲。 |
| **生境分布** | 生于山坡、草地、路边。分布于铁河乡等地。 |
| **入药部位** | 全草（狗尾花）。 |
| **采收加工** | 夏季采收，切段，晒干。 |
| **功能主治** | 苦、甘，寒。清热解毒，消肿止痛。用于流行性乙型脑炎，痄腮，跌打损伤，咳嗽，小儿疳积。 |

# 野扁豆 别名：野赤小豆、毛野扁豆

*Dunbaria villosa* (Thunb.) Makino

■ 标本采集号：360122201012019LY

**形态特征** 多年生缠绕草本。茎细弱，微具纵棱，略被短柔毛。叶具羽状3小叶；托叶细小，常早落；叶柄纤细，长0.8~2.5 cm，被短柔毛；总状花序或复总状花序腋生，长1.5~5 cm；密被极短柔毛；花2~7朵，长约1.5 cm；花萼钟状，被短柔毛和锈色腺点，长5~9 mm，4齿裂，裂片披针形或线状披针形，龙骨瓣与翼瓣相仿，但极弯，先端具喙。子房密被短柔毛和锈色腺点。荚果线状长圆形，宽约8 mm，扁平稍弯，被短柔毛或有时近无毛，先端具喙，果无果颈或具极短果颈；种子6~7颗，近圆形，长约4 mm，宽约3 mm，黑色。花期7~9月。

**生境分布** 生于旷野或山谷路旁灌丛中。分布于铁河乡等地。

**入药部位** 全草或种子（野扁豆）。

**采收加工** 春季采收全草，洗净，晒干。

**功能主治** 甘，平。归肾经。清热解毒，消肿止带。用于咽喉肿痛，乳痈，牙痛，肿毒，毒蛇咬伤，白带过多。

# 野大豆

别名：乌豆、野黄豆、白花宽叶蔓豆、白花野大豆

*Glycine soja* Siebold & Zucc.

**形态特征**　一年生缠绕草本。茎、小枝纤细，全体疏被褐色长硬毛。叶具3小叶，长可达14 cm；托叶卵状披针形，急尖，被黄色柔毛。顶生小叶卵圆形或卵状披针形，长3.5~6 cm，宽1.5~2.5 cm，先端锐尖至钝圆，基部近圆形，两面均被绢状的糙伏毛，侧生小叶斜卵状披针形。花柱短而向一侧弯曲。荚果长圆形，两侧稍扁，长17~23 mm，宽4~5 mm，密被长硬毛，种子间稍缢缩，干时易裂；种子2~3颗，椭圆形，稍扁，长2.5~4 mm，宽1.8~2.5 mm，褐色至黑色。花期7~8月，果期8~10月。

**生境分布**　生于山野、路旁或灌木丛中。分布于铁河乡等地。

**入药部位**　茎、叶及根（野大豆藤）、种子（黑豆）。

**采收加工**　**野大豆藤：**秋季采收，晒干。**黑豆：**在10月间种子成熟时采收，除去荚壳及杂质，晒干。

**功能主治**　**野大豆藤：**甘，凉。归肝、脾经。清热敛汗，舒筋止痛。用于盗汗，劳伤筋痛，胃脘痛，小儿食积。**黑豆：**甘，平。归脾、肾经。活血利水，祛风解毒，健脾益肾。用于水肿，黄疸，脚气，风痹筋挛，产后风痉，肾虚腰痛，遗尿，痈肿疮毒，药物及食物中毒。

# 木　蓝　别名：靛、蓝靛

*Indigofera tinctoria* Linn.

■ 标本采集号：360122210524002LY

**形态特征**　直立亚灌木，高0.5~1 m；分枝少。幼枝有棱，扭曲，被白色丁字毛。羽状复叶长2.5~11 cm；叶柄长1.3~2.5 cm，叶轴上面扁平，有浅槽，被丁字毛，托叶钻形，对生，倒卵状长圆形或倒卵形，长1.5~3 cm，宽0.5~1.5 cm；苞片钻形，长1~1.5 mm；花梗长4~5 mm；花药心形；子房无毛。荚果线形，长2.5~3 cm，种子间有缢缩，外形似串珠状，有毛或无毛，有种子5~10粒，内果皮具紫色斑点；果梗下弯。种子近方形，长约1.5 mm。花期几乎全年，果期10月。

**生境分布**　生于山坡草丛中。分布于生米镇等地。

**入药部位**　根（大靛根）、茎叶（木蓝）。

**采收加工**　**大靛根：**秋季采收，切段晒干。**木蓝：**夏、秋季采收，鲜用或晒干。

**功能主治**　**大靛根：**苦，平。归心经。清热解毒，止痛。用于丹毒，痈肿疮疡，蛇虫咬伤。**木蓝：**苦，寒。清热解毒，凉血止血。用于乙型脑炎，腮腺炎，急性咽喉炎，淋巴结炎，目赤，口疮，痈肿疮疖，丹毒，疥癣，虫蛇咬伤，吐血。

# 鸡眼草

别名：公母草、掐不齐、三叶人字草、鸡眼豆

*Kummerowia striata* (Thunb.) Schindl.

■ 标本采集号：360122201013017LY

**形态特征**　一年生草本，披散或平卧，多分枝，高5~45 cm，茎和枝上被倒生的白色细毛。叶为三出羽状复叶；托叶大，膜质，卵状长圆形，比叶柄长，长3~4 mm，具条纹，有缘毛；叶柄极短；小叶纸质。花小，单生或2~3朵簇生于叶腋；花梗下端具2枚大小不等的苞片；花冠粉红色或紫色，长5~6 mm，较萼约长1倍，旗瓣椭圆形，下部渐狭成瓣柄，具耳，龙骨瓣比旗瓣稍长或近等长，翼瓣比龙骨瓣稍短。荚果圆形或倒卵形，稍侧扁，长3.5~5 mm，较萼稍长或长达1倍，先端短尖，被小柔毛。花期7~9月，果期8~10月。

**生境分布**　生于路旁、草地、山坡等地。分布于石岗镇等地。

**入药部位**　全草（鸡眼草）。

**采收加工**　夏、秋季植株茂盛时采挖，晒干。

**功能主治**　微苦，凉。清热解毒，健脾利湿。用于感冒发热，暑湿吐泻，痢疾。

# 扁　豆　别名：白花扁豆、鹊豆、沿篱豆、梅豆

*Lablab purpureus* (Linn.) Sweet

■ 标本采集号：360122201014010LY

**形态特征**　多年生、缠绕藤本。全株几无毛，茎长可达6 m，常呈淡紫色。羽状复叶具3小叶；托叶基着，披针形；小托叶线形，长3~4 mm；花冠白色或紫色，旗瓣圆形，基部两侧具2枚长而直立的小附属体，附属体下有2耳，翼瓣宽倒卵形，具截平的耳，龙骨瓣呈直角弯曲，基部渐狭成瓣柄；子房线形，无毛，顶端有弯曲的尖喙，基部渐狭；种子3~5颗，扁平，长椭圆形，在白花品种中为白色，在紫花品种中为紫黑色，种脐线形，长约占种子周围的2/5。花期4~12月。

**生境分布**　生于菜园、农田、路旁，常为栽培。分布于象山镇等地。

**入药部位**　根（扁豆根）、茎藤（扁豆藤）、叶（扁豆叶）、花（扁豆花）、成熟种子（白扁豆）、种皮（扁豆衣）。

**采收加工**　**扁豆根**：秋季采收，洗净，晒干。**扁豆藤**：秋季采收，晒干。**扁豆叶**：秋季采收，鲜用或晒干。**扁豆花**：夏、秋二季采摘未完全开放的花，除去杂质，晒干。**白扁豆**：秋、冬二季采收成熟果实，晒干，取出种子，再晒干。**扁豆衣**：秋季采收种子，剥取种皮，晒干。

**功能主治**　**扁豆根**：苦、涩、平。归大肠、膀胱经。消暑，化湿，止血。用于暑湿泄泻，痢疾，淋浊，带下病，便血，痔疮，漏管。**扁豆藤**：甘，微温。归心、大肠经。化湿和中。用于暑湿吐泻不止。**扁豆叶**：辛、甘、平；有小毒。归脾、胃、心经。消暑利湿，解毒消肿。用于暑湿吐泻，疮疖肿毒，蛇虫咬伤。**扁豆花**：甘、平。归脾、胃、大肠经。消暑，化湿，和中。用于暑湿泄泻，痢疾，赤白带下。**白扁豆**：甘，微温。归脾、胃经。健脾化湿，和中消暑。用于脾胃虚弱，食欲不振，大便溏泻，白带过多，暑湿吐泻，胸闷腹胀。炒白扁豆健脾化湿。**扁豆衣**：甘、苦、温。归脾、大肠经。消暑化湿，健脾和胃。用于暑湿内蕴，呕吐泄泻，胸闷纳呆，脚气浮肿，妇女带下病。

# 截叶铁扫帚　别名：夜关门

*Lespedeza cuneata* (Dum.–Cours.) G. Don

■ 标本采集号：360122201013008LY

**形态特征**　小灌木，高达1 m。茎直立或斜升，被毛，上部分枝；分枝斜上举。叶密集，柄短；小叶楔形或线状楔形，长1~3 cm，宽2~7 mm，先端截形成近截形，具小刺尖，基部楔形，上面近无毛，下面密被伏毛。总状花序腋生，具2~4朵花；总花梗极短；小苞片卵形或狭卵形，长1~1.5 mm，先端渐尖，背面被白色伏毛，边具缘毛；花冠淡黄色或白色，旗瓣基部有紫斑，有时龙骨瓣先端带紫色，冀瓣与旗瓣近等长，龙骨瓣稍长；闭锁花簇生于叶腋。荚果宽卵形或近球形，被伏毛，长2.5~3.5 mm，宽约2.5 mm。花期7~8月，果期9~10月。

**生境分布**　生于山坡、荒地或路边。分布于石岗镇等地。

**入药部位**　地上部分（截叶铁扫帚）。

**采收加工**　夏、秋季植株茂盛时采收，晒干。

**功能主治**　甘、微苦，平。归肺、肝、肾经。消食除积，清热利湿，祛痰止咳。用于小儿疳积，消化不良，胃肠炎，细菌性痢疾，胃痛，黄疸性肝炎，肾炎水肿，白带，口腔炎，咳嗽，支气管炎；外用于带状疱疹，毒蛇咬伤。

# 大叶胡枝子

别名：大叶乌梢、大叶马料梢

*Lespedeza davidii* Franch.

■ 标本采集号：360122201014012LY

**形态特征**　灌木，高1~3 m。小枝密被长柔毛；叶具3小叶；叶柄长1~4 cm，密被短硬毛；小叶宽卵圆形或宽倒卵形，长3.5~13 cm，宽2.5~8 cm，先端圆或微凹，基部圆或宽楔形，两面密被黄白色丝状毛；总状花序比叶长或于枝顶组成圆锥花序，花序梗长4~7 cm，密被长柔毛；花萼长6 mm，5深裂，裂片披针形或线状披针形，被长柔毛；花冠红紫色，长1~1.1 cm，旗瓣倒卵状长圆形，基部具耳和短瓣柄，翼瓣窄长圆形，具弯钩形耳和细长瓣柄，龙骨瓣略呈弯刀形，具耳和瓣柄；子房密被毛；荚果卵形，长0.8~1 cm。

**生境分布**　生于干旱的向阳山坡、路边草丛。分布于象山镇等地。

**入药部位**　带根全株（和血丹）。

**采收加工**　夏、秋季采收，切段，晒干。

**功能主治**　甘，平。归肺、胃、肝经。清热解表，止咳止血，通经活络。用于外感头痛，发热，痧疹不透，痢疾，咳嗽咯血，尿血，便血，崩漏，腰痛。

# 美丽胡枝子

别名：柔毛胡枝子、路生胡枝子、南胡枝子

*Lespedeza formosa* (Vog.) Koehne.

■ 标本采集号：360122201012009LY

**形态特征**　直立灌木，高1~2 m。多分枝，枝伸展，被疏柔毛。托叶披针形至线状披针形，长4~9 mm，褐色，被疏柔毛；叶柄长1~5 cm；总花梗长可达10 cm，被短柔毛；苞片卵状渐尖，长1.5~2 mm，密被绒毛；花冠红紫色，长10~15 mm旗瓣近圆形或稍长，先端圆，基部具明显的耳和瓣柄，翼瓣倒卵状长圆形，短于旗瓣和龙骨瓣，长7~8 mm，基部有耳和细长瓣柄，龙骨瓣比旗瓣稍长，在花盛开时明显长于旗瓣，基部有耳和细长瓣柄。荚果倒卵形或倒卵状长圆形，长8 mm，宽4 mm，表面具网纹且被疏柔毛。花期7~9月，果期9~10月。

**生境分布**　生于向阳山坡、山谷或村旁。分布于铁河乡等地。

**入药部位**　根（美丽胡枝子根）、花（美丽胡枝子花）。

**采收加工**　**美丽胡枝子根：**全年可采。**美丽胡枝子花：**秋季采收。

**功能主治**　**美丽胡枝子根：**苦，平。清肺热，祛风湿，散瘀血。用于肺痈，风湿疼痛，跌打损伤。**美丽胡枝子花：**苦，平。清热凉血。用于肺热咯血，便血。

# 南苜蓿 别名：金花菜、黄花草子

*Medicago polymorpha* Linn.

■ 标本采集号：360122210422006LY

**形态特征** 一、二年生草本，高20~90 cm。茎平卧、上升或直立，近四棱形，基部分枝，无毛或微被毛。羽状三出复叶；叶柄柔软；小叶倒卵形或三角状倒卵形；花序头状伞形，具花1~10朵；总花梗腋生，纤细无毛，长3~15 mm；花冠黄色，旗瓣倒卵形；子房长圆形，镰状上弯，微被毛。荚果盘形，暗绿褐色，螺面平坦无毛，有多条辐射状脉纹，近边缘处环结，每圈具棘刺或瘤突15枚；种子每圈1~2粒。种子长肾形，长约2.5 mm，宽1.25 mm，棕褐色，平滑。花期3~5月，果期5~6月。

**生境分布** 生于田间。分布于生米镇等地。

**入药部位** 根（苜蓿根）、全草（苜蓿）。

**采收加工** **苜蓿根**：夏季采挖，洗净，鲜用或晒干。**苜蓿**：夏、秋收割，晒干，或鲜用。

**功能主治** **苜蓿根**：苦，寒。归肝、肾经。清热利湿，通淋排石。用于热病烦满，黄疸，尿路结石。**苜蓿**：苦，平。归脾、胃、肾经。清脾胃，清湿热，利尿，消肿。用于尿结石，膀胱结石，水肿，淋症，消渴。

# 豌　豆 别名：荷兰豆、雪豆、回鹘豆、耳朵豆

*Pisum sativum* Linn.

标本采集号：360122210419008LY

**形态特征**　一年生攀援草本，高0.5~2 m。全株绿色，光滑无毛，被粉霜。叶具小叶4~6片，托叶比小叶大，叶状，心形，下缘具细牙齿。小叶卵圆形，长2~5 cm，宽1~2.5 cm；花于叶腋单生或数朵排列为总状花序；花萼钟状，深5裂，裂片披针形；花冠颜色多样，随品种而异，但多为白色和紫色。子房无毛，花柱扁，内面有髯毛。荚果肿胀，长椭圆形，长2.5~10 cm，宽0.7~14 cm，顶端斜急尖，背部近于伸直，内侧有坚硬纸质的内皮；种子2~10颗，圆形，青绿色，有皱纹或无，干后变为黄色。花期6~7月，果期7~9月。

**生境分布**　生于旷野和田间，常为栽培。分布于樵舍镇等地。

**入药部位**　种子（豌豆）。

**采收加工**　种子成熟时采收，晒干。

**功能主治**　甘，平。归脾、胃。和中下气，利小便，解疮毒。用于霍乱转筋，脚气，痈肿。

# 葛

别名：葛藤、野葛、野山葛、山葛藤、葛根

*Pueraria lobata* (Willd.) Ohwi

**形态特征**　粗壮藤本。羽状复叶具3小叶；托叶背着，卵状长圆形，具线条；小托叶线状披针形，与小叶柄等长或较长；小叶三裂，偶尔全缘，顶生小叶宽卵形或斜卵形，先端长渐尖，侧生小叶斜卵形，稍小，上面被淡黄色、平伏的疏柔毛。下面较密；小叶柄被黄褐色绒毛；花萼钟形，被黄褐色柔毛，裂片披针形，渐尖，比萼管略长；对旗瓣的1枚雄蕊仅上部离生；子房线形，被毛。荚果长椭圆形，扁平，被褐色长硬毛。花期9~10月，果期11~12月。

**生境分布**　生于山地疏或密林中。各地均有分布。

**入药部位**　根（葛根）、藤茎（葛蔓）、叶（葛叶）、花（葛花）、块根经水磨而澄取的淀粉（葛粉）。

**采收加工**　**葛根：**秋、冬二季采挖，趁鲜切成厚片或小块，干燥。**葛蔓：**全年均可采，鲜用或晒干。**葛叶：**夏、秋季采收，鲜用或晒干。**葛花：**盛花时采收，晒干。**葛粉：**块根经水磨而澄取的淀粉。

**功能主治**　**葛根：**甘、辛，凉。归脾、胃、肺经。解肌退热，生津止渴，透疹，升阳止泻，通经活络，解酒毒。用于外感发热头痛，项背强痛，口渴，消渴，麻疹不透，热痢，泄泻，眩晕头痛，中风偏瘫，胸痹心痛，酒毒伤中。**葛蔓：**甘，寒。归肺经。清热解毒，消肿。用于喉痹，疮痈疔肿。**葛叶：**甘、微涩，凉。归肝经。用于外伤出血。**葛花：**甘，凉。归胃经。解酒醒脾，止血。用于伤酒烦热口渴，头痛头晕，脘腹胀满，呕逆吐酸，不思饮食，吐血，肠风下血。**葛粉：**甘，寒。归胃经。解热除烦，生津止渴。用于烦热，口渴，醉酒，喉痹，疮疖。

# 鹿　藿 别名：痰切豆、老鼠眼

*Rhynchosia volubilis* Lour.

标本采集号：360122200622019LY

**形态特征** 缠绕草质藤本。全株各部多少被灰色至淡黄色柔毛；茎略具棱。叶为羽状或有时近指状3小叶；托叶小，披针形，长3~5 mm，被短柔毛；叶柄长2~5.5 cm；小叶纸质；基出脉3；小叶柄长2~4 mm，侧生小叶较小，常偏斜。总状花序长1.5~4 cm，1~3个腋生；花长约1 cm，排列稍密集；花梗长约2 mm；花萼钟状，长约5 mm，裂片披针形，外面被短柔毛及腺点；花冠黄色，旗瓣近圆形；子房被毛及密集的小腺点，胚珠2颗。荚果长圆形，红紫色；种子通常2颗，椭圆形或近肾形，黑色，光亮。花期5~8月，果期9~12月。

**生境分布** 生于山坡路旁草丛中。分布于铁河乡等地。

**入药部位** 根（鹿藿根）、茎叶（鹿藿）。

**采收加工** **鹿藿根：**秋季挖根，除去泥土，洗净，鲜用或晒干。**鹿藿：**5~6月采收，鲜用或晒干，贮干燥处。

**功能主治** **鹿藿根：**苦，平。归大肠、脾、肺经。活血止痛，解毒，消积。用于妇女痛经，瘰疬，疖肿，小儿疳积。**鹿藿：**苦、酸，平。归胃、脾、肝经。祛风除湿，活血，解毒。用于风湿痹痛，头痛，牙痛，腰脊疼痛，瘀血腹痛，产褥感染，瘰疬，痈肿疮毒，跌打损伤，烫火伤。

# 白车轴草

别名：荷兰翘摇、白三叶、三叶草

*Trifolium repens* Linn.

■ 标本采集号：360122200624007LY

**形态特征**　多年生草本，高10~30 cm。主根短，侧根和须根发达。茎匍匐蔓生，上部稍上升，节上生根，全株无毛；叶柄较长，长10~30 cm；小叶倒卵形至近圆形，小叶柄长1.5 mm，微被柔毛。花序球形，顶生，直径15~40 mm；总花梗甚长，比叶柄长近1倍；花长7~12 mm；花梗比花萼稍长或等长。花冠白色、乳黄色或淡红色，具香气。旗瓣椭圆形，比翼瓣和龙骨瓣长近1倍，龙骨瓣比翼瓣稍短；子房线状长圆形，花柱比子房略长，胚珠3~4粒。荚果长圆形；种子通常3粒。种子阔卵形。花果期5~10月。

**生境分布**　生于山坡路旁，常见栽培。分布于望城镇等地。

**入药部位**　全草（三消草）。

**采收加工**　夏、秋季花盛期采收全草，晒干。

**功能主治**　微甘，平。归心、脾经。清热，凉血，宁心。用于癫病，痔疮出血，硬结肿块。

# 蚕 豆

别名：佛豆、竖豆、胡豆、南豆

*Vicia faba* L.

标本采集号：360122210310004LY

**形态特征** 一年生草本，高30~120 cm。主根短粗，多须根，根瘤粉红色，密集。茎粗壮，直立，直径0.7~1 cm，具四棱，中空、无毛。小叶通常1~3对，互生，上部小叶可达4~5对，基部较少，小叶椭圆形，长圆形或倒卵形，稀圆形，长4~10 cm，宽1.5~4 cm，先端圆钝，具短尖头，基部楔形，全缘，两面均无毛。总状花序腋生。花冠白色，具紫色脉纹及黑色斑晕；子房线形无柄，胚珠2~6，花柱密被白柔毛，顶端远轴面有一束髯毛。荚果肥厚，长5~10 cm，宽2~3 cm；种子2~6。花期4~5月，果期5~6月。

**生境分布** 通常栽培于田中或田岸旁。分布于铁河乡等地。

**入药部位** 茎（蚕豆茎）、叶或嫩苗（蚕豆叶）、花（蚕豆花）、果壳（蚕豆荚壳）、种皮（蚕豆壳）、种子（蚕豆）。

**采收加工** 蚕豆茎：夏季采收，晒干。蚕豆叶：夏季采收，晒干。蚕豆花：4月开花时采收，除去杂质，晒干。蚕豆荚壳：夏季果实成熟呈黑褐色时采收，除去种子、杂质，晒干。蚕豆壳：取蚕豆放水中浸透，剥下豆壳，晒干。蚕豆：夏季果实成熟呈黑褐色时，拔取全株，晒干，打下种子，扬净后再晒干。

**功能主治** 蚕豆茎：苦，温。归脾、大肠经。止血，止泻，解毒敛疮。用于各种内出血，水泻，烫伤。蚕豆叶：苦、微甘，温。归肺、心、脾经。止血，解毒。用于咯血，吐血，外伤出血，臁疮。蚕豆花：甘、微辛，平。止血，降血压。用于呕血，咯血，衄血，高血压。蚕豆荚壳：苦、涩，平。归心、肝经。止血，敛疮。用于咯血，衄血，吐血，便血，尿血，手术出血，烧烫伤，天疱疮。蚕豆壳：甘、淡，平。归肾、胃经。利尿渗湿，止血，解毒。用于水肿，脚气，小便不利，吐血，胎漏，下血，天疱疮，黄水疮，瘰疬。蚕豆：甘、微辛，平。归脾、胃、心经。健脾利水，解毒消肿。用于膈食，水肿，疮毒。

# 小巢菜　别名：硬毛果野豌豆、翘摇、雀野豆、小巢豆

*Vicia hirsuta* (Linn.) S. F. Gray.

标本采集号：3601222103090121LY

**形态特征**　一年生草本，高15~120 cm，攀援或蔓生。茎细柔有棱，近无毛。偶数羽状复叶末端卷须分支；托叶线形，基部有2~3裂齿；小叶4~8对，线形或狭长圆形，长0.5~1.5 cm，宽0.1~0.3 cm，先端平截，具短尖头，基部渐狭，无毛。总状花序明显短于叶；花萼钟形，萼齿披针形；花冠白色、淡蓝青色或紫白色，稀粉红色，旗瓣椭圆形。荚果长圆菱形，长0.5~1 cm，宽0.2~0.5 cm，表皮密被棕褐色长硬毛；种子2，扁圆形，直径0.15~0.25 cm，两面凸出，种脐长相当于种子圆周的1/3。花果期2~7月。

**生境分布**　生于山沟、河滩、田边或路旁草丛。分布于望城镇等地。

**入药部位**　种子（漂摇豆）、全草（小巢菜）。

**采收加工**　**漂摇豆**：夏季果实成熟时摘取荚果，打出种子，晒干。**小巢菜**：春、夏季采收全草，鲜用或晒干。

**功能主治**　**漂摇豆**：凉。归脾、胃经。活血，明目。用于目赤肿痛。**小巢菜**：辛、甘，平。归肺、大肠、脾、胃经。清热利湿，调经止血。用于黄疸，疟疾，月经不调，白带，鼻衄。

# 救荒野豌豆

别名：箭舌野豌豆、野绿豆、野豌豆、大巢菜

*Vicia sativa* Linn.

标本采集号：360122210309002LY

**形态特征**　一年生或二年生草本，高15~105 cm。茎斜升或攀援，单一或多分枝，具棱，被微柔毛。偶数羽状复叶长2~10 cm，叶轴顶端卷须有2~3分支；托叶戟形，通常2~4裂齿。花1~4腋生，近无梗；花冠紫红色或红色，旗瓣长倒卵圆形；子房线形，微被柔毛，胚珠4~8，子房具柄短，花柱上部被淡黄白色髯毛。荚果线长圆形，长4~6 cm，宽0.5~0.8 cm，表皮土黄色种间缢缩，有毛，成熟时背腹开裂，果瓣扭曲。种子4~8，圆球形，棕色或黑褐色，种脐长相当于种子圆周1/5。花期4~7月，果期7~9月。

**生境分布**　生于荒山、田边草丛及林中。分布于望城镇等地。

**入药部位**　全草或种子（大巢菜）。

**采收加工**　4~5月采割，晒干，亦可鲜用。

**功能主治**　甘、辛，寒。归心、肝、脾经。益肾，利水，止血，止咳。用于肾虚腰痛，遗精，黄疸，水肿，疟疾，鼻衄，心悸，咳嗽痰多，月经不调，疮疡肿毒。

# 四籽野豌豆

别名：小乔菜、野苕子、野扁豆、四籽草藤

*Vicia tetrasperma* (Linn.) Schreber

■ 标本采集号：360122210309011LY

**形态特征**　一年生缠绕草本，高20~60 cm。茎纤细柔软有棱，多分支，被微柔毛。偶数羽状复叶，长2~4 cm；顶端为卷须，托叶箭头形或半三角形。总状花序长约3 cm，花1~2朵着生于花序轴先端，花甚小。萼齿圆三角形；花冠淡蓝色或带蓝、紫白色，旗瓣长圆倒卵形，长约0.6 cm，宽0.3 cm，翼瓣与龙骨瓣近等长；子房长圆形，长0.3~0.4 cm，宽约0.15 cm，有柄，胚珠4，花柱上部四周被毛。荚果长圆形，长0.8~1.2 cm，宽0.2~0.4 cm，表皮棕黄色，近革质，具网纹。种子4，扁圆形，直径约0.2 cm，种皮褐色，种脐白色，长相当于种子周长1/4。花期3~6月，果期6~8月。

**生境分布**　生于山谷、草地阳坡。分布于望城镇等地。

**入药部位**　全草（四籽野豌豆）。

**采收加工**　4~5月采割，晒干，亦可鲜用。

**功能主治**　甘，凉。归脾经。活血消肿定眩。可用于疔疮，痈疽，发背，痔疮，明目，头晕耳鸣。

# 酢浆草 别名：酸三叶、酸醋酱、鸠酸、酸味草

*Oxalis corniculata* L.

■ 标本采集号：360122200615001LY

**形态特征** 草本，高10~35 cm，全株被柔毛。根茎稍肥厚。茎细弱，多分枝，直立或匍匐，匍匐茎节上生根。叶基生或茎上互生；托叶小。小叶3，无柄，倒心形，先端凹入。花单生或数朵集为伞形花序状，腋生，总花梗淡红色，与叶近等长；花梗长4~15 mm，果后延伸；小苞片2，长2.5~4 mm，膜质；萼片5，披针形或长圆状披针形，长3~5 mm，背面和边缘被柔毛，宿存；花瓣5，黄色，雄蕊10；子房长圆形，5室，被短伏毛。蒴果长圆柱形，长1~2.5 cm，5棱。种子长卵形，褐色或红棕色，具横向肋状网纹。花、果期2~9月。

**生境分布** 生于山坡草池、河谷沿岸、路边、田边、荒地或林下阴湿处等。分布于乐化镇等地。

**入药部位** 全草（酢浆草）。

**采收加工** 夏、秋二季采收。除去泥沙、杂质，鲜用或晒干。

**功能主治** 酸，寒。归肝、肺、膀胱经。清热利湿，凉血散瘀，消肿解毒。用于咽喉炎，扁桃体炎，口疮，泄泻，痢疾，黄疸，淋证，赤白带下病，麻疹，吐血，衄血，疔疮，疥癣，跌打损伤等。

# 野老鹳草

别名：五叶草、老官草、五瓣花、老贯草

*Geranium carolinianum* L.

标本采集号：360122210419003LY

**形态特征**　一年生草本，高20~60 cm，根纤细，茎直立或仰卧，单一或多数，具棱角，密被倒向短柔毛。基生叶早枯，茎生叶互生或最上部对生；托叶披针形或三角状披针形；叶片圆肾形。花序腋生和顶生，长于叶，被倒生短柔毛和开展的长腺毛；花瓣淡紫红色，倒卵形，稍长于萼，先端圆形，基部宽楔形，雄蕊稍短于萼片，中部以下被长糙柔毛；雌蕊稍长于雄蕊，密被糙柔毛。蒴果长约2 cm，被短糙毛，果瓣由喙上部先裂向下卷曲。花期4~7月，果期5~9月。

**生境分布**　生于山坡、草地、田埂、路边及村庄住宅附近。分布于石埠镇等地。

**入药部位**　地上部分（老鹳草）。

**采收加工**　夏、秋二季果实近成熟时采割，捆成把，晒干。

**功能主治**　辛、苦，平。归肝、肾、脾经。祛风湿，通经络，止泻痢。用于风湿痹痛，麻木拘挛，筋骨酸痛，泄泻痢疾。

# 铁苋菜 别名：蛤蜊花、海蚌含珠、蚌壳草

*Acalypha australis* L.

| | |
|---|---|
| **形态特征** | 一年生草本。小枝细长，被贴毛柔毛。叶膜质，长卵形、近菱状卵形或阔披针形；雄花生于花序上部，排列呈穗状或头状，雄花苞片卵形，长约0.5 mm，苞腋具雄花5~7朵，簇生；花梗长0.5 mm；雄花：花蕾时近球形，花萼裂片4枚，卵形；雌花：萼片3枚，长卵形，具疏毛。蒴果直径4 mm，具3个分果爿，果皮具疏生毛和毛基变厚的小瘤体；种子近卵状，长1.5~2 mm，种皮平滑，假种阜细长。花果期4~12月。 |
| **生境分布** | 生于山坡较湿润耕地和空旷草地。分布于铁河乡等地。 |
| **入药部位** | 全草（铁苋菜）。 |
| **采收加工** | 夏、秋二季采收，除去杂质。晒干。 |
| **功能主治** | 苦、涩，凉。归心、肺、大肠、小肠经。清热解毒，利湿，收敛止血。用于肠炎，痢疾，吐血，衄血，便血，尿血，崩漏；外用于痈疖疮疡，皮炎湿疹。 |

# 斑地锦　别名：地锦草

*Euphorbia maculata* Linn.

标本采集号：360122200616017LY

**形态特征**　一年生草本。根纤细，长4~7 cm，直径约2 mm。茎匍匐。叶对生，长椭圆形至肾状长圆形；叶面绿色；叶柄极短，长约1 mm；托叶钻状，不分裂，边缘具睫毛。花序单生于叶腋，基部具短柄，柄长1~2 mm；总苞狭杯状，外部具白色疏柔毛，边缘5裂，裂片三角状圆形；腺体4，黄绿色，横椭圆形，边缘具白色附属物；子房被疏柔毛；花柱短，近基部合生；柱头2裂。蒴果三角状卵形，被稀疏柔毛，成熟时易分裂为3个分果爿。种子卵状四棱形，灰色或灰棕色，每个棱面具5个横沟，无种阜。花果期4~9月。

**生境分布**　生于平原、荒地、路旁及田间。分布于生米镇等地。

**入药部位**　全草（地锦草）。

**采收加工**　夏、秋二季采收，除去杂质，晒干。

**功能主治**　辛，平。归肝、大肠经。清热解毒，凉血止血，利湿退黄。用于痢疾，泄泻，咯血，尿血，便血，崩漏，疮疖痈肿，湿热黄疸。

# 算盘子 别名：算盘珠、野南瓜

*Glochidion puberum* (Linn.) Hutch.

■ 标本采集号：360122200616027LY

**形态特征** 直立灌木，高1~5 m，多分枝；小枝灰褐色；小枝、叶片下面、萼片外面、子房和果实均密被短柔毛。叶片纸质或近革质；侧脉每边5~7条，下面凸起，网脉明显；叶柄长1~3 mm；托叶三角形。雄花：花梗长4~15 mm；萼片6。雌花：花梗长约1 mm；萼片6，与雄花的相似，但较短而厚；子房圆球状，5~10室，每室有2颗胚珠，花柱合生呈环状，与子房接连处缢缩。蒴果扁球状，成熟时带红色，顶端具有环状而稍伸长的宿存花柱：种子近肾形，具三棱，长约4 mm，朱红色。花期4~8月，果期7~11月。

**生境分布** 生于山坡、溪旁灌木丛中或林缘。分布于石岗镇等地。

**入药部位** 根（算盘子根）、叶（算盘子叶）、果实（算盘子）。

**采收加工** 算盘子根：全年均可采挖，洗净，鲜用或晒干。算盘子叶：夏、秋季采收，鲜用或晒干。算盘子：秋季采摘，拣净杂质，晒干。

**功能主治** 算盘子根：苦，凉；有小毒。归肝、大肠经。清热，利湿，行气，活血，解毒消肿。用于感冒发热、咽喉肿痛、咳嗽、牙痛、湿热泻疾、黄疸、淋浊、带下病、风湿痹痛、腰痛、疝气、痛经、闭经、跌打损伤、痈肿、瘰疬、蛇虫咬伤。算盘子叶：苦、涩，凉；有小毒。归大肠经。清热利湿，解毒消肿。用于湿热泻痢、黄疸、淋浊、带下病、发热、咽喉肿痛、痈疮疔肿、漆疮、湿疹、虫蛇咬伤。算盘子：苦，凉；有小毒。归肾经。清热除湿，解毒利咽，行气活血。用于痢疾、泄泻、黄疸、疟疾、淋浊、带下病、咽喉肿痛、牙痛、疝痛、产后腹痛。

# 白背叶

别名：白背木、白面虎、白吊栗、野桐

*Mallotus apelta* (Lour.) Muell. Arg.

■ 标本采集号：360122200618002LY

**形态特征**　灌木或小乔木，高1~4 m；小枝、叶柄和花序均密被淡黄色星状柔毛和散生橙黄色颗粒状腺体。叶互生，卵形或阔卵形。叶柄长5~15 cm。花雌雄异株；雄蕊50~75枚，长约3 mm；雌花序穗状，长15~30 cm，稀有分枝，花序梗长5~15 cm，苞片近三角形，长约2 mm；雌花：花梗极短；花柱3~4枚，长约3 mm，基部合生，柱头密生羽毛状突起。蒴果近球形，密生被灰白色星状毛的软刺，软刺线形，黄褐色或浅黄色，长5~10 mm；种子近球形，直径约3.5 mm，褐色或黑色，具皱纹。花期6~9月，果期8~11月。

**生境分布**　生于山坡或山谷灌丛中。分布于石岗镇等地。

**入药部位**　根及根茎（白背叶根）、叶（白背叶）。

**采收加工**　白背叶根：全年可采，除去杂质，晒干。白背叶：全年可采，除去杂质，晒干。

**功能主治**　白背叶根：微苦、涩，平。归肝经。清热，祛湿，收敛，消瘀。用于癥瘕痞块，白带淋浊，子宫下垂，产后风瘫，肠风泻泄，脱肛，疝气，赤眼，喉蛾，耳风流脓。
白背叶：苦，寒。归肝、脾经。清热解毒，消肿止痛，祛湿止血。用于痈疖疮疡，鹅口疮，皮肤湿痒，跌打损伤，外伤出血。

# 石岩枫 别名：倒挂茶、倒挂金钩

*Mallotus repandus* (Willd.) Muell. Arg.

■ 标本采集号：360122210525002LY

**形态特征** 攀缘状灌木。嫩枝、叶柄、花序和花梗均密生黄色星状柔毛；老枝无毛，常有皮孔。叶互生，嫩叶两面均被星状柔毛；基出脉3条，侧脉4~5对；叶柄长2~6 cm。雄蕊40~75枚，花丝长约2mm，花药长圆形，药隔狭。雌花序顶生；雌花：花梗长约3 mm；花萼裂片5，卵状披针形；花柱2~3枚，柱头长约3 mm，被星状毛，密生羽毛状突起。蒴果具2~3个分果爿；种子卵形，直径约5 mm，黑色，有光泽。花期3~5月，果期8~9月。

**生境分布** 生于山地疏林中或林缘。分布于西山镇等地。

**入药部位** 根茎叶（杠香藤）。

**采收加工** 全年均可采，洗净，切片，晒干。

**功能主治** 苦、辛，温。归心、肝、脾经。祛风除湿，活血通络，解毒消肿，驱虫止痒。用于风湿痹证，腰腿疼痛，口眼斜，跌打损伤，痈肿疮疡，绦虫病，湿疹，顽癣，蛇犬咬伤。

# 落萼叶下珠

别名：红五眼、弯曲叶下珠

*Phyllanthus flexuosus* (Sieb. et Zucc.) Muell. Arg

■ 标本采集号：360122200615034LY

**形态特征**　灌木，高达3 m。枝条弯曲，褐色；全株无毛。叶片纸质，椭圆形至卵形，长2~4.5 cm，宽1~2.5 cm，顶端渐尖或钝，基部钝至圆，下面稍带白绿色；侧脉每边5~7条；叶柄长2~3 mm。雄花数朵和雌花1朵簇生于叶腋；雄花：花梗短；花粉粒球形或近球形，具3孔沟，沟细长，内孔圆形；雌花：直径约3 mm；花梗长约1 cm；萼片6，卵形或椭圆形；花盘腺体6；子房卵圆形。蒴果浆果状，扁球形，种子近三棱形。花期4~5月，果期6~9月。

**生境分布**　生于山地疏林下、沟边、路旁或灌丛中。分布于蛟桥镇等地。

**入药部位**　全株（落萼叶下珠）。

**采收加工**　全年可采，鲜用或切碎晒干。

**功能主治**　辛、苦，凉。归肝、肺经。清热解毒，清肝明目，祛风除湿。用于痢疾，消化不良，肝炎，蛇伤，风湿病，肾盂肾炎，膀胱炎。

# 叶下珠 别名：阴阳草、假油树、珍珠草、珠仔草

*Phyllanthus urinaria* Linn.

■ 标本采集号：360122210524008LY

**形态特征** 一年生草本，高10~60 cm。茎通常直立，基部多分枝；枝具翅状纵棱，上部被纵列疏短柔毛。叶片纸质，侧脉每边4~5条；叶柄极短；托叶卵状披针形，长约1.5 mm。花粉粒长球形；雌花：单生于小枝中下部的叶腋内；花梗长约0.5 mm；萼片6，近相等，卵状披针形，长约1 mm，边缘膜质，黄白色；子房卵状，有鳞片状凸起，花柱分离，顶端2裂，裂片弯卷。蒴果圆球状，红色，表面具小凸刺，有宿存的花柱和萼片，开裂后轴柱宿存；种子长1.2 mm，橙黄色。花期4~6月，果期7~11月。

**生境分布** 生于旷野平地、旱田、山地路旁或林缘。分布于蛟桥镇等地。

**入药部位** 全草（叶下珠）。

**采收加工** 夏、秋季采收，除去杂质，晒干。

**功能主治** 微苦，凉。归肝、脾经。清热，利湿，解毒，消肿。用于痢疾，腹泻，传染性肝炎，肾炎水肿，尿路感染，小儿疳积，疮疡，蛇虫咬伤，口疮，头疮，无名肿毒。

# 蜜甘草　别名：蜜柑草

*Phyllanthus ussuriensis* Rupr. et Maxim.

标本采集号：360122201013015LY

| | |
|---|---|
| **形态特征** | 一年生草本，高达60 cm。茎直立，常基部分枝，枝条细长；小枝具棱；全株无毛。叶片纸质，椭圆形至长圆形，顶端急尖至钝，基部近圆，下面白绿色；侧脉每边5~6条；托叶卵状披针形。花雌雄同株，单生或数朵簇生于叶腋；雄蕊2，花丝分离，药室纵裂；雌花：萼片6，长椭圆形，果时反折；花盘腺体6，长圆形。蒴果扁球状，直径约2.5 mm，平滑；种子长约1.2 mm，黄褐色，具有褐色疣点。花期4~7月，果期7~10月。 |
| **生境分布** | 生于山坡或路旁草地。分布于石岗镇等地。 |
| **入药部位** | 全草（蜜甘草）。 |
| **采收加工** | 夏、秋季采收，晒干。 |
| **功能主治** | 苦，寒；有小毒。消食止泻，利胆。用于蛇咬伤，小儿疳积，感冒，目赤，暑热腹泻，痢疾，夜盲症，小便淋痛，石淋，砂淋，肾炎水肿，黄疸，暑热腹泻，红、白痢疾，水肿。 |

# 乌 桕

别名：桕子树、米桕、糠桕、多果乌桕

*Sapium sebiferum* (Linn.) Roxb.

■ 标本采集号：360122200616005LY

**形态特征**　乔木，高可达15 m。叶互生，纸质，叶片菱形、菱状卵形或稀有菱状倒卵形；叶柄纤细，长2.5~6 cm，顶端具2腺体；托叶顶端钝，长约1 mm。花单性，雄花：花梗纤细，长1~3 mm，向上渐粗；苞片阔卵形，长和宽近相等约2 mm，基部两侧各具一近肾形的腺体，每一苞片内具10~15朵花；子房卵球形，3室，花柱3，基部合生，柱头外卷。蒴果梨状球形，成熟时黑色，直径1~1.5 cm。具3种子；种子扁球形，黑色，长约8 mm，宽6~7 mm。花期4~8月。

**生境分布**　生于山坡或山顶疏林中。分布于铁河乡等地。

**入药部位**　叶（乌桕叶）、种子（乌桕子）。

**采收加工**　乌桕叶：全年均可采，鲜用或晒干。乌桕子：果熟时采摘，取出种子，鲜用或晒干。

**功能主治**　乌桕叶：苦，微温；有毒。归心经。泻下逐水，消肿散瘀，解毒杀虫。用于水肿，大、小便不利，腹水，湿疹，疥癣，痈疮肿毒，跌打损伤，毒蛇咬伤。乌桕子：甘，凉；有毒。归肾、肺经。拔毒消肿，杀虫止痒。用于湿疹，癣疮，皮肤皲裂，水肿，便秘。

# 柚

别名：文旦、大麦柑、橙子、文旦柚

*Citrus maxima* (Burm.) Merr.

标本采集号：360122200616021LY

**形态特征**　乔木。嫩枝、叶背、花梗、花萼及子房均被柔毛。总状花序；花蕾淡紫红色，稀乳白色；花萼不规则5~3浅裂；花瓣长1.5~2 cm；雄蕊25~35枚，有时部分雄蕊不育；花柱粗长，柱头略较子房大。果圆球形，扁圆形，梨形或阔圆锥状，横径通常10 cm以上，淡黄或黄绿色，汁胞白色、粉红或鲜红色，少有带乳黄色；种子多达200余粒，形状不规则，通常近似长方形，上部质薄且常截平，下部饱满，有明显纵肋棱，子叶乳白色，单胚。花期4~5月，果期9~12月。

**生境分布**　生于丘陵或低山地带，常见栽培。分布于生米镇等地。

**入药部位**　未成熟或近成熟的干燥外层果皮（化橘红）、树根（柚根）、叶（柚叶）、花（柚花）、幼小果实（橘红珠）、果实（柚）、种子（柚核）。

**采收加工**　化橘红：夏季果实未成熟时采收，置沸水中略烫后，将果皮割成5或7瓣，除去果瓤和部分中果皮，压制成形，干燥。柚根：全年均有采，挖根，洗净，切片晒干。柚叶：夏、秋季采叶，鲜用或晒干。柚花：4~5月间采花，晾干或烘干。橘红珠：春末夏初采收落下的幼果，晒干。柚：10~11月，果实成熟时采收，鲜用。柚核：秋、冬季，将成熟的果实剥开果皮，食果瓤，取出种子，洗净，晒干。

**功能主治**　化橘红：辛、苦、温。归肺、脾经。理气宽中，燥湿化痰。用于咳嗽痰多，食积伤酒，呕恶痞闷。柚根：辛、苦、温。归肺、胃、肝经。理气止痛，散风寒。用于胃痛气胀，疝气疼痛，风寒咳嗽。柚叶：辛、苦、温。归脾、肝经。行气止痛，解毒消肿。用于头风痛，寒湿痹痛，食滞腹痛，乳痈，扁桃体炎，中耳炎。柚花：辛、苦、温。归脾、胃经。行气，化痰，止痛。用于胃脘胸膈间痛。橘红珠：酸、苦、温。归肝、脾、胃经。行气导滞。用于饮食积滞，症瘕。柚：甘、酸、寒。归肝、脾、胃经。消食，化痰，醒酒。用于饮食积滞，食欲不振，醉酒。柚核：苦、平、温。归肝经。疏肝理气，宣肺止咳。用于疝气，肺寒咳嗽。

# 柑　橘 别名：番橘、橘仔、桔子、橘子、立花橘

*Citrus reticulata* Blanco

**形态特征**　小乔木。分枝多，枝扩展或略下垂，刺较少。单身复叶，翼叶通常狭窄，叶片披针形、椭圆形或阔卵形。花单生或2~3朵簇生。果形种种，橘络甚多或较少，呈网状，中心柱大而常空，稀较多，囊壁薄或略厚，柔嫩或颇韧，汁胞通常纺锤形，短而膨大，稀细长，果肉酸或甜，或有苦味，或另有特异气味；稀无籽，顶部狭尖，基部浑圆，子叶深绿、淡绿或间有近于乳白色，合点紫色。花期4~5月，果期10~12月。

**生境分布**　生于山地林中，常见栽培。分布于铁河乡等地。

**入药部位**　幼果或未成熟果实的果皮（青皮）、成熟果皮（陈皮）、外层果皮（橘红）、成熟种子（橘核）、根（橘根）、白色内层果皮（橘白）、成熟果实的中果皮与内果皮之间的维管束群（橘络）、叶（橘叶）。

**采收加工**　**青皮**：5~6月收集自落的幼果，晒干，习称"个青皮"；7~8月采收未成熟的果实，在果皮上纵剖成四瓣至基部，除尽瓤瓣，晒干，习称"四花青皮"。**陈皮**：采摘成熟果实，剥取果皮，晒干或低温干燥。**橘红**：秋末冬初果实成熟后采收，用刀削下外果皮，晒干或阴干。**橘核**：果实成熟后收集，洗净，晒干。**橘根**：9~10月挖根，洗净，切片，晒干。**橘叶**：春季采集，除去杂质，鲜用或晒干。**橘白**：选取新鲜的橘皮，用刀扦去外层红皮后，取内层的白皮，除去橘络，晒干或晾干。**橘络**：冬季采收，晒干或低温干燥。

**功能主治**　**青皮**：苦、辛，温。归肝、胆、胃经。疏肝破气，消积化滞。用于胸胁胀痛，疝气疼痛，乳癖，乳痈，食积气滞，脘腹胀痛。**陈皮**：苦、辛，温。归肺、脾经。理气健脾，燥湿化痰。用于脘腹胀满，食少吐泻，咳嗽痰多。**橘红**：辛、苦，温。归肺、脾经。理气宽中，燥湿化痰。用于咳嗽痰多，食积伤酒，呕恶痞闷。**橘核**：苦，平。归肝、肾经。理气，散结，止痛。用于疝气疼痛，睾丸肿痛，乳痈乳癖。**橘根**：苦、辛，平。归脾、胃、肾经。行气止痛。用于脾胃气滞，脘腹胀痛，疝气。**橘叶**：苦、辛，平。归肝、胃经。疏肝行气，化痰散结，杀虫。用于胁痛，乳痈，肺痈，咳嗽，胸膈痞满，疝气，驱蛔虫、蛲虫。**橘白**：苦、辛、微甘，温。归胃经。和胃化湿。用于湿浊内阻，胸脘痞满，食欲不振。**橘络**：苦，凉。敛毒，清热。用于肉食中毒，木布病，热性腹泻。

# 花 椒　别名：蜀椒、秦椒、大椒、胡椒木

*Zanthoxylum bungeanum* Maxim.

■ 标本采集号：360122200615022LY

**形态特征**　落叶小乔木，高3~7 m。茎干上的刺常早落，枝有短刺。叶有小叶5~13片，叶轴常有甚狭窄的叶翼；小叶对生，无柄，卵形、椭圆形，稀披针形，位于叶轴顶部的较大，近基部的有时圆形。花序顶生或生于侧枝之顶，花序轴及花梗密被短柔毛或无毛；花被片6~8片，黄绿色，形状及大小大致相同；雄花的雄蕊5枚或多至8枚；退化雌蕊顶端叉状浅裂；雌花很少有发育雄蕊，有心皮3或2个，花柱斜向背弯。果紫红色，单个分果瓣径4~5 mm。花期4~5月，果期8~10月。

**生境分布**　生于林缘、灌丛或坡地石旁。分布于蛟桥镇等地。

**入药部位**　成熟果皮（花椒）、根（花椒根）、叶（花椒叶）、种子（椒目）。

**采收加工**　花椒：秋季采收成熟果实，晒干，除去种子和杂质。花椒根：全年均可采，挖根，洗净，切片晒干。花椒叶：全年均可采收，鲜用或晒干。椒目：秋季果实成熟时采收，晒干，除去果皮及杂质。

**功能主治**　花椒：辛，温。归脾、胃、肾经。温中止痛，杀虫止痒。用于脘腹冷痛，呕吐泄泻，虫积腹痛；外用于湿疹，阴痒。花椒根：辛，温；小毒。归肾、膀胱经。散寒，除湿，止痛，杀虫。用于虚寒血淋，风湿痹痛，胃痛，牙痛，痔疮，湿疮，脚气，蛔虫病。花椒叶：辛，热。归心、脾、胃经。温中散寒，燥湿健脾，杀虫解毒。用于奔豚，寒积，霍乱转筋，脱肛，脚气，风弦烂眼，漆疮，疥疮，毒蛇咬伤。椒目：苦、辛，温；小毒。归脾、肺、膀胱经。利水消肿，祛痰平喘。用于水肿胀满，哮喘。

# 棟

别名：苦棟树、紫花树、棟树、苦棟

*Melia azedarach* Linn.

■ 标本采集号：360122200616009LY

**形态特征**　落叶乔木。树皮灰褐色，纵裂。分枝广展，小枝有叶痕。叶为2~3回奇数羽状复叶。圆锥花序约与叶等长，无毛或幼时被鳞片状短柔毛；花芳香；花萼5深裂，裂片卵形或长圆状卵形；花瓣淡紫色，倒卵状匙形，长约1 cm，两面均被微柔毛；子房近球形，5~6室，无毛，每室有胚珠2颗，花柱细长，柱头头状，顶端具5齿，不伸出雄蕊管。核果球形至椭圆形，长1~2 cm，宽8~15 mm，内果皮木质，4~5室，每室有种子1颗；种子椭圆形。花期4~5月，果期10~12月。

**生境分布**　生于低海拔旷野、路旁或疏林中。分布于各地。

**入药部位**　树皮和根皮（苦棟皮）、叶（苦棟叶）、花（苦棟花）、果实（苦棟子）。

**采收加工**　**苦棟皮**：春、秋二季剥取，晒干，或除去粗皮，晒干。**苦棟叶**：全年均可采收，鲜用或晒干。**苦棟花**：4~5月采收，晒干、阴干或烘干。**苦棟子**：冬季果实成熟时采收，除去杂质，干燥。

**功能主治**　**苦棟皮**：苦，寒；有毒。归肝、脾、胃经。杀虫，疗癣。用于蛔虫病，蛲虫病，虫积腹痛；外用于疥癣瘙痒。**苦棟叶**：苦，寒；有毒。清热燥湿，杀虫止痒，行气止痛。用于湿疹瘙痒，疮癣疥癞，蛇虫咬伤，滴虫性阴道炎，疝气疼痛，跌打肿痛。**苦棟花**：苦，寒。清热祛湿，杀虫，止痒。用于热痱，头癣。**苦棟子**：苦，寒；有小毒。归肝、小肠、膀胱经。疏肝行气，止痛，驱虫。用于胸胁，腹脘胀痛，疝痛，虫积腹痛。

# 瓜子金 别名：卵叶远志、小金不换、小叶瓜子草、金锁匙

*Polygala japonica* Houtt.

■ 标本采集号：360122210420010LY

**形态特征**　多年生草本，高15~20 cm。茎、枝直立或外倾，绿褐色或绿色，具纵棱，被卷曲短柔毛。单叶互生，叶片厚纸质或亚革质。叶面绿色，背面淡绿色，两面无毛或被短柔毛；叶柄长约1 mm，被短柔毛。总状花序与叶对生；子房倒卵形，径约2 mm，具翅，花柱长约5 mm，弯曲，柱头2，间隔排列。蒴果圆形，径约6 mm，短于内萼片，顶端凹陷，具喙状突尖，边缘具有横脉的阔翅，无缘毛。种子2粒，卵形，长约3 mm，径约1.5 mm，黑色，密被白色短柔毛，种阜2裂下延，疏被短柔毛。花期4~5月，果期5~8月。

**生境分布**　生于山坡草地或田埂上。分布于石埠镇、南矶乡等地。

**入药部位**　全草（瓜子金）。

**采收加工**　春末花开时采挖，除去泥沙，晒干。

**功能主治**　辛、苦，平。归肺经。祛痰止咳，活血消肿，解毒止痛。用于咳嗽痰多，咽喉肿痛；外用于跌打损伤，疔疮疖肿，蛇虫咬伤。

# 盐肤木

别名：盐肤子、木五倍子、五倍子、五倍子树

*Rhus chinensis* Mill.

■ 标本采集号：360122201013002LY

**形态特征**　落叶小乔木或灌木，高2~10 m；小枝棕褐色，被锈色柔毛，具圆形小皮孔。奇数羽状复叶有小叶2~6对；先端急尖，基部圆形，顶生小叶基部楔形，边缘具粗锯齿或圆齿，叶面暗绿色，叶背粉绿色。花梗长约1 mm，被微柔毛；雄花：花萼外面被微柔毛，裂片长卵形，长约1 mm，边缘具细睫毛；花瓣倒卵状长圆形，长约2 mm，开花时外卷；雄蕊伸出，核果球形，略压扁，径4~5 mm，被具节柔毛和腺毛，成熟时红色，果核径3~4 mm。花期8~9月，果期10月。

**生境分布**　生于向阳山坡、沟谷、溪边的疏林或灌丛中。各地均有分布。

**入药部位**　叶上的虫瘿（五倍子）、根（盐肤木根）、除去栓皮的根皮（盐麸根白皮）、树皮（盐肤木皮）、嫩枝苗（五倍子苗）、叶（盐麸叶）、花（盐麸木花）、果实（盐肤子）。

**采收加工**　**五倍子**：秋季采摘，置沸水中略煮或蒸至表面呈灰色，杀死蚜虫，取出，干燥。**盐肤木根**：全年均可采，鲜用或切片晒干。**盐麸根白皮**：全年可采收，挖根，洗净，除去栓皮，剥取根皮，晒干。**盐肤木皮**：夏、秋季剥取树皮，去掉栓皮层，留取韧皮部，鲜用或晒干。**五倍子苗**：春季采收，晒干或鲜用。**盐麸叶**：夏、秋季采收，随采随用。**盐麸木花**：8~9月采花，鲜用或晒干。**盐肤子**：10月采收成熟的果实，鲜用或晒干。

**功能主治**　**五倍子**：酸、涩，寒。归肺、大肠、肾经。敛肺降火，涩肠止泻，敛汗，止血，收湿敛疮。用于肺虚久咳，肺热痰嗽，久泻久痢，自汗盗汗，消渴，便血痔血，外伤出血，痈肿疮毒，皮肤湿烂。**盐肤木根**：酸、咸，平。祛风湿，利水消肿，活血散毒。用于风湿痹痛，水肿，咳嗽，跌打肿痛，乳痈，癣疮。**盐麸根白皮**：酸、咸，凉。归脾、肾经。清热利湿，解毒散瘀。用于湿热黄疸，水肿，风湿痹痛，小儿疳积，疮疡肿毒，跌打损伤，蛇虫咬伤，皮肤湿疹。**盐肤木皮**：酸，微寒。清热解毒，活血止痢。用于血痢，痈肿，疮疥，蛇犬咬伤。**五倍子苗**：酸，微温。归肺经。解毒利咽。用于咽痛喉痹。**盐麸叶**：酸、微苦，凉。止咳，止血，收敛，解毒。用于痰嗽，便血，血痢，盗汗，痈疽，疮疡，湿疹，蛇虫咬伤。**盐麸木花**：酸、咸，微寒。清热解毒，敛疮。用于疮疡久不收口，小儿鼻下两旁生疮，色红瘙痒，渗液浸淫糜烂。**盐肤子**：酸、咸，凉。生津润肺，降火化痰，敛汗止痢。用于痰嗽，喉痹，黄疸，盗汗，痢疾，顽癣，痈毒，头风白屑。

# 中华槭

别名：丫角树、华槭树、波缘中华槭、深裂中华槭

*Acer sinense* Pax

标本采集号：360122200615032LY

**形态特征**　落叶乔木，高3~5 m。树皮平滑，淡黄褐色或深黄褐色。小枝细瘦，无毛，叶近于革质，基部心脏形或近于心脏形，常5裂；裂片长圆卵形或三角状卵形，先端锐尖，除靠近基部的部分外其余的边缘有紧贴的圆齿状细锯齿；裂片间的凹缺锐尖，柄粗状，无毛，长3~5 cm。花杂性、雄花与两性花同株；花瓣5，白色；翅果淡黄色，无毛，常生成下垂的圆锥果序；小坚果椭圆形，特别凸起，连同小坚果长3~3.5 cm，张开成真步稀近于锐角或钝角。花期5月，果期9月。

**生境分布**　生于混交林中。分布于蛟桥镇等地。

**入药部位**　根或根皮（五角枫根）。

**采收加工**　夏、秋季采根，洗净鲜用。

**功能主治**　辛、苦，平。归肾、肝经。祛风除湿。用于扭伤，骨折，风湿痹痛。

# 全缘叶栾树

别名：灯笼树、摇钱树、栾华、山膀胱

*Koelreuteria bipinnata* Franch. var. *integrifoliola* (Merr.) T. Chen

**形态特征**　乔木，高可达20 m。皮孔圆形至椭圆形；枝具小疣点。叶平展，二回羽状复叶，长45~70 cm；小叶9~17片，互生，斜卵形，长3.5~7 cm，宽2~3.5 cm，小叶通常全缘，有时一侧近顶部边缘有锯齿。圆锥花序大型，长35~70 cm，分枝广展，与花梗同被短柔毛；花瓣4，长圆状披针形，瓣片长6~9 mm，宽1.5~3 mm；雄蕊8枚，长4~7 mm，花丝被白色、开展的长柔毛。蒴果椭圆形或近球形，具3棱，淡紫红色；种子近球形，直径5~6 mm。花期7~9月，果期8~10月。

**生境分布**　生于疏林中，常见栽培。分布于生米镇等地。

**入药部位**　根及根皮（摇钱树根）、花和果实（摇钱树）。

**采收加工**　**摇钱树根：**常年均可采挖，剥皮或切片，洗净晒干。**摇钱树：**花果期采收，晒干。

**功能主治**　**摇钱树根：**苦，平。祛风清热，止咳，散瘀，杀虫。用于风热咳嗽，风湿热痹，跌打肿痛，蛔虫病。**摇钱树：**苦，寒。清肝明目，行气止痛。用于目痛泪出，疝气痛，腰痛。

# 无患子

别名：洗手果、油罗树、苦患树、油患子

*Sapindus mukorossi* Gaertn.

■ 标本采集号：360122200615024LY

**形态特征**　落叶大乔木，高可达20余米，树皮灰褐色或黑褐色；嫩枝绿色，无毛。叶连柄长25~45 cm或更长；小叶5~8对；小叶柄长约5 mm。花序顶生，圆锥形；花小，辐射对称，花梗常很短；萼片卵形或长圆状卵形，大的长约2 mm，外面基部被疏柔毛；花瓣5，披针形，有长爪，长约2.5 mm，外面基部被长柔毛或近无毛，鳞片2个，小耳状；花盘碟状，无毛；雄蕊8，伸出，花丝长约3.5 mm，中部以下密被长柔毛；子房无毛。果的发育分果爿近球形，直径2~2.5 cm，橙黄色，干时变黑。花期春季，果期夏、秋。

**生境分布**　生于温暖、土壤松而稍湿润山坡疏林。分布于蛟桥镇等地。

**入药部位**　根（无患树蔃）、树皮（无患子树皮）、叶（无患子叶）、果皮（无患子皮）、种子（无患子）、种仁（无患子中仁）。

**采收加工**　**无患树蔃**：全年均可采，挖根，洗净；鲜用或切片晒干。**无患子树皮**：全年均可采，剥取皮，晒干。**无患子叶**：夏、秋季采收，鲜用或晒干。**无患子皮**：秋季果实成熟时，剥取果肉，晒干。**无患子**：秋季采摘成熟果实，除去果肉和果皮，取种子晒干。**无患子中仁**：秋季果实成熟时，剥除外果皮，除去种皮，留取种仁，晒干。

**功能主治**　**无患树蔃**：苦、辛，凉。归心、肺、肾经。宣肺止咳，解毒化湿。用于外感发热，咳喘，白浊，带下病，咽喉肿痛，毒蛇咬伤。**无患子树皮**：苦、辛，平。解毒，利咽，祛风杀虫。用于白喉，疥癞，痔疮。**无患子叶**：苦，平。归心、肺经。解毒，镇咳。用于毒蛇咬伤，百日咳。**无患子皮**：苦，平；有小毒。归心、肝、脾经。清热化痰，止痛，消积。用于喉痹肿痛，心胃气痛，疝气疼痛，风湿痛，虫积，食滞，肿毒。**无患子**：苦、辛，寒；有小毒。归心、肺经。清热，祛痰，消积，杀虫。用于喉痹肿痛，肺热咳喘，音哑，食滞，疳积，蛔虫腹痛，滴虫性阴道炎，癣疾，肿毒。**无患子中仁**：辛，平。归脾、胃、大肠经。消积，辟秽，杀虫。用于疳积，腹胀，口臭，蛔虫病。

# 清风藤　别名：寻风藤

*Sabia japonica* Maxim.

标本采集号：360122200615035LY

**形态特征**　落叶攀援木质藤本。嫩枝绿色，被细柔毛，老枝紫褐色，具白蜡层，常留有木质化成单刺状或双刺状的叶柄基部。叶背带白色，脉上被稀疏柔毛。花先叶开放，单生于叶腋，基部有苞片4枚，苞片倒卵形，长2~4 mm；花梗长2~4 mm，果时增长至2~2.5 cm；萼片5；花瓣5片，淡黄绿色，长3~4 mm，具脉纹；雄蕊5枚，花药狭椭圆形；花盘杯状，有5裂齿；子房卵形，被细毛。分果片近圆形或肾形，直径约5 mm；核有明显的中肋，两侧面具蜂窝状凹穴。花期2~3月，果期4~7月。

**生境分布**　生于山谷、林缘灌木林中。分布于蛟桥镇等地。

**入药部位**　茎叶或根（清风藤）。

**采收加工**　春、夏季割取藤茎，切段后，晒干；秋、冬季挖取根部，洗净，切片，鲜用或晒干。

**功能主治**　苦、辛，温。归肝经。祛风利湿，活血解毒。用于风湿痹痛，鹤膝风，水肿，脚气，跌打肿痛，骨折，深部脓肿，骨髓炎，化脓性关节炎，脊椎炎，疮疡肿毒，皮肤瘙痒。

# 满树星　别名：百介树、山秤根、白杆根、青心木

*Ilex aculeolata* Nakai

■ 标本采集号：360122200617012LY

| | |
|---|---|
| **形态特征** | 落叶灌木，高1~4 m。小枝栗褐色。叶在长枝上互生，在短枝上，1~3枚簇生于顶端，叶片膜质或薄纸质。叶面绿色，背面淡绿色，幼时两面及脉上疏被短柔毛，后变近无毛；叶柄长5~11 mm，上面具狭槽，被短柔毛；托叶微小，三角形，宿存。花白色，芳香，花瓣圆卵形；果球形，直径约7 mm，成熟时黑色，干时具纵棱及沟；分核4粒，轮廓椭圆体形，长6 mm，背部宽约2.5 mm，背面具深皱纹和网状条纹及沟，内果皮骨质。花期4~5月，果期6~9月。 |
| **生境分布** | 生于山谷、路旁的疏林中或灌丛中。分布于乐化镇、溪霞镇、石埠镇、樵舍镇等地。 |
| **入药部位** | 根皮（满树星）。 |
| **采收加工** | 冬季挖取，洗去泥土，剥取根皮，晒干。 |
| **功能主治** | 微苦、甘、凉。疏风化痰，清热解毒。用于感冒咳嗽，牙痛，烫伤，湿疹。 |

# 枸　骨

别名：枸骨冬青、鸟不落、鸟不宿、无刺枸骨

*Ilex cornuta* Lindl. et Paxt

标本采集号：360122200618014LY

**形态特征**　常绿灌木或小乔木，高0.6~3 m。叶片厚革质，二形，四角状长圆形或卵形。花序簇生于二年生枝的叶腋内，基部宿存鳞片近圆形，被柔毛，具缘毛；苞片卵形，先端钝或具短尖头，被短柔毛和缘毛；花淡黄色，4基数。雄花；雌花：花梗长8~9 mm，果期长达13~14 mm，无毛，基部具2枚小的阔三角形苞片；果梗长8~14 mm。分核4，轮廓倒卵形或椭圆形，长7~8 mm，背部宽约5 mm，遍布皱纹和皱纹状纹孔，背部中央具1纵沟，内果皮骨质。花期4~5月，果期10~12月。

**生境分布**　生于山坡、丘陵等灌丛中、疏林中。分布于各地。

**入药部位**　叶（枸骨叶）、根（功劳根）、树皮（枸骨树皮）、果实（枸骨子）。

**采收加工**　**枸骨叶**：秋季采收，除去杂质，晒干。**功劳根**：全年均可采，洗净，切片，晒干。**枸骨树皮**：全年均可采剥，去净杂质，晒干。**枸骨子**：冬季采摘成熟的果实，拣去果柄杂质，晒干。

**功能主治**　**枸骨叶**：苦，凉。归肝、肾经。清热养阴，益肾，平肝。用于肺痛咯血，骨蒸潮热，头晕目眩。**功劳根**：苦，凉。补肝益肾，疏风清热。用于腰膝痿弱，关节疼痛，头风，赤眼，牙痛，荨麻疹。**枸骨树皮**：微苦，凉。归肝、肾经。补肝肾，强腰膝。用于肝血不足，肾脚痿弱。**枸骨子**：苦、涩，微温。归肝、肾经。补肝肾，强筋活络，固涩下焦。用于体虚低热，筋骨疼痛，崩漏，带下病，泄泻。

# 大芽南蛇藤　别名：哥兰叶、米汤叶、绵条子、霜红藤

*Celastrus gemmatus Loes.*

■ 标本采集号：360122201013003LY

**形态特征**　小枝具多数皮孔，皮孔阔椭圆形到近圆形，棕灰白色，突起，冬芽大，长卵状到长圆锥状。叶长方形；叶柄长10~23 mm。聚伞花序顶生及腋生，顶生花序长约3 cm，侧生花序短而少花；花瓣长方倒卵形；雄蕊约与花冠等长，花药顶端有时具小突尖，花丝有时具乳突状毛，在雌花中退化；花盘浅杯状，裂片近三角形，在雌花中裂片常较钝；雌蕊瓶状，子房球状，花柱长1.5 mm，雄花中的退化雌蕊长1~2 mm。蒴果球状，小果梗具明显突起皮孔；种子阔椭圆状到长方椭圆状，红棕色，有光泽。花期4~9月，果期8~10月。

**生境分布**　生于密林中或灌丛中。分布于石岗镇等地。

**入药部位**　根、茎、叶（霜红藤）。

**采收加工**　春、秋季采收，切段晒干。

**功能主治**　苦、辛，平。归肝、胃经。祛风除湿，活血止痛，解毒消肿。用于风湿痹痛，跌打损伤，月经不调，经闭，产后腹痛，胃痛，疝痛，疮痈肿痛，骨折，风疹，湿疹，带状疱疹，毒蛇咬伤。

# 百齿卫矛

*Euonymus centidens* Lévl.

■ 标本采集号：360122200615027LY

**形态特征**　灌木，高达6 m。小枝方棱状，常有窄翅棱；叶对生，纸质或近革质，窄长椭圆形或近倒卵形，先端长渐尖，基部钝楔形，边缘具密而深的尖锯齿，齿端常具黑色腺点，侧脉7~8对；近无柄或有长5 mm以下的短柄；聚伞花序有1~3花，稀较多：花序梗四棱状，长达1 cm；花4数，淡黄色，花萼裂片半圆形，齿端常具黑腺点；花瓣长圆形，长约3 mm；花盘近方形：雄蕊无花丝；子房4棱方锥状，无花柱，柱头小头状；蒴果4深裂，成熟裂瓣1~4，每裂瓣内常仅有1种子。花期6月，果期9~10月。

**生境分布**　生于山坡或密林中。分布于蛟桥镇等地。

**入药部位**　全株（百齿卫矛）。

**采收加工**　全年均可采，洗净鲜用或切段晒干。

**功能主治**　甘、苦，微温。归肾经。祛风散寒，理气平喘，活血解毒。用于风寒湿痹，腰膝疼痛，胃脘胀痛，气喘，月经不调，跌打损伤，毒蛇咬伤。

# 雷公藤 别名：紫金皮、东北雷公藤

*Tripterygium wilfordii* Hook. f.

标本采集号：360122200617005LY

**形态特征**　藤本灌木，高1~3 m。小枝棕红色，具4细棱，被密毛及细密皮孔；叶柄长5~8 mm，密被锈色毛。圆锥聚伞花序较窄小，花序、分枝及小花梗均被锈色毛，花序梗长1~2 cm，小花梗细长达4 mm；花白色，直径4~5 mm；萼片先端急尖；花瓣长方卵形，边缘微蚀；花盘略5裂；雄蕊插生花盘外缘，花丝长达3 mm；子房具3棱，花柱柱状，柱头稍膨大，3裂。翅果长圆状，长1~1.5 cm，直径1~1.2 cm，中央果体较大，占全长2/3~1/2，中央脉及2侧脉共5条，分离较疏，占翅宽2/3，小果梗细圆，长达5 mm；种子细柱状。

**生境分布**　生于山地林内阴湿处。分布于石埠镇等地。

**入药部位**　根及根茎（雷公藤）。

**采收加工**　秋末冬初或春初采挖，除去杂质，切段，干燥或除去外皮（包括形成层以外部分），切断，干燥。

**功能主治**　苦、辛，凉；有大毒。归肝、肾经。祛风除湿，活血通络，消肿止痛，杀虫解毒。用于类风湿性关节炎，风湿性关节炎，肾小球肾炎，肾病综合征，红斑狼疮，口眼干燥综合征，白塞病，湿疹，银屑病，麻风病，疥疮，顽癣。

# 野鸦椿 别名：山海椒、小山辣子、鸡肾蚵、酒药花

*Euscaphis japonica* (Thunb.) Dippel

■ 标本采集号：360122200615037LY

**形态特征**　落叶小乔木或灌木，高2~8 m。树皮灰褐色，具纵条纹，小枝及芽红紫色，枝叶揉碎后发出恶臭气味。叶对生，奇数羽状复叶，长8~32 cm，叶轴淡绿色，小叶5~9，稀3~11，厚纸质，圆锥花序顶生，花梗长达21 cm，花多，较密集，黄白色，萼片与花瓣均5，椭圆形，萼片宿存，花盘盘状，心皮3，分离。蓇葖果长1~2 cm，每一花发育为1~3个蓇葖，果皮软革质，紫红色，有纵脉纹，种子近圆形，假种皮肉质，黑色，有光泽。花期5~6月，果期8~9月。

**生境分布**　生于山坡、山谷、河边的丛林或灌丛中。分布于石岗镇、蛟桥镇等地。

**入药部位**　根或根皮（野鸦椿根）、茎皮（野鸦椿皮）、叶（野鸦椿叶）、花（野鸦椿花）、果实或种（野鸦椿子）、带花或果的枝叶（野鸦椿）。

**采收加工**　**野鸦椿根**：9~10月采挖，洗净，切片，鲜用或晒干。**野鸦椿皮**：全年可采，剥取茎皮，晒干。**野鸦椿叶**：全年均可采，鲜用或晒干。**野鸦椿花**：开花时采收，鲜用或晒干。**野鸦椿子**：秋季采收成熟果实或种子，晒干。**野鸦椿**：春、夏、秋三季采收，鲜用或晒干。

**功能主治**　**野鸦椿根**：苦、微辛，平。归肝、脾、肾经。祛风解表，消热利湿。用于外感头痛，风湿腰痛，痢疾，泄泻，跌打损伤。**野鸦椿皮**：辛，温。行气，利湿，祛风，退翳。用于小儿疝气，风湿骨痛，水痘，目生翳障。**野鸦椿叶**：微辛、苦，微温。祛风止痒。用于妇女阴痒。**野鸦椿花**：甘，平。归心、脾、膀胱经。祛风止痛。用于头痛，眩晕。**野鸦椿子**：辛、苦，温。归肝、胃、肾经。祛风散寒，行气止痛，消肿散结。用于胃痛，寒疝疼痛，泄泻，痢疾，脱肛，月经不调，子宫下垂，睾丸肿痛。**野鸦椿**：辛、甘，平。归心、肺、膀胱经。理气止痛，消肿散结，祛风止痒。用于头痛，眩晕，胃痛，脱肛，子宫下垂，阴痒。

# 马甲子

别名：雄虎刺、马鞍树、铜钱树、铁篱笆

*Paliurus ramosissimus* (Lour.) Poir.

标本采集号：360122201012010LY

**形态特征**　灌木，高达6 m。小枝褐色或深褐色，被短柔毛，稀近无毛；叶互生，纸质，基部宽楔形、楔形或近圆形，稍偏斜，边缘具钝细锯齿或细锯齿，幼叶下面密生棕褐色细柔毛，基生三出脉；叶柄长5~9 mm，被毛，基部有2个紫红色斜向直立的针刺，长0.4~1.7 cm；聚伞花序腋生，被黄色绒毛；核果杯状，被黄褐色或棕褐色绒毛，周围具木栓质3浅裂的窄翅，直径1~1.7 cm，长7~8 mm；果梗被棕褐色绒毛；种子紫红色或红褐色，扁圆形。花期5~8月，果期9~10月。

**生境分布**　生于山地或旷野，野生或栽培。分布于铁河乡等地。

**入药部位**　根（马甲子根），刺、花及叶（铁篱笆），果实（铁篱笆果）。

**采收加工**　**马甲子根**：全年采根，晒干。**铁篱笆**：全年均可采，鲜用或晒干。**铁篱笆果**：果熟后采收，晒干。

**功能主治**　**马甲子根**：苦，平。归心、肺经。祛风散瘀，解毒消肿。用于风湿痹痛，跌打损伤，咽喉肿痛，痈疽。**铁篱笆**：苦，平。清热解毒。用于疔疮痈肿，无名肿毒，下肢溃疡，眼目赤痛。**铁篱笆果**：苦、甘，温。化瘀止血，活血止痛。用于瘀血所致的吐血，衄血，便血，痛经，经闭，心腹疼痛，痔疮肿痛。

# 长叶冻绿

别名：钝齿鼠李、苦李根、水冻绿、长叶绿柴

*Rhamnus crenata* Sieb. et Zucc.

■ 标本采集号：360122200622017LY

**形态特征**　落叶灌木或小乔木，高达7 m。顶芽裸露；幼枝带红色，被毛，后脱落，小枝疏被柔毛；叶纸质，倒卵状椭圆形，长4~14 cm，先端渐尖，基部楔形或钝，具圆齿状齿或细锯齿，上面无毛，下面被柔毛或沿脉稍被柔毛，侧脉7~12对；叶柄长0.4~1.2 cm，密被柔毛；花瓣近圆形，顶端2裂；雄蕊与花瓣等长而短于萼片；子房球形，花柱不裂；核果球形或倒卵状球形，绿色或红色，熟时黑或紫黑色，具3分核，各有1种子，种子背面无沟。花期5~8月，果期8~10月。

**生境分布**　生于山坡的丛林或灌丛中。分布于铁河乡等地。

**入药部位**　根或根皮（黎辣根）。

**采收加工**　秋后采收，鲜用或切片晒干。

**功能主治**　苦、辛，平；有毒。归肝经。清热解毒，杀虫利湿。用于疥疮、顽癣、疮疖、湿疹、荨麻疹、癞痢头、跌打损伤。

# 枣

别名：贯枣、枣子树、红枣树、枣树

*Ziziphus jujuba* Mill.

标本采集号：360122210524003LY

**形态特征** 落叶小乔木，高达10 m。树皮褐色或灰褐色；叶纸质，卵形、卵状椭圆形，或卵状矩圆形；长3~7 cm，宽1.5~4 cm，顶端钝或圆形；叶柄长1~6 mm，或在长枝上的可达1 cm，无毛或有疏微毛；托叶刺纤细，后期常脱落。花黄绿色，两性，5基数，无毛，具短总花梗，单生或2~8个密集成腋生聚伞花序；花梗长2~3 mm；核果矩圆形或长卵圆形，成熟时红色，后变红紫色，中果皮肉质，厚，味甜，核顶端锐尖，基部锐尖或钝，2室，具1或2种子，果梗长2~5 mm；种子扁椭圆形，长约1 cm，宽8 mm。花期5~7月，果期8~9月。

**生境分布** 生于村庄附近的山地、丘陵地，常见栽培。分布于生米镇等地。

**入药部位** 成熟果实（大枣）、根（枣树根）、树皮（枣树皮）、叶（枣叶）、果核（枣核）。

**采收加工** **大枣**：秋季果实成熟时采收，晒干。**枣树根**：秋后采挖，鲜用或切片晒干。**枣树皮**：全年皆可采收，春季最佳，用月牙形镰刀，从枣树主干上将老皮刮下，晒干。**枣叶**：春、夏季采收，鲜用或晒干。**枣核**：加工枣肉食品时，收集枣核。

**功能主治** **大枣**：甘，温。归脾、胃、心经。补中益气，养血安神。用于脾虚食少，乏力便溏，妇人脏躁。**枣树根**：甘，温。归肝、脾、肾经。调经止血，祛风止痛，补脾止泻。用于月经不调，不孕，崩漏，吐血，胃痛，痹痛，脾虚泄泻，风疹，丹毒。**枣树皮**：苦，涩，温。归肺、大肠经。涩肠止泻，镇咳止血。用于泄泻，痢疾，咳嗽，崩漏，外伤出血，烧烫伤。**枣叶**：甘，温。清热解毒。用于小儿发热，疮疖，热痱，烂脚，烫火伤。**枣核**：苦，平。归肝、肾经。解毒，敛疮。用于臁疮，牙疳。

# 蛇葡萄　别名：锈毛蛇葡萄

*Ampelopsis heterophylla* (Thunb.) Sieb. & Zucc. var. *vestita* Rehd.

■ 标本采集号：360122200622011LY

**形态特征**　木质藤本。小枝圆柱形，有纵棱纹，被锈色长柔毛；卷须2~3叉分枝，相隔2节间断与叶对生。单叶，心形或卵形，3~5中裂，常混生有不分裂者，边缘有急尖锯齿，上面绿色，无毛，下面浅绿色，脉上有锈色长柔毛；花序梗长1~2.5 cm，被锈色长柔毛；花梗长1~3 mm，疏生锈色短柔毛；花蕾卵圆形，高1~2 mm，顶端圆形；萼碟形，边缘波状浅齿，外面疏生锈色短柔毛；花瓣5，卵椭圆形，高0.8~1.8 mm，被锈色短柔毛；雄蕊5。果实近球形，有种子2~4颗。花期6~7月，果期9~10月。

**生境分布**　生于山谷、多石湿地或山地灌木丛中。分布于樵舍镇等地。

**入药部位**　根或根皮（蛇葡萄根）、茎叶（蛇葡萄）。

**采收加工**　**蛇葡萄根**：秋季采挖根部，洗净泥土，切片；或剥取根皮，切片，晒干。**蛇葡萄**：夏、秋季采收，洗净，切段，晒干。

**功能主治**　**蛇葡萄根**：辛、苦，凉。归肺、肝、大肠经。清热解毒，祛风除湿，活血散结。用于肺痈吐脓，肺痨咯血，风湿痹痛，跌打损伤，痈肿疮毒，瘰疬，癌肿。**蛇葡萄**：苦，凉。归心、肝、肾经。清热利湿，散瘀止血，解毒。用于肾炎水肿，小便不利，风湿痹痛，跌打瘀肿，内伤出血，疮毒。

# 乌蔹莓　别名：五叶莓、过山龙、五将草、五龙草

*Cayratia japonica* (Thunb.) Gagnep.　　■ 标本采集号：360122200615007LY

**形态特征**　草质藤本。小枝圆柱形，有纵棱纹，无毛或微被疏柔毛。卷须2~3叉分枝，相隔2节间断与叶对生。叶为鸟足状5小叶；侧脉5~9对，网脉不明显；叶柄长1.5~10 cm；托叶早落。花序腋生，复二歧聚伞花序；花序梗长1~13 cm；花梗长1~2 mm，几无毛；花瓣4，三角状卵圆形，高1~1.5 mm。果实近球形，直径约1 cm，有种子2~4颗；种子三角状倒卵形，从近基部向上达种子近顶端。花期3~8月，果期8~11月。

**生境分布**　生于山谷林中或山坡灌丛。分布于蛟桥镇等地。

**入药部位**　带叶茎藤（乌蔹莓）。

**采收加工**　夏、秋二季采割，晒干。

**功能主治**　苦、酸、寒。清热利湿，解毒消肿。用于痈肿，疔疮，痄腮，丹毒，风湿痛，黄疸，痢疾，尿血，白浊。

# 毛葡萄 别名：绒毛葡萄、五角叶葡萄、野葡萄

*Vitis heyneana* Roem. et Schult.

■ 标本采集号：360122200622011LY

**形态特征** 木质藤本。小枝圆柱形，有纵棱纹，被灰色或褐色蛛丝状绒毛。卷须2叉分枝，密被绒毛，每隔2节间断与叶对生。叶卵圆形、长卵椭圆形或卵状五角形；叶柄长2.5~6 cm，密被蛛丝状绒毛；圆锥花序疏散；花梗长1~3 mm，无毛；萼碟形，边缘近全缘，高约1 mm；花瓣5，果实圆球形，成熟时紫黑色，直径1~1.3 cm；种子倒卵形，顶端圆形，基部有短喙，种脐在背面中部呈圆形，腹面中棱脊突起，两侧洼穴狭窄呈条形，向上达种子1/4处。花期4~6月，果期6~10月。

**生境分布** 生于山坡、沟谷灌丛、林缘。分布于生米镇等地。

**入药部位** 根皮（毛葡萄根皮）、叶（毛葡萄叶）。

**采收加工** **毛葡萄根皮**：秋、冬季挖取根部，洗净，剥取根皮，切片，鲜用或晒干。**毛葡萄叶**：夏、秋采收，晒干。

**功能主治** **毛葡萄根皮**：酸、微苦，平。活血舒筋。用于月经不调，带下病，风湿骨痛，跌打损伤。**毛葡萄叶**：微酸、苦，平。止血。用于外伤出血。

# 苘 麻

别名：苘、车轮草、磨盘草、椿麻

*Abutilon theophrasti* Medicus

标本采集号：360122200624003LY

**形态特征** 一年生亚灌木状草本，高达1~2 m。茎枝被柔毛。叶互生，圆心形，长5~10 cm，先端长渐尖，基部心形，边缘具细圆锯齿，两面均密被星状柔毛；叶柄长3~12 cm，被星状细柔毛；托叶早落。花单生于叶腋，花梗长1~13 cm，被柔毛，近顶端具节；花萼杯状，密被短绒毛，裂片5，卵形，长约6 mm；花黄色，花瓣倒卵形，长约1 cm；雄蕊柱平滑无毛。蒴果半球形，直径约2 cm，长约1.2 cm，分果爿15~20，被粗毛，顶端具长芒2；种子肾形，褐色，被星状柔毛。花期7~8月。

**生境分布** 生于路旁、荒地和田野间。分布于望城镇等地。

**入药部位** 成熟种子（苘麻子）、根（苘麻根）、全草（苘麻）。

**采收加工** **苘麻子**：秋季采收成熟果实，晒干，打下种子，除去杂质。**苘麻根**：立冬后挖取，除去茎叶，洗净晒干。**苘麻**：夏季采收，鲜用或晒干。

**功能主治** **苘麻子**：苦，平。归大肠、小肠、膀胱经。清热解毒，利湿，退翳。用于赤白痢疾，淋证涩痛，痈肿疮毒，目生翳膜。**苘麻根**：苦，平。归肾、膀胱经。利湿解毒。用于小便淋沥，痢疾，急性中耳炎，睾丸炎。**苘麻**：苦，平。归脾、胃经。清热利湿，解毒开窍。用于痢疾，中耳炎，耳鸣，耳聋，睾丸炎，化脓性扁桃体炎，痈疽肿毒。

# 木　槿

别名：荆条、木棉、朝开暮落花、白花木槿

*Hibiscus syriacus* Linn.

标本采集号：360122200622013LY

**形态特征**　落叶灌木，高3~4 m。小枝密被黄色星状绒毛。叶菱形至三角状卵形，长3~10 cm，宽2~4 cm，先端钝，基部楔形，边缘具不整齐齿缺，下面沿叶脉微被毛或近无毛；叶柄长5~25 mm，上面被星状柔毛；托叶线形，长约6 mm，疏被柔毛。花单生于枝端叶腋间，花梗长4~14 mm，被星状短绒毛；花钟形，淡紫色，直径5~6 cm，花瓣倒卵形，长3.5~4.5 cm，外面疏被纤毛和星状长柔毛；雄蕊柱长约3 cm；花柱枝无毛。蒴果卵圆形，直径约12 mm，密被黄色星状绒毛；种子肾形，背部被黄白色长柔毛。花期7~10月。

**生境分布**　生于路旁、荒地等处，常见栽培。分布于铁河乡等地。

**入药部位**　根（木槿根）、茎皮或根皮（木槿皮）、叶（木槿叶）、花（木槿花）、果实（木槿子）。

**采收加工**　**木槿根**：全年均可采挖，洗净，切片，鲜用或晒干。**木槿皮**：茎皮于4~5月剥取，晒干。**木槿叶**：全年均可采，鲜用或晒干。**木槿花**：夏季花半开放时采收，晒干。**木槿子**：9~10月果实呈黄绿色时采收，晒干。

**功能主治**　**木槿根**：甘，凉。归肺、肾、大肠经。清热解毒，消痈肿。用于肠风，痢疾，肺痈，肠痈，痔疮肿痛，赤白带下，疥癣，肺结核。**木槿皮**：甘、苦，微寒。归大肠、肝、心、肺、胃、脾经。清热利湿，杀虫止痒。用于湿热泻痢，肠风便血，脱肛，痔疮，赤白带下，阴道滴虫，皮肤疥癣，阴囊湿疹。**木槿叶**：苦，寒。归心、胃、大肠经。清热解毒。用于赤白痢疾，肠风，痈肿疮毒。**木槿花**：甘、淡，凉。归脾、肺经。清湿热，凉血。用于痢疾，腹泻，痔疮出血，白带；外用于疖肿。**木槿子**：甘，寒。归肺、心、肝经。清肺化痰，止头痛，解毒。用于痰喘咳嗽，支气管炎，偏正头痛，黄水疮，湿疹。

# 桤叶黄花稔

别名：桤叶黄花稔、小柴胡、地马桩、地膏药

*Sida alnifolia* Linn.

■ 标本采集号：360122200616040LY

**形态特征** 直立亚灌木或灌木，高1~2 m。小枝细瘦，被星状柔毛。叶倒卵形、卵形，长
2~5 cm，宽8~30 mm，先端尖或圆，基部圆至楔形，边缘具锯齿，上面被星状柔
毛，下面密被星状长柔毛，叶柄长2~8 mm，被星状柔毛；托叶钻形。花单生于叶
腋，花梗长1~3 cm，中部以上具节，密被星状绒毛；萼杯状，长6~8 mm，被星状绒
毛，裂片5，三角形；花黄色，直径约1 cm，花瓣倒卵形；雄蕊柱长4~5 mm，被长
硬毛。果近球形，分果爿6~8，长约3 mm，具2芒，被长柔毛。花期7~12月。

**生境分布** 生于山坡、路旁草丛中。分布于生米镇等地。

**入药部位** 叶或根（脓见愁）。

**采收加工** 夏、秋季采收，叶，鲜用；根，洗净，鲜用或切片晒干。

**功能主治** 苦、辛、微寒。归心经。清热利湿，解毒消肿。用于湿热泻痢，黄疸，咽喉肿痛，
痈肿疮毒，毒蜂蜇伤。

# 白背黄花稔

别名：白背黄花稔、黄花母雾

*Sida rhombifolia* Linn.

■ 标本采集号：360122200624009LY

**形态特征** 直立亚灌木，高约1 m。分枝多，枝被星状绵毛。叶菱形或长圆状披针形，长25~45 mm，宽6~20 mm，先端浑圆至短尖，基部宽楔形，边缘具锯齿，上面疏被星状柔毛至近无毛，下面被灰白色星状柔毛；叶柄长3~5 mm，被星状柔毛；托叶纤细。花单生于叶腋，花梗长1~2 cm，密被星状柔毛，中部以上有节；萼杯形，长4~5 mm，被星状短绵毛，裂片5，三角形；花黄色，花瓣倒卵形，长约8 mm；雄蕊柱无毛，长约5 mm，花柱分枝8~10。果半球形，直径6~7 mm，分果爿8~10，被星状柔毛，顶端具2短芒。花期为秋、冬季。

**生境分布** 生于山坡、路旁草丛中。各地均有分布。

**入药部位** 根（黄花母根）、全草（黄花母）。

**采收加工** **黄花母根：**夏、秋季采挖，洗净，鲜用或切片晒干。**黄花母：**秋季采收，洗净，除去杂质，鲜用或晒干。

**功能主治** **黄花母根：**辛，凉。归肺、肝、大肠经。清热利湿，生肌排脓。用于湿热痢疾，泄泻，黄疸，疮痈难溃或溃后不易收口。**黄花母：**甘、辛，凉。归心、肝、肺、大肠、小肠经。清热利湿，解毒消肿。用于感冒高热，咽喉肿痛，湿热泻痢，黄疸，带下病，淋证，风湿痿弱，头晕，劳倦乏力，痔血，痈疽疔疮。

# 地桃花

别名：毛桐子、牛毛七、石松毛、肖梵天花

*Urena lobata* Linn.

■ 标本采集号：360122200622004LY

| 形态特征 | 直立亚灌木状草本，高达1 m。小枝被星状绒毛。叶上面被柔毛，下面被灰白色星状绒毛；叶柄长1~4 cm，被灰白色星状毛；托叶线形，长约2 mm，早落。花腋生，淡红色，直径约15 mm；花梗长约3 mm，被绵毛；小苞片5，长约6 mm，基部1/3合生；花萼杯状，裂片5，两者均被星状柔毛；花瓣5，倒卵形，长约15 mm，外面被星状柔毛；雄蕊柱长约15 mm，无毛；花柱枝10，微被长硬毛。果扁球形，直径约1 cm，分果爿为星状短柔毛和锚状刺。花期7~10月。

**生境分布** 生于空旷地、草坡或疏林下。分布于铁河乡等地。

**入药部位** 地上部分（地桃花）。

**采收加工** 秋季采收，除去杂质，晒干。

**功能主治** 甘、辛，凉。归脾、肺经。祛风利湿，活血消肿，清热解毒。用于感冒，风湿痹痛，痢疾，泄泻，淋证，带下病，月经不调，跌打肿痛，喉痹，乳痈，疮疖，毒蛇咬伤。

# 小花扁担杆

别名：扁担木、孩儿拳头

*Grewia biloba* var. *parviflora* (Bunge) Hand.–Mazz.

■ 标本采集号：360122200616014LY

| | |
|---|---|
| **形态特征** | 灌木或小乔木，高1~4 m。多分枝，嫩枝被粗毛。叶薄革质，椭圆形或倒卵状椭圆形，先端锐尖，基部楔形或钝，基出脉3条；叶柄长4~8 mm，被粗毛；托叶钻形。聚伞花序腋生，多花，花序柄长不到1 cm；花柄长3~6 mm；苞片钻形，长3~5 mm；萼片狭长圆形，长4~7 mm，外面被毛，内面无毛；花瓣长1~1.5 mm；雌雄蕊柄长0.5 mm，有毛；雄蕊长2 mm；子房有毛，花柱与萼片平齐，柱头扩大，盘状，有浅裂。核果红色，有2~4颗分核。花期5~7月。 |
| **生境分布** | 生于山沟谷路旁灌丛中。各地均有分布。 |
| **入药部位** | 枝叶（吉利子树）。 |
| **采收加工** | 夏、秋季采收，晒干。 |
| **功能主治** | 甘、苦、温。健脾益气，祛风除湿。用于小儿疳积，脘腹胀满，脱肛，妇女崩漏，带下病，风湿痹痛。 |

# 马松子　别名：野路葵

*Melochia corchorifolia* Linn.

■ 标本采集号：360122200616015LY

**形态特征**　半灌木状草本。枝黄褐色，略被星状短柔毛。叶薄纸质，叶柄长5~25 mm；托叶条形，长2~4 mm。花排成顶生或腋生的密聚伞花序或团伞花序；小苞片条形，混生在花序内；萼钟状，5浅裂，外面被长柔毛和刚毛；花瓣5片，白色，后变为淡红色，矩圆形，长约6 mm，基部收缩；雄蕊5枚，下部连合成筒，与花瓣对生；子房无柄，5室，花柱5枚。蒴果圆球形，有5棱，被长柔毛，每室有种子1~2个；种子卵圆形，略呈三角状，褐黑色，长2~3 mm。花期为夏、秋季。

**生境分布**　生于田野间或低丘陵地。分布于铁河乡、生米镇等地。

**入药部位**　地上部分（木达地黄）。

**采收加工**　夏、秋季采收，扎成把，晒干。

**功能主治**　淡，平。清热利湿，止痒。用于急性黄疸性肝炎，皮肤痒疹。

# 芫　花　别名：鱼毒、蜀桑、黄大戟、芫条根

*Daphne genkwa* Sieb. et Zucc.

■ 标本采集号：360122201012005LY

| | |
|---|---|
| **形态特征** | 落叶灌木，高0.3~1 m。多分枝；树皮褐色，无毛；小枝圆柱形，细瘦，干燥后多具皱纹，幼枝黄绿色或紫褐色，密被淡黄色丝状柔毛，老枝紫褐色或紫红色。叶对生，稀互生。花比叶先开放；花萼筒细瘦，筒状，长6~10 mm，外面具丝状柔毛，裂片4；雄蕊8，2轮，分别着生于花萼筒的上部和中部，花丝短；花盘环状；子房长倒卵形，长2 mm，密被淡黄色柔毛，柱头头状，橘红色。果实肉质，白色，椭圆形，具1颗种子。花期3~5月，果期6~7月。 |
| **生境分布** | 生于山坡灌木丛中、路旁和村边。分布于石岗镇、铁河乡等地。 |
| **入药部位** | 花蕾（芫花）、根或根皮（芫花根）。 |
| **采收加工** | **芫花**：春季花未开放时采收，除去杂质，干燥。**芫花根**：全年均可采，挖根或剥取根皮，洗净，鲜用或切片晒干。 |
| **功能主治** | **芫花**：苦、辛，温；有毒。归肺、脾、肾经。泻水逐饮，外用于杀虫疗疮。用于水肿胀满，胸腹积水，痰饮积聚，气逆咳喘，二便不利；外用于疥癣秃疮，痈肿，冻疮。**芫花根**：辛、苦，温；有毒。归肺、脾、肝、肾经。逐水，解毒，散结。用于水肿，瘰疬，乳痈，痔瘘，疥疮，风湿痹痛。 |

# 了哥王

别名：南岭荛花、雀儿麻、桐皮子、小金腰带

*Wikstroemia indica* (Linn.) C. A. Mey.

标本采集号：360122210525010LY

**形态特征** 灌木，高0.5~2 m。小枝红褐色，无毛。叶对生，纸质至近革质，倒卵形、椭圆状长圆形或披针形，长2~5 cm，宽0.5~1.5 cm，先端钝或急尖，基部阔楔形或窄楔形，侧脉细密，极倾斜；叶柄长约1 mm。花黄绿色，数朵组成顶生头状总状花序；宽卵形至长圆形，长约3 mm，顶端尖或钝；雄蕊8，2列，着生于花萼管中部以上，子房倒卵形或椭圆形，无毛或在顶端被疏柔毛，花柱极短或近于无，柱头头状，花盘鳞片通常2或4枚。果椭圆形，长7~8 mm，成熟时红色至暗紫色。花果期在夏、秋季间。

**生境分布** 生于山坡灌木丛中、路旁和村边。分布于西山镇等地。

**入药部位** 根或根皮（了哥王）、果实（了哥王子）。

**采收加工** **了哥王**：全年均可采挖，洗净，晒干；或剥取根皮，晒干。**了哥王子**：秋季果实成熟时采摘，鲜用或晒干。

**功能主治** **了哥王**：苦，寒；有毒。归肺、胃经。清热解毒，散结逐水。用于肺热咳嗽，疟腮，瘰疬，风湿痹痛，疮疖肿毒，水肿腹胀。**了哥王子**：辛，微寒；有毒。归心经。解毒散结。用于痈疽，瘰疬，疣瘊。

# 戟叶堇菜

别名：尼泊尔堇菜、箭叶堇菜

*Viola betonicifolia* J. E. Smith

标本采集号：360122200623006LY

| | |
|---|---|
| **形态特征** | 多年生草本，无地上茎。根状茎通常较粗短，长5~10 mm，斜生或垂直，有数条粗长的淡褐色根。叶多数，均基生，莲座状。花白色或淡紫色，有深色条纹；花梗细长，与叶等长或超出于叶，有时仅下部有细毛，中部附近有2枚线形小苞片；花药及药隔顶部附属物均长约2 mm，下方2枚雄蕊具长1~3 mm的距；子房卵球形，长约2 mm，无毛，花柱棍棒状，柱头两侧及后方略增厚成狭缘边，前方具明显的短喙，喙端具柱头孔。蒴果椭圆形至长圆形。花果期4~9月。 |
| **生境分布** | 生于田野、路边、山坡草地、灌丛、林缘等处。分布于望城镇等地。 |
| **入药部位** | 全草（铧头草）。 |
| **采收加工** | 夏、秋季采收全草，洗净，除去杂质，鲜用或晒干。 |
| **功能主治** | 微苦、辛，寒。归大肠、心、肝经。清热解毒，散瘀消肿。用于疮疡肿毒，喉痛，乳痈，肠痈，黄疸，目赤肿痛，跌打损伤，刀伤出血。 |

# 七星莲

别名：蔓茎堇菜、须毛蔓茎堇菜、光蔓茎堇菜、短须毛七星莲

*Viola diffusa* Ging.

■ 标本采集号：360122210309018LY

**形态特征**　一年生草本。全体被糙毛或白色柔毛，或近无毛，花期生出地上匍匐枝。匍匐枝先端具莲座状叶丛，通常生不定根。根状茎短，具多条白色细根及纤维状根。基生叶多数，丛生呈莲座状，或于匍匐枝上互生；叶片卵形或卵状长圆形，托叶基部与叶柄合生，2/3离生。花较小，淡紫色或浅黄色，具长梗，生于基生叶或匍匐枝叶丛的叶腋间；花梗纤细，长1.5~8.5 cm，无毛或被疏柔毛，中部有1对线形苞片。蒴果长圆形，直径约3 mm，长约1 cm，无毛，顶端常具宿存的花柱。花期3~5月，果期5~8月。

**生境分布**　生于山地林下、林缘、草坡、溪谷旁、岩石缝隙中。分布于望城镇等地。

**入药部位**　全草（地白草）。

**采收加工**　夏、秋季挖取全草，洗净，除去杂质，晒干或鲜用。

**功能主治**　苦、辛、寒。归肺、肝经。清热解毒，散瘀消肿，止咳。用于疮疡肿毒，眼结膜炎，肺热咳嗽，百日咳，黄疸性肝炎，带状疱疹，水火烫伤，跌打损伤，骨折，毒蛇咬伤。

# 如意草 别名：小叶堇菜、阿勒泰堇菜、堇菜、额穆尔堇菜

*Viola hamiltoniana* D. Don

標本采集号：360122210419011LY

**形态特征** 多年生草本。根状茎横走，粗约2 mm，褐色，密生多数纤维状根，向上发出多条地上茎或匍匐枝。茎生叶及匍匐枝上的叶片与基生叶的叶片相似；基生叶具长柄，叶柄长5~20 cm，上部具狭翅，茎生叶及匍匐枝上叶的叶柄较短；托叶披针形。花淡紫色或白色。子房无毛，花柱呈棍棒状，基部稍膝曲，向上渐增粗，柱头2裂，两侧裂片肥厚，向上直立，中央部分隆起呈鸡冠状。蒴果长圆形。种子卵状，淡黄色。

**生境分布** 生于溪谷潮湿地、沼泽地、灌丛林缘。分布于樵舍镇等地。

**入药部位** 全草（如意草）。

**采收加工** 秋季采收，洗净，晒干。

**功能主治** 辛、微酸，寒。清热解毒，散瘀止血。用于疮疡肿毒，乳痈，跌打损伤，开放性骨折，外伤出血，蛇伤。

# 西　瓜　别名：寒瓜

*Citrullus lanatus* (Thunb.) Matsum. et Nakai

■ 标本采集号：360122200616007LY

**形态特征**　一年生蔓生藤本。卷须较粗壮，具短柔毛，2歧，叶柄粗；叶片纸质，轮廓三角状卵形，带白绿色。雌雄同株。雌、雄花均单生于叶腋。雄花：花梗长3~4 cm，密被黄褐色长柔毛；花冠淡黄色，径2.5~3 cm，外面带绿色，被长柔毛，裂片卵状长圆形。雌花：花萼和花冠与雄花同；子房卵形，密被长柔毛，花柱长4~5 mm，柱头3，肾形。果实大型，近于球形或椭圆形，肉质，多汁，果皮光滑，色泽及纹饰各式。种子多数，卵形，花果期为夏季。

**生境分布**　生于旷野和田间，常为栽培。分布于生米镇等地。

**入药部位**　成熟新鲜果实（西瓜霜）、根叶或藤茎（西瓜根叶）、果瓤（西瓜）、种皮（西瓜子壳）、种仁（西瓜子仁）、外果皮（西瓜翠）、外层果皮（西瓜皮）。

**采收加工**　**西瓜霜**：成熟新鲜果实与皮硝经加工制成。**西瓜根叶**：夏季采收，鲜用或晒干。**西瓜**：夏季采收成熟果实，一般鲜用。**西瓜子壳**：剥取种仁时收集，晒干。**西瓜子仁**：夏季食用西瓜时，收集瓜子，洗净晒干，去壳取仁用。**西瓜翠**：夏、秋二季食用西瓜后，削取外果皮部分，洗净，晒干。**西瓜皮**：夏、秋二季果实成熟后，削取外层果皮，洗净，干燥。

**功能主治**　**西瓜霜**：咸，寒。归肺、胃、大肠经。清热泻火，消肿止痛。用于咽喉肿痛，喉痹，口疮。**西瓜根叶**：淡、微苦，凉。归大肠经。清热利湿。用于水泻、痢疾、烫伤、萎缩性鼻炎。**西瓜**：甘，寒。归心、胃、膀胱经。清热除烦，解暑生津，利尿。用于暑热烦渴，热盛津伤，小便不利，喉痹，口疮。**西瓜子壳**：淡，平。归胃、大肠经。止血。用于呕血，便血。**西瓜子仁**：甘，平。归肺、大肠经。清肺化痰，和中润肠。用于便久嗽，咯血，便秘。**西瓜翠**：甘、淡，凉。清热解暑，利尿。用于暑热烦渴，尿少色黄。**西瓜皮**：甘，凉。归心、胃、膀胱经。清热解暑，生津止渴，利尿泻火。用于暑热烦渴，小便不利，水肿，口舌生疮。

# 紫薇

别名：千日红、无皮树、紫金花、痒痒树

*Lagerstroemia indica* Linn.

标本采集号：360122200616025LY

**形态特征**　落叶灌木或小乔木，高可达7 m。树皮平滑，灰色或灰褐色；枝干多扭曲，小枝纤细，具4棱，略成翅状。叶互生或有时对生，纸质。无柄或叶柄很短。花淡红色或紫色、白色；花梗长3~15 mm，中轴及花梗均被柔毛；花萼长7~10 mm，外面平滑无棱，两面无毛，裂片6，三角形，直立，无附属体；子房3~6室，无毛。蒴果椭圆状球形或阔椭圆形，长1~1.3 cm，幼时绿色至黄色，成熟时或干燥时呈紫黑色，室背开裂；种子有翅，长约8 mm。花期6~9月，果期9~12月。

**生境分布**　生于路旁、山坡等处。分布于生米镇等地。

**入药部位**　根（紫薇根）、花（紫薇花）。

**采收加工**　**紫薇根**：全年均可采挖，洗净，切片，晒干或鲜用。**紫薇花**：5~8月采花，晒干。

**功能主治**　**紫薇根**：微苦，微寒。清热利湿，活血止血，止痛。用于痢疾，水肿，烧烫伤，湿疹，痈肿疮毒，跌打损伤，血崩，偏头痛，牙痛，痛经，产后腹痛。**紫薇花**：苦、微酸，寒。清热解毒，凉血止血。用于疮疖痈疽，小儿胎毒，疥癣，血崩，带下病，肺痨咯血，小儿惊风。

# 轮叶蒲桃 别名：小叶赤楠

*Syzygium grijsii* (Hance) Merr. et Perry

标本采集号：360122201013011LY

**形态特征**　灌木，高不及1.5 m。嫩枝纤细，有4棱，干后黑褐色。叶片革质，细小，常3叶轮生，狭窄长圆形或狭披针形，长1.5~2 cm，宽5~7 mm，先端钝或略尖，基部楔形，上面干后暗褐色，下面稍浅色，多腺点，侧脉密，以50°开角斜行，彼此相隔1~1.5 mm，在下面比上面明显，边脉极接近边缘；叶柄长1~2 mm。聚伞花序顶生，长1~1.5 cm，少花；花梗长3~4 mm，花白色；萼管长2 mm，萼齿极短；花瓣4，分离，近圆形，长约2 mm；雄蕊长约5 mm；花柱与雄蕊同长。果实球形，直径4~5 mm。花期5~6月。

**生境分布**　生于低山疏灌丛中。分布于石岗镇等地。

**入药部位**　根（山乌珠根）、叶或枝（山乌珠叶）。

**采收加工**　**山乌珠根**：全年均可采，洗净，切片，鲜用或晒干。**山乌珠叶**：全年均可采，鲜用。

**功能主治**　**山乌珠根**：辛、微苦，温。散风祛寒，活血止痛。用于风寒感冒，头痛，风湿痹痛，跌打肿痛。**山乌珠叶**：苦、微涩，平。解毒敛疮，止汗。用于烫伤，盗汗。

# 地 苾

别名：地稔、地稔、乌地梨、埔淡

*Melastoma dodecandrum* Lour.

■ 标本采集号：360122200617002LY

| | |
|---|---|
| **形态特征** | 小灌木，长10~30 cm；茎匍匐上升。叶片坚纸质，卵形或椭圆形，顶端急尖，基部广楔形。花梗长2~10 mm，被糙伏毛，上部具苞片2；苞片卵形，长2~3 mm，宽约1.5 mm，具缘毛，背面被糙伏毛；花萼管长约5 mm，被糙伏毛；花瓣淡紫红色至紫红色，菱状倒卵形，被疏缘毛；雄蕊长者药隔基部延伸，弯曲，末端具2小瘤，花丝较伸延的药隔略短，短者药隔不伸延，药隔基部具2小瘤；子房下位，顶端具刺毛。果坛状球状，平截，近顶端略缢缩，肉质，不开裂；宿存萼被疏糙伏毛。花期5~7月，果期7~9月。 |
| **生境分布** | 生于山坡矮草丛中，为酸性土壤常见的植物。各地均有分布。 |
| **入药部位** | 根（地苾根）、果实（地苾果）、全草（地苾）。 |
| **采收加工** | **地苾根：** 8~12月采挖，洗净，切碎，晒干或鲜用。**地苾果：** 7~9月果实成熟时分批采摘采收，晒干。**地苾：** 全年均可采收，洗净，晒干。 |
| **功能主治** | **地苾根：** 苦、微甘，平。归肝、脾、肺经。活血，止血，利湿，解毒。用于痛经，难产，产后腹痛，胞衣不下，崩漏，白带，咳嗽，吐血，痢疾，黄疸，淋痛，久疟，风湿痛，牙痛，瘰疬，疝气，跌打劳伤，毒蛇咬伤。**地苾果：** 甘，温。归肾、肝、脾经。补肾养血，止血安胎。用于肾虚精专，腰膝酸软，血虚萎黄，气虚乏力，经多，崩漏，胎动不安，阴挺，脱肛。**地苾：** 甘、酸、涩、凉。归肝、脾、胃、大肠经。清热化湿，祛瘀止痛，收敛止血。用于痛经，产后腹痛，崩漏，带下病，痢疾便血，痈肿疔疮。 |

# 金锦香 别名：天香炉、马松子、金香炉、朝天罐子

*Osbeckia chinensis* L.

■ 标本采集号：360122201012012LY

| 形态特征 | 直立草本或亚灌木，高20~60 cm。茎四棱形，具紧贴的糙伏毛。叶片坚纸质，线形或线状披针形，极稀卵状披针形，顶端急尖，基部钝或几圆形；叶柄短或几无，被糙伏毛。头状花序，顶生，花瓣4，淡紫红色或粉红色，倒卵形，长约1 cm，具缘毛；雄蕊常偏向1侧，花丝与花药等长，花药顶部具长喙，喙长为花药的1/2，药隔基部微膨大呈盘状；子房近球形，顶端有刚毛16条。蒴果紫红色，卵状球形，4纵裂，宿存萼坛状，长约6 mm，直径约4 mm，外面无毛或具少数刺毛突起。花期7~9月，果期9~11月。 |

**生境分布** 生于荒山草坡、路旁、田地边或疏林向阳处。分布于铁河乡等地。

**入药部位** 全草或根（天香炉）。

**采收加工** 夏、秋季采挖全草，或去掉地上部分，留根，洗净，鲜用或晒干。

**功能主治** 辛、淡，平。归肺、脾、肝、大肠经。化痰利湿，祛瘀止血，解毒消肿。用于咳嗽，哮喘，痢疾，泄泻，吐血，咯血，便血，经闭，疳积，风湿骨痛，跌打损伤。

# 小二仙草

别名：沙生草、下风草、扁宿草、豆瓣草

*Haloragis micrantha* (Thunb.) R. Br. ex Sieb. et Zucc.　■ 标本采集号：360122200617011LY

**形态特征**　多年生陆生草本，高5~45 cm。茎直立或下部平卧，具纵槽，多分枝，多少粗糙，带赤褐色。叶对生，卵形或卵圆形；茎上部的叶有时互生，逐渐缩小而变为苞片。花序为顶生的圆锥花序，由纤细的总状花序组成；花两性，极小，直径约1 mm，基部具1苞片与2小苞片；萼筒长0.8 mm，4深裂，宿存，绿色，裂片较短，三角形，长0.5 mm；花瓣4，淡红色，比萼片长2倍；雄蕊8，花丝短，长0.2 mm，花药线状椭圆形，长0.3~0.7 mm；子房下位，2~4室。坚果近球形，小形，有8纵钝棱，无毛。花期4~8月，果期5~10月。

**生境分布**　生于荒山草坡、路旁、田地边。分布于西山镇等地。

**入药部位**　全草（小二仙草）。

**采收加工**　夏季采收全草，洗净鲜用或晒干。

**功能主治**　苦、涩，凉。归肺、大肠、膀胱经。止咳平喘，清热利湿，调经活血。用于咳嗽，哮喘，热淋，便秘，痢疾，月经不调，跌损骨折，疔疮，乳痈，烫伤，毒蛇咬伤。

# 细柱五加 别名：五叶木、白簕树、五加皮

*Acanthopanax gracilistylus* W. W. Smith

**形态特征** 灌木。小枝细长下垂，节上疏被扁钩刺；叶有小叶5，在长枝上互生，在短枝上簇生；叶柄长3~8 cm，无毛，常有细刺；小叶片膜质至纸质，基部楔形，边缘有细钝齿，侧脉4~5对，下面脉腋间有淡棕色簇毛。总花梗长1~2 cm，结实后延长；花梗细长；花黄绿色；萼边缘近全缘或有5小齿；花瓣5，长圆状卵形；雄蕊5，花丝长2 mm；子房2室；花柱2，离生或基部合生；果扁球形，径约6 mm，熟时紫黑色。花期4~8月，果期6~10月。

**生境分布** 生于村落屋旁、灌丛。分布于南矶乡等地。

**入药部位** 干燥根皮（五加皮）、叶（五加叶）、果实（五加果）。

**采收加工** **五加皮**：夏、秋二季采挖根部，洗净，剥取根皮，晒干。**五加叶**：全年可采，晒干或鲜用。**五加果**：秋季果实成熟时采收，晒干。

**功能主治** **五加皮**：辛、苦，温。归肝、肾经。祛风除湿，补益肝肾，强筋壮骨，利水消肿。用于风湿痹病，筋骨痿软，小儿行迟，体虚乏力，水肿，脚气。**五加叶**：辛，平。散风除湿，活血止痛，清热解毒。用于皮肤风湿，跌打肿痛，疝痛，丹毒。**五加果**：甘、微苦，温。补肝肾，强筋骨。用于肝肾亏虚，小儿行迟，筋骨痿软。

# 积雪草

别名：大金钱草、老鸦碗、马蹄草、崩大碗

*Centella asiatica* (L.) Urban

标本采集号：360122201013018LY

**形态特征**　多年生草本，茎匍匐，细长，节上生根。叶片膜质至草质；掌状脉5~7，两面隆起，脉上部分叉；叶柄长1.5~27 cm，无毛或上部有柔毛，基部叶鞘透明，膜质。伞形花序梗2~4个，聚生于叶腋，长0.2~1.5 cm，有或无毛；苞片通常2，卵形，膜质；花瓣卵形，紫红色或乳白色，膜质，长1.2~1.5 mm，宽1.1~1.2 mm；花柱长约0.6 mm；花丝短于花瓣，与花柱等长。果实两侧扁压，圆球形，基部心形至平截形，长2.1~3 mm，宽2.2~3.6 mm，每侧有纵棱数条，棱间有明显的小横脉，网状，表面有毛或平滑。花果期4~10月。

**生境分布**　生于阴湿草地、田边、沟边。各地均有分布。

**入药部位**　全草（积雪草）。

**采收加工**　夏、秋二季采收，除去泥沙，晒干。

**功能主治**　苦、辛，寒。归肝、脾、肾经。清热利湿，解毒消肿。用于湿热黄疸，中暑腹泻，石淋血淋，痈肿疮毒，跌扑损伤。

# 蛇 床 别名：山胡萝卜、蛇米、蛇粟、蛇床子

*Cnidium monnieri* (L.) Cuss.

标本采集号：360122210420001LY

**形态特征** 一年生草本，高10~60 cm。根圆锥状，较细长。茎直立或斜上，多分枝，中空，表面具深条棱，粗糙。下部叶具短柄，叶鞘短宽，边缘膜质，上部叶柄全部鞘状；叶片轮廓卵形至三角状卵形。复伞形花序直径2~3 cm；总苞片6~10，线形至线状披针形；伞辐8~20；小伞形花序具花15~20，萼齿无；花瓣白色，先端具内折小舌片；花柱基略隆起，花柱长1~1.5 mm，向下反曲。分生果长圆状，横剖面近五角形，主棱5，均扩大成翅；每棱槽内油管1，合生面油管2；胚乳腹面平直。花期4~7月，果期6~10月。

**生境分布** 生于田边、路旁、草地及河边湿地。分布于南矶乡等地。

**入药部位** 成熟果实（蛇床子）。

**采收加工** 夏、秋二季果实成熟时采收，除去杂质，晒干。

**功能主治** 辛、苦，温；有小毒。归肾经。燥湿祛风，杀虫止痒，温肾壮阳。用于阴痒，带下病，湿疹瘙痒，湿痹腰痛，肾虚阳痿，宫冷不孕。

# 芫 荽 别名：胡荽、香荽、香菜

*Coriandrum sativum* L.

标本采集号：360122210423004LY

**形态特征** 一年生或二年生，有强烈气味的草本，高20~100 cm。根纺锤形，细长，有多数纤细的支根。茎圆柱形，直立，多分枝，有条纹，通常光滑。根生叶有柄，柄长2~8 cm；叶片1或2回羽状全裂。伞形花序顶生或与叶对生，花序梗长2~8 cm；小总苞片2~5，线形，全缘；小伞形花序有孕花3~9，花白色或带淡紫色；萼齿通常大小不等，小的卵状三角形，大的长卵形；花瓣倒卵形；花丝长1~2 mm，花药卵形，长约0.7 mm；花柱幼时直立。果实圆球形，背面主棱及相邻的次棱明显。胚乳腹面内凹。油管不明显。花果期4~11月。

**生境分布** 生于菜园、农田、路旁，常为栽培。分布于乐化镇等地。

**入药部位** 带根全草（胡荽）、地上部分（芫荽草）、果实（胡荽子）。

**采收加工** **胡荽：**春季采收，洗净，晒干。**芫荽草：**白露季节采收，晒干。**胡荽子：**8~9月果实成熟时采取果枝，晒干，打下果实，除净杂质，再晒至足干。

**功能主治** **胡荽：**辛，温。归肺、脾、肝经。发表透疹，消食开胃，止痛解毒。用于风寒感冒，麻疹，痘疹透发不畅，食积，脘腹胀痛，呕恶，头痛，牙痛，脱肛，丹毒，疮肿初起，蛇伤。**芫荽草：**辛，温。发表透疹，消食下气。用于麻疹透发不快，食物积滞。**胡荽子：**辛、酸，平。归肺、胃、大肠经。健胃消积，理气止痛，透疹解毒。用于食积，食欲不振，胸膈满闷，脘腹胀痛，呕恶反胃，泻痢，肠风便血，脱肛，疝气，麻疹，麻疹不透，秃疮，头痛，牙痛，耳痛。

# 破铜钱 别名：小叶铜钱草、铜钱草、鹅不食草

*Hydrocotyle sibthorpioides* var. *batrachium* (Hance) Hand.–Mazz.

标本采集号：360122200615006LY

**形态特征**　多年生草本。茎细长而匍匐，平铺地上成片，节上生根。叶片膜质至草质，圆形或肾圆形；叶柄长0.7~9 cm，无毛或顶端有毛；托叶略呈半圆形，薄膜质，全缘或稍有浅裂。伞形花序与叶对生，单生于节上；花序梗纤细；小伞形花序有花5~18，花无柄或有极短的柄，花瓣卵形，长约1.2 mm，绿白色，有腺点；花丝与花瓣同长或稍超出，花药卵形；花柱长0.6~1 mm。果实略呈心形，长1~1.4 mm，宽1.2~2 mm，两侧扁压，中棱在果熟时极为隆起，幼时表面草黄色，成熟时有紫色斑点。花果期4~9月。

**生境分布**　生于湿润的路旁、草地、河沟边、溪谷及山地。分布于蛟桥镇等地。

**入药部位**　全草（天胡荽）。

**采收加工**　夏、秋间采收全草，洗净，晒干。

**功能主治**　辛、微苦，凉。清热利湿，解毒消肿。用于黄疸，痢疾，水肿，淋症，目翳，喉肿，痈肿疮毒，带状疱疹，跌打损伤。

# 水 芹 别名：野芹菜、水芹菜

*Oenanthe javanica* (Bl.) DC.

标本采集号：360122210525005LY

**形态特征**　多年生草本，高15~80 cm。茎直立或基部匍匐。基生叶有柄，柄长达10 cm，基部有叶鞘；茎上部叶无柄，裂片和基生叶的裂片相似，较小。复伞形花序顶生，花序梗长2~16 cm；无总苞；伞辐6~16，不等长，长1~3 cm，直立和展开；小总苞片2~8，线形，长2~4 mm；花柱基圆锥形，花柱直立或两侧分开，长2 mm。果实近于四角状椭圆形或筒状长圆形，长2.5~3 mm，宽2 mm，侧棱较背棱和中棱隆起，木栓质，分生果横剖面近于五边状的半圆形；每棱槽内油管1，合生面油管2。花期6~7月，果期8~9月。

**生境分布**　生于浅水低洼地方或池沼、水沟旁。分布于西山镇等地。

**入药部位**　地上部分（水芹）。

**采收加工**　9～10月采割地上部分，洗净，除去杂质，晒干。

**功能主治**　甘、辛，平。归肺、胃经。清热解毒，利尿，止血。用于烦渴、浮肿、小便不利，尿血，便血，吐血，高血压。

# 变豆菜 别名：鸭脚板、蓝布正

*Sanicula chinensis* Bunge

■ 标本采集号：360122200615014LY

**形态特征** 多年生草本，高达1 m。根茎粗而短。基生叶少数，中间裂片倒卵形，基部近楔形；叶柄长7~30 cm，稍扁平，基部有透明的膜质鞘；茎生叶逐渐变小；伞形花序2~3出；小总苞片8~10；花瓣白色或绿白色、倒卵形至长倒卵形；花丝与萼齿等长或稍长；两性花3~4，无柄；萼齿和花瓣的形状、大小同雄花；花柱与萼齿同长，很少超过。果实圆卵形，顶端萼齿成喙状突出，皮刺直立，顶端钩状，基部膨大；果实的横剖面近圆形，胚乳的腹面略凹陷。油管5，中型，合生面通常2，大而显著。花果期4~10月。

**生境分布** 生于阴湿的山坡路旁、杂木林下、竹园边、溪边等草丛中。分布于蛟桥镇等地。

**入药部位** 全草（变豆菜）。

**采收加工** 夏、秋季采收，鲜用或晒干。

**功能主治** 辛、微甘，凉。解毒，止血。用于咽痛，咳嗽，月经过多，尿血，外伤出血，疮痈肿毒。

# 小窃衣 别名：大叶山胡萝卜、破子草

*Torilis japonica* (Houtt.) DC.

标本采集号：360122210527001LY

**形态特征** 一年或多年生草本，高20~120 cm。主根细长，圆锥形，棕黄色，支根多数。茎有纵条纹及刺毛。叶柄长2~7 cm。复伞形花序顶生或腋生，花序梗长3~25 cm，有倒生的刺毛；小伞形花序有花4~12，花柄长1~4 mm，短于小总苞片；萼齿细小；花瓣白色、紫红或蓝紫色，倒圆卵形，顶端内折，长与宽均0.8~1.2 mm，外面中间至基部有紧贴的粗毛；花柱基部平压状或圆锥形，花柱幼时直立，果熟时向外反曲。果实圆卵形，通常有内弯或呈钩状的皮刺；皮刺基部阔展，粗糙；胚乳腹面凹陷，每棱槽有油管1。花果期4~10月。

**生境分布** 生于杂木林下、林缘、路旁、河沟边以及溪边草丛。分布于乐化镇等地。

**入药部位** 成熟果实（华南鹤虱）、全草（窃衣）。

**采收加工** **华南鹤虱**：夏末果实成熟时，割取果枝干燥，打下果实，除去杂质。**窃衣**：夏末秋初采收，晒干或鲜用。

**功能主治** **华南鹤虱**：苦、辛，平；有小毒。归脾、大肠经。杀虫止泻，除湿止痒。用于虫积腹痛，泻痢，疮疡溃烂，阴痒，带下病，湿疹。**窃衣**：苦、辛，平。归脾、大肠经。杀虫止泻，收湿止痒。用于虫积腹痛，泻痢，疮疡溃烂，阴痒带下，风湿疹。

# 窃 衣 别名：大叶山胡萝卜、破子草

*Torilis scabra* (Thunb.) DC.

■ 标本采集号：360122210419001LY

**形态特征** 一年生或多年生草本。全株有贴生短硬毛。茎单生，有分枝，有细直纹和刺毛。叶卵形，一至二回羽状分裂。复伞形花序顶生和腋生，花序梗长2~8 cm；总苞片通常无，很少1，钻形或线形；伞辐2~4，长1~5 cm，粗壮，有纵棱及向上紧贴的硬毛；小总苞片5~8，钻形或线形；小伞形花序有花4~12；花瓣白色，倒圆卵形，先端内折；花柱基圆锥状，花柱向外反曲。果实长圆形，有内弯或呈钩状的皮刺，粗糙，每棱槽下方有油管1。花、果期4~11月。

**生境分布** 生于山坡、林下、路旁、河边及空旷草地上。分布于樵舍镇等地。

**入药部位** 果实或全草（窃衣）。

**采收加工** 夏末秋初采收，晒干或鲜用。

**功能主治** 苦、辛，平。归脾、大肠经。杀虫止泻，收湿止痒。用于虫积腹痛，泄痢，疮疡溃烂，阴痒带下，风湿疹。

# 杜 鹃

别名：中原氏杜鹃、唐杜鹃、映山红、杜鹃花

*Rhododendron simsii* Planch.

■ 标本采集号：360122210309021LY

**形态特征**　落叶灌木。分枝多而纤细，密被亮棕褐色扁平糙伏毛。叶革质，常集生枝端；叶柄长2~6 mm，密被亮棕褐色扁平糙伏毛。花芽卵球形，鳞片外面中部以上被糙伏毛，边缘具睫毛。花2~6朵簇生枝顶；花冠阔漏斗形，玫瑰色、鲜红色或暗红色，裂片5，倒卵形，上部裂片具深红色斑点；雄蕊10，长约与花冠相等，花丝线状，中部以下被微柔毛；子房卵球形，10室，密被亮棕褐色糙伏毛，花柱伸出花冠外，无毛。蒴果卵球形，长达1 cm，密被糙伏毛；花萼宿存。花期4~5月，果期6~8月。

**生境分布**　生于山地疏灌丛或松林下。各地均有分布。

**入药部位**　根（杜鹃花根）、叶（杜鹃花叶）、花（杜鹃花）、果实（杜鹃花果实）。

**采收加工**　**杜鹃花根：**全年均可采，洗净，鲜用或切片，晒干。**杜鹃花叶：**夏季叶茂盛时采摘，晒干。**杜鹃花：**花盛开时采摘，晒干。**杜鹃花果实：**8~10月果熟时采收，晒干。

**功能主治**　**杜鹃花根：**酸、甘、温。和血止血，消肿止痛。用于月经不调、吐血、衄血、便血、崩漏、痢疾、脘腹疼痛、风湿痹痛、跌打损伤。**杜鹃花叶：**酸、平。清热解毒，止血，化痰止咳。用于痈肿疮毒，荨麻疹，外伤出血，支气管炎。**杜鹃花：**甘、酸、平。归肺、肝、胃经。和血，调经，止咳，祛风湿，解疮毒。用于吐血、衄血、崩漏、月经不调、咳嗽、风湿痹痛、痈疖疮毒。**杜鹃花果实：**甘、辛、温。活血止痛。用于跌打肿痛。

# 江南越橘

别名：西南越橘、具苞江南越橘

*Vaccinium mandarinorum* Diels

标本采集号：360122210525008LY

**形态特征** 常绿灌木或小乔木，高1~4 m。幼枝通常无毛。叶片厚革质，顶端渐尖，基部楔形至钝圆，边缘有细锯齿，两面无毛；叶柄长3~8 mm，无毛或被微柔毛。总状花序腋生和生枝顶叶腋；苞片未见，小苞片2，无毛；花梗纤细，无毛或被微毛；花冠白色，外面无毛，内面有微毛，裂齿三角形或狭三角形，直立或反折；雄蕊内藏，药室背部有短距，药管长为药室的1.5倍，花丝扁平，密被毛；花柱内藏或微伸出花冠。浆果，熟时紫黑色，无毛，直径4~6 mm。花期4~6月，果期6~10月。

**生境分布** 生于山坡灌丛或杂木林中或路边林缘。分布于铁河乡等地。

**入药部位** 果实（米饭花果）。

**采收加工** 夏、秋季果实成熟时采收，晒干。

**功能主治** 甘，平。消肿散瘀。用于全身浮肿，跌打肿痛。

# 朱砂根　别名：绿天红地、天青地红、红凉伞、郎伞木

*Ardisia crenata* Sims

**形态特征**　灌木。叶片革质或坚纸质，顶端急尖或渐尖，基部楔形，边缘具皱波状或波状齿，具明显的边缘腺点，侧脉12~18对，构成不规则的边缘脉；叶柄长约1 cm。伞形花序或聚伞花序；花瓣白色，盛开时反卷，卵形，顶端急尖，具腺点，外面无毛；雄蕊较花瓣短，花药三角状披针形，背面常具腺点；胚珠5枚，1轮。果球形，鲜红色，具腺点。花期5~6月，果期10~12月。

**生境分布**　生于疏、密林下阴湿的灌木丛中。分布于望城镇等地。

**入药部位**　根（朱砂根）。

**采收加工**　秋、冬二季采挖，洗净，晒干。

**功能主治**　微苦、辛，平。归肺、肝经。解毒消肿，活血止痛，祛风除湿。用于咽喉肿痛，风湿痹痛，跌打损伤。

# 紫金牛　别名：矮地茶、老勿大、不出林、短脚三郎

*Ardisia japonica* (Thunb) Blume

■ 标本采集号：360122201013010LY

**形态特征**　小灌木或亚灌木，近蔓生。具匍匐生根的根茎；直立茎长达30 cm，稀达40 cm，不分枝，幼时被细微柔毛，以后无毛。叶对生或近轮生，长4~7 cm，宽1.5~4 cm，边缘具细锯齿，多少具腺点，两面无毛或有时背面仅中脉被细微柔毛，侧脉5~8对，细脉网状；叶柄长6~10 mm，被微柔毛。亚伞形花序，腋生或生于近茎顶端的叶腋；花瓣粉红色或白色；雄蕊较花瓣略短，花药披针状卵形或卵形，背部具腺点；雌蕊与花瓣等长，子房卵珠形，无毛；胚珠15枚，3轮。果球形。花期5~6月，果期11~12月，有时5~6月仍有果。

**生境分布**　生于山间林下或竹林下，阴湿的地方。各地均有分布。

**入药部位**　全草（矮地茶）。

**采收加工**　夏、秋二季茎叶茂盛时采挖，除去泥沙，干燥。

**功能主治**　辛、微苦，平。归肺、肝经。化痰止咳，清利湿热，活血化瘀。用于新久咳嗽，喘满痰多，湿热黄疸，经闭瘀阻，风湿痹痛，跌打损伤。

# 蓝花琉璃繁缕

*Anagallis arvensis* f. *coerulea* (Schreb.) Baumg

■ 标本采集号：360122210422004LY

**形态特征** 一年生或二年生草本。无毛或梢端和嫩枝具头状小腺毛，高10~30 cm。茎匍匐或上升，四棱形，棱边狭翅状，常自基部发出多数分枝，主茎不明显。叶交互对生或有时3枚轮生，花单出腋生；花梗纤细，长2~3 cm，果时下弯；花萼长3.5~6 mm，深裂几达基部，背面中肋稍隆起；花冠辐状，淡红色，分裂近达基部，裂片倒卵形，全缘或顶端具啮蚀状小齿，具腺状小缘毛；雄蕊长约为花冠的一半，花丝被柔毛，基部连合成浅环。蒴果球形，直径约3.5 mm。花期3~4月。

**生境分布** 生于田间、路旁。分布于生米镇等地。

**入药部位** 全草（四念癀）。

**采收加工** 夏季采收，洗净，鲜用或晒干。

**功能主治** 苦、酸，温。归肝经。祛风散寒，活血解毒。用于鹤膝风，阴证疮疡，毒蛇及狂犬咬伤。

# 点地梅 别名：喉咙草、佛顶珠、白花草、清明花

*Androsace umbellata* (Lour.) Merr.

■ 标本采集号：360122210309006LY

**形态特征**　一年生或二年生草本。主根不明显，具多数须根。叶全部基生，叶片近圆形或卵圆形，直径5~20 mm，先端钝圆，基部浅心形至近圆形，边缘具三角状钝牙齿，两面均被贴伏的短柔毛；叶柄长1~4 cm，被开展的柔毛。苞片卵形至披针形，花萼杯状，长3~4 mm，密被短柔毛，分裂近达基部，裂片菱状卵圆形，具3~6纵脉，果期增大，呈星状展开；花冠白色，直径4~6 mm，筒部长约2 mm，短于花萼，喉部黄色，裂片倒卵状长圆形，长2.5~3 mm，宽1.5~2 mm。蒴果近球形，直径2.5~3 mm，果皮白色，近膜质。花期2~4月，果期5~6月。

**生境分布**　生于林缘、草地和疏林下。分布于望城镇等地。

**入药部位**　全草或果实（喉咙草）。

**采收加工**　清明前后采收全草，晒干。

**功能主治**　苦、辛，微寒。归肺、肝、脾经。清热解毒，消肿止痛。用于咽喉肿痛，口疮，牙痛，头痛，赤眼，风湿痹痛，哮喘，淋浊，疔疮肿毒，烫火伤，蛇咬伤，跌打损伤。

# 泽珍珠菜　别名：白水花、水硼砂

*Lysimachia candida* Lindl.

标本采集号：360122210419017LY

**形态特征**　一年生或二年生草本，全体无毛。茎单生或数条簇生，直立。总状花序顶生，初时因花密集而呈阔圆锥形，其后渐伸长，果时长5~10 cm；苞片线形；花梗长约为苞片的2倍，花序最下方的长达1.5 cm；花萼长3~5 mm，分裂近达基部，裂片披针形，边缘膜质，背面沿中肋两侧有黑色短腺条；花冠白色，先端圆钝；雄蕊稍短于花冠，花丝贴生至花冠的中下部，分离部分长约1.5 mm；花药近线形，长约1.5 mm；花粉粒具3孔沟，表面具网状纹饰；子房无毛，花柱长约5 mm。蒴果球形。花期3~6月，果期4~7月。

**生境分布**　生于田边、溪边和山坡路旁潮湿处。分布于西山镇等地。

**入药部位**　全草或根（单条草）。

**采收加工**　4~6月采收，晒干。

**功能主治**　苦，凉。归脾、肾经。清热解毒，活血止痛，利湿消肿。用于咽喉肿痛，痈肿疮毒，乳痈，毒蛇咬伤，跌打骨折，风湿痹痛，脚气。

# 过路黄　别名：四川金钱草、大金钱草、金钱草、铺地莲

*Lysimachia christinae* Hance

**形态特征**　多年生草本。茎柔弱，平卧延伸。叶对生，透光可见密布的透明腺条，干时腺条变黑色，两面无毛或密被糙伏毛；叶柄比叶片短或与之近等长，无毛以至密被毛。花单生叶腋；花梗长1~5 cm，毛被如茎，多少具褐色无柄腺体；花冠黄色，先端锐尖或钝，质地稍厚，具黑色长腺条；花丝长6~8 mm，下半部合生成筒；花药卵圆形；花粉粒具3孔沟，表面具网状纹饰；子房卵珠形。蒴果球形，无毛，有稀疏黑色腺条。花期5~7月，果期7~10月。

**生境分布**　生于沟边、路旁阴湿处和山坡林下。分布于生米镇等地。

**入药部位**　全草（金钱草）。

**采收加工**　夏、秋二季采收，除去杂质，晒干。

**功能主治**　甘、咸，微寒。归肝、胆、肾、膀胱经。利湿退黄，利尿通淋，解毒消肿。用于湿热黄疸，胆胀胁痛，石淋，热淋，小便涩痛，痈肿疔疮，蛇虫咬伤。

# 矮　桃

别名：珍珠草、野鸡公花、阉鸡尾、刬鸡草

*Lysimachia clethroides* Duby

标本采集号：360122200615036LY

**形态特征**　多年生草本。全株多少被黄褐色卷曲柔毛。根茎横走，淡红色。茎直立，高40~100 cm，圆柱形，基部带红色，不分枝。叶互生，总状花序顶生，盛花期长约6 cm，花密集，苞片线状钻形，比花梗稍长；花冠白色，长5~6 mm，基部合生部分长约1.5 mm，裂片狭长圆形，先端圆钝；雄蕊内藏，花丝基部约1 mm连合并贴生于花冠基部，分离部分长约2 mm，被腺毛；花药长圆形，长约1 mm；花粉粒具3孔沟，长球形，表面近于平滑；子房卵珠形，花柱稍粗，长3~3.5 mm。蒴果近球形，直径2.5~3 mm。花期5~7月，果期7~10月。

**生境分布**　生于山坡林缘和草丛中。分布于蛟桥镇等地。

**入药部位**　全草（虎尾草）。

**采收加工**　夏、秋季花期采挖，干燥。

**功能主治**　酸、涩，平。归肝、肺、脾经。活血散瘀，清热消肿，调经，利尿。用于月经不调，痛经，血崩，感冒风热，跌打损伤，水肿，高血压，风湿疼痛等。

# 红根草

别名：星宿菜、散血草、大田基黄、红脚兰

*Lysimachia fortunei* Maxim.

■ 标本采集号：360122200623005LY

| | |
|---|---|
| **形态特征** | 多年生草本。根状茎横走，紫红色。茎直立，高30~70 cm。叶互生，近无柄；叶长圆状披针形、浅状披针形或窄椭圆形，长4~11 cm，先端渐尖或短渐尖；基部渐窄，两面均有黑色腺点，干后成粒状突起，顶生，总状花序长10~20 cm，苞片披针形，长2~3 mm；花梗与苞片近等长或稍短；花萼裂片卵状椭圆形，有黑色腺点；雄蕊内藏，花丝贴生花冠裂片下部，分离部分长约1 mm，花药卵圆形，长约0.5 mm。蒴果径2~2.5 mm；蒴果球形，直径2~2.5 mm。花期6~8月，果期8~11月。生于山坡、阳处草丛及路边。分布于石岗镇等地。 |
| **生境分布** | 全草或根（大田基黄）。 |
| **入药部位** | 4~8月采收，鲜用或晒干。 |
| **采收加工** **功能主治** | 苦、辛，凉。清热利湿，凉血活血，解毒消肿。用于黄疸，泻痢，目赤，吐血，血淋，白带，崩漏，痛经，闭经，咽喉肿痛，痈肿疮毒，流火，瘰疬，跌打，蛇虫咬伤。 |

# 巴东过路黄

*Lysimachia patungensis* Hand.–Mazz.

■ 标本采集号：360122210526006LY

**形态特征** 多年生草本。茎纤细，匍匐伸长，节上生根，密被铁锈色多细胞柔毛；分枝上升。叶对生，呈轮生状，叶片阔卵形或近圆形，基部宽截形，两面密布具节糙伏毛。花2~4朵集生于茎和枝的顶端，无苞片；花梗长6~25 mm，密被铁锈色柔毛；花萼长6~7 mm，具极狭的膜质边缘，背面被疏柔毛；花冠黄色，内面基部橙红色；花丝下部合生成高2~3 mm的筒；花粉粒具3孔沟，表面具网状纹饰；子房上部被毛，花柱长达6 mm。蒴果球形。花期5~6月，果期7~8月。

**生境分布** 生于疏林下。分布于生米镇等地。

**入药部位** 全草（大四块瓦）。

**采收加工** 夏季采收，晒干或鲜用。

**功能主治** 辛，温。祛风除湿，活血止痛。用于风寒咳嗽，风湿痹痛，跌打劳伤。

# 假婆婆纳

*Stimpsonia chamaedryoides* Wright ex A. Gray

■ 标本采集号：360122200617015LY

**形态特征**　一年生草本。全体被多细胞腺毛。茎纤细，直立或上升，常多条簇生。基生叶椭圆形至阔卵形；叶柄与叶片等长或较短；茎叶互生，具短柄或无柄，边缘齿较深且锐尖。花单生于茎上部苞片状的叶腋，成总状花序状；花梗长2~8 mm；花萼长约2 mm，先端钝或稍锐尖；花冠白色，筒部长约2.5 mm，喉部有细柔毛，裂片稍短于筒部，楔状倒卵形，顶端微凹；花药近圆形，下部稍粗，先端钝。蒴果球形。花期4~5月，果期6~7月。

**生境分布**　生于丘陵和低山草坡和林缘。分布于溪霞镇等地。

**入药部位**　全草（假婆婆纳）。

**采收加工**　秋季采收，除去杂质，晒干。

**功能主治**　活血，消肿止痛。用于疮疡肿毒，毒蛇咬伤。

# 柿　　别名：柿子

*Diospyros kaki Thunb.*

■ 标本采集号：360122201014006LY

**形态特征**　落叶大乔木，通常高达10~14 m以上。树冠球形或长圆球形，枝开展。冬芽小，卵形，长2~3 mm，先端钝。叶纸质；叶柄长8~20 mm，变无毛，上面有浅槽。花雌雄异株；雄花序小；花萼钟状；花冠钟状；花梗长约3 mm。花冠淡黄白色或黄白色而带紫红色，壶形或近钟形，较花萼短小；子房近扁球形；花梗长6~20 mm，密生短柔毛。果形种种；种子褐色，椭圆状；宿存萼在花后增大增厚；果柄粗壮，长6~12 mm。花期5~6月，果期9~10月。

**生境分布**　生于山地、丘陵、疏林中。分布于象山镇等地。

**入药部位**　干燥宿萼（柿蒂）、根或根皮（柿根）、树皮（柿木皮）、干燥叶（柿叶）、花（柿花）、果实（柿子）、果实经加工后（柿饼）、果实在加工柿饼时析出的白色粉霜的饼状复制品（柿霜饼）、未成熟果实经加工制成的胶状液（柿漆）。

**采收加工**　**柿蒂**：冬季果实成熟时采摘，食用时收集，洗净，晒干。**柿根**：9~10月采挖，洗净；鲜用或晒干。**柿木皮**：将未成熟的果实摘下，削取外果皮，鲜用。**柿叶**：秋季采收，除去杂质，晒干。**柿花**：4~5月花落时采收，除去杂质，晒干或研成粉。

**柿子**：霜降至立冬间采摘，经脱涩红熟后，食用。**柿饼**：秋季将未成熟的果实摘下，剥除外果皮，日晒夜露，经过1个月后，放置席圈内，再经1个月左右，即成柿饼。**柿霜饼**：加工柿饼时析出的白色粉霜的饼状复制品。**柿漆**：采摘未成熟的果实，捣烂；置于缸中，加入清水，搅动，放置若干时，将渣滓除去，剩下胶状液，即为柿漆。

**功能主治**　**柿蒂**：苦、涩，平。归胃经。降逆止呃。用于呃逆。**柿根**：涩，平。清热解毒，凉血止血。用于血崩，血痢，痔疮。**柿木皮**：甘，涩，寒。清热解毒。用于疔疮，无名肿毒。**柿叶**：苦，寒。归肺经。清肺止咳，凉血止血，活血化瘀。用于肺热咳喘，肺气胀，各种内出血，高血压，津伤口渴。**柿花**：甘，平。归脾、肺经。降逆和胃，解毒收敛。用于呕吐，吞酸，痘疮。**柿子**：甘、涩，凉。归心、肺、大肠经。清热，润肺，生津，解毒。用于咳嗽，吐血，热渴，口疮，热痢，便血。**柿饼**：甘，平，微温。润肺，止血，健脾，涩肠。用于咯血，吐血，便血，尿血，脾虚消化不良，泄泻，痢疾，喉干音哑，颜面黑斑。**柿霜饼**：甘，凉。清热，润燥宁咳。用于咽干喉痛，口舌生疮。**柿漆**：苦、涩。平肝。用于高血压。

# 光叶山矾

别名：广西山矾、潮州山矾、卵叶山矾

*Symplocos lancifolia* Sieb. et Zucc.

■ 标本采集号：360122210525011LY

**形态特征**　小乔木。芽、嫩枝、嫩叶背面脉上、花序均被黄褐色柔毛，小枝细长，黑褐色，无毛。叶纸质或近膜质；叶柄长约5 mm。穗状花序长1~4 cm；苞片椭圆状卵形，小苞片三角状阔卵形，背面均被短柔毛，有缘毛；花萼长1.6~2 mm，5裂，裂片卵形，顶端圆，背面被微柔毛，与萼筒等长或稍长于萼筒，萼筒无毛；花冠淡黄色，5深裂几达基部，裂片椭圆形；雄蕊约25枚，花丝基部稍合生；子房3室，花盘无毛。核果近球形，直径约4 mm，顶端宿萼裂片直立。花期3~11月，果期6~12月；边开花边结果。

**生境分布**　生于灌丛、杂林中。分布于西山镇等地。

**入药部位**　根或叶（刀灰树）。

**采收加工**　全年均可采。

**功能主治**　甘，平。止血生肌，和肝健脾。用于外伤出血，吐血，咯血，疮疖，疳积，眼结膜炎。

# 白　檀　别名：碎米子树、乌子树

*Symplocos paniculata* (Thunb.) Miq.

■ 标本采集号：360122200617016LY

| | |
|---|---|
| **形态特征** | 灌木。嫩枝有灰白色柔毛，老枝无毛。叶膜质，阔倒卵形，长3~11 cm，宽2~4 cm，边缘有细尖锯齿，叶背通常有柔毛；中脉在叶面凹下，侧脉在叶面平坦或微凸起，每边4~8条；叶柄长3~5 mm。圆锥花序长5~8 cm，通常有柔毛；苞片早落，通常条形，有褐色腺点。核果熟时蓝色，卵状球形，稍偏斜，长5~8 mm，顶端宿萼裂片直立。 |
| **生境分布** | 生于丘陵、山坡、杂林中。分布于象山镇、溪霞镇、石埠镇、白檀等地。 |
| **入药部位** | 根、叶、花或种子（白檀）。 |
| **采收加工** | **根**：秋、冬季挖取。**叶**：春、夏季采摘。**花、种子**：于5~7月花果期采收，晒干。 |
| **功能主治** | 清热解毒，调气散结，祛风止痒。用于乳腺炎，淋巴结炎，肠痈，疮疖，疝气，荨麻疹，皮肤瘙痒。 |

# 女　贞　别名：大叶女贞、冬青、落叶女贞

*Ligustrum lucidum* Ait.

标本采集号：360122200615021LY

**形态特征**　灌木或乔木，高可达25 m。树皮灰褐色。叶片常绿，革质；叶柄长1~3 cm，上面具沟，无毛。圆锥花序顶生；花序梗长0~3 cm；花序基部苞片常与叶同型，小苞片披针形或线形，凋落；花萼无毛，长1.5~2 mm，齿不明显或近截形；花冠长4~5 mm，花冠管长1.5~3 mm，裂片长2~2.5 mm，反折：花丝长1.5~3 mm，花药长圆形；花柱长1.5~2 mm，柱头棒状。果肾形或近肾形，深蓝黑色，成熟时呈红黑色，被白粉；果梗长0~5 mm。花期5~7月，果期7月至翌年5月。

**生境分布**　生于疏、密林中。分布于蛟桥镇等地。

**入药部位**　干燥成熟果实（女贞子）。

**采收加工**　冬季果实成熟时采收，除去枝叶，稍蒸或置沸水中略烫后，干燥；或直接干燥。

**功能主治**　甘、苦，凉。归肝、肾经。滋补肝肾，明目乌发。用于肝肾阴虚，眩晕耳鸣，腰膝酸软，须发早白，目暗不明，内热消渴，骨蒸潮热。

# 小蜡　别名：山指甲、花叶女贞

*Ligustrum sinense* Lour.

■ 标本采集号：360122200615026LY

**形态特征**　落叶灌木或小乔木，高2~7 m。小枝圆柱形。叶片纸质或薄革质，侧脉4~8对；叶柄长28 mm，被短柔毛。圆锥花序顶生或腋生，塔形；花序轴被较密淡黄色短柔毛或柔毛以至近无毛；花梗长1~3 mm，被短柔毛或无毛；花萼无毛，长1~1.5 mm，先端呈截形或呈浅波状齿；花冠长3.5~5.5 mm，花冠管长1.5~2.5 mm，裂片长圆状椭圆形或卵状椭圆形，长2~4 mm；花丝与裂片近等长或长于裂片，花药长圆形，长约1 mm。果近球形，径5~8 mm。花期3~6月，果期9~12月。

**生境分布**　生于山坡、山谷、溪边、河旁，路边的密林、疏林或混交林中。分布于蛟桥镇等地。

**入药部位**　树皮及枝叶（小蜡树）。

**采收加工**　夏、秋季采树皮及枝叶，鲜用或晒干。

**功能主治**　苦、凉。清热利湿，解毒消肿。用于感冒发热，肺热咳嗽，咽喉肿痛，口舌生疮，湿热黄疸，痢疾，痈肿疮毒，湿疹，皮炎，跌打损伤，烫伤。

# 木 樨 别名：刺桂、桂花、四季桂、桂

*Osmanthus fragrans* Lour.

■ 标本采集号：360122210309022LY

**形态特征** 常绿乔木或灌木，高3~5 m，最高可达18 m。树皮灰褐色。小枝黄褐色，无毛。叶片革质，先端渐尖，基部渐狭呈楔形或宽楔形，全缘或通常上半部具细锯齿，两面无毛，中脉在上面凹入，下面凸起；花极芳香；花萼长约1 mm，裂片稍不整齐；花冠管仅长0.5~1 mm；雄蕊着生于花冠管中部；雌蕊长约1.5 mm，花柱长约0.5 mm。果歪斜，椭圆形，呈紫黑色。花期9~10月上旬，果期翌年3月。

**生境分布** 生于路旁、村庄附近，广泛栽培。分布于望城镇等地。

**入药部位** 枝叶（桂花枝）、干燥花（木樨花）、花经蒸馏而得的液体（桂花露）、干燥果实（桂花子）。

**采收加工** **桂花枝**：全年均可采，鲜用或晒干。**木樨花**：9～10月花盛开时采收，摊薄层，经常翻动，晾干。**桂花露**：花采收后，阴干，经蒸馏而得的液体。**桂花子**：冬、春季摘取成熟果实，用温水浸泡后晒干。

**功能主治** **桂花枝**：辛、微甘，温。发表散寒，祛风止痒。用于风寒感冒，皮肤瘙痒，漆疮。**木樨花**：辛、甘。化痰，散瘀。用于痰饮喘咳，肠风血痢，牙痛，口臭等。**桂花露**：微辛、微苦，温。疏肝理气，醒脾辟秽，明目，润喉。用于肝气郁结，胸胁不舒，龈肿，牙痛，咽干，口燥，口臭。**桂花子**：散寒暖胃，平肝理气。用于肝胃气痛。

# 白背枫

别名：七里香、驳骨丹、白叶枫

*Buddleja asiatica* Lour.

■ 标本采集号：360122200624008LY

**形态特征**　直立灌木或小乔木，高1~8 m。嫩枝条四棱形，老枝条圆柱形；侧脉每边10~14条。总状花序窄而长，由多个小聚伞花序组成，单生或者3至数个聚生于枝顶或上部叶腋内，再排列成圆锥花序；小苞片线形；花萼钟状或圆筒状；雄蕊着生于花冠管喉部，花丝极短，花药长圆形，基部心形，花粉粒长球状，具3沟孔；无毛，子房卵形或长卵形，花柱短，柱头头状，2裂。蒴果椭圆状；种子灰褐色，椭圆形，两端具短翅。花期1~10月，果期3~12月。

**生境分布**　生于向阳山坡灌木丛中或疏林缘。分布于望城镇等地。

**入药部位**　全株（白背枫）。

**采收加工**　全年可采，鲜用或晒干。

**功能主治**　苦、微辛，温；有小毒。祛风，化湿，通络，杀虫。用于风寒发热，头身疼痛，风湿关节痛，脾湿腹胀，痢疾，丹毒，跌打损伤，虫积腹痛。

# 络　石 别名：络石藤、万字茉莉、风车藤、花叶络石

*Trachelospermum jasminoides* (Lindl.) Lem.

■ 标本采集号：360122210419016LY

**形态特征**　常绿木质藤本。具乳汁；茎赤褐色，圆柱形，有皮孔；叶革质或近革质。花白色，芳香；总花梗长2~5 cm，被柔毛，老时渐无毛；雄蕊着生在花冠筒中部，花药箭头状；花盘环状5裂与子房等长；子房由2个离生心皮组成，无毛，花柱圆柱状，柱头卵圆形，顶端全缘；每心皮有胚珠多颗，着生于2个并生的侧膜胎座上；种子多颗，褐色，线形，长1.5~2 cm，直径约2 mm，顶端具白色绢质种毛；种毛长1.5~3 cm。花期3~7月，果期7~12月。

**生境分布**　生于山野、溪边、路旁、林缘或杂木林中，常缠绕于树上或攀援于墙壁上、岩石上，亦有移栽于园圃，供观赏。各地均有分布。

**入药部位**　带叶藤茎（络石藤）。

**采收加工**　冬季至次春采割，除去杂质，晒干。

**功能主治**　苦，微寒。归心、肝、肾经。祛风通络，凉血消肿。用于风湿热痹，筋脉拘挛，腰膝酸痛，喉痹，跌扑损伤。

# 合掌消 别名：紫花合掌消

*Vincetoxicum amplexicaule* Siebold et Zucc.

■ 标本采集号：360122210525004LY

| | |
|---|---|
| **形态特征** | 多年生直立草本。光滑无毛，茎、叶呈绿白色。叶对生，无柄；花小，黄绿色；花萼5裂；花冠辐状，5裂，内面有毛；副冠5，具肉质小片，短于花药；雄蕊5，着生于花冠基部，花丝相连呈筒状；雌蕊由2心皮组成。果圆柱状狭披针形，长约6 cm，基部狭而上部渐尖。肉质小片，短于花药；雄蕊5，着生于花冠基部，花丝相连呈筒状；雌蕊由2心皮组成。蓇葖果披针状圆柱形。花期5~9月，果期9~12月。 |
| **生境分布** | 生于山坡草地、田边、湿草地中。分布于西山镇等地。 |
| **入药部位** | 根或全草（合掌消）。 |
| **采收加工** | 夏、秋季采收，洗净，晒干或鲜用。 |
| **功能主治** | 苦、辛，平。归肺、脾经。清热解毒，祛风湿，活血消肿。用于风湿痹痛，偏头痛，腰痛，月经不调，乳痈，痈肿疔毒。 |

# 细叶水团花　别名：水杨梅

*Adina rubella* Hance

■ 标本采集号：360122200616035LY

**形态特征**　落叶小灌木。小枝延长，具赤褐色微毛，后无毛；顶芽不明显，被开展的托叶包裹。叶对生，近无柄，薄革质，卵状披针形或卵状椭圆形；侧脉5~7对，被稀疏或稠密短柔毛；托叶小，早落。头状花序不计花冠直径4~5 mm，单生，顶生或兼有腋生，总花梗略被柔毛；小苞片线形或线状棒形；花萼管疏被短柔毛，萼裂片匙形或匙状棒形；花冠管长2~3 mm，5裂，花冠裂片三角状，紫红色。果序直径8~12 mm；小蒴果长卵状楔形，长3 mm。花、果期5~12月。

**生境分布**　生于溪边、河边等湿润地区。分布于生米镇等地。

**入药部位**　干燥根及茎（水高丽）、干燥带花果序（水杨梅）。

**采收加工**　**水高丽：**全年均可采挖，洗净，趁鲜切片，晒干，或直接晒干。**水杨梅：**9~11月果实未完全成熟时采摘，除去枝叶及杂质，干燥。

**功能主治**　**水高丽：**微苦，凉。归肝、肺、肾经。祛风解表，清热利湿，祛痰止咳，消肿止痛。用于感冒发热，咳嗽，咽喉肿痛，肝炎，尿路感染，盆腔炎，睾丸炎，风湿性关节炎，跌打损伤，痢疾，疝气。**水杨梅：**苦、涩，凉。归胃、大肠经。清热解毒。用于菌痢，肝炎，阴道滴虫病。

# 虎　刺　别名：黄脚鸡、绣花针、伏牛花、刺虎

*Damnacanthus indicus* (L.) Gaertn. F.

■ 标本采集号：360122201013020LY

**形态特征**　具刺灌木，高0.3~1 m。具肉质链珠状根；幼嫩枝密被短粗毛。叶常大小叶对相间；叶柄长约1 mm，被短柔毛；托叶生叶柄间。花两性；花梗长1~8 mm，基部两侧各具苞片1枚；苞片小，披针形或线形；花萼钟状，宿存；花冠白色，管状漏斗形；雄蕊4，着生于冠管上部，花丝短，花药紫红色，内藏或稍外露；子房4室，每室具胚珠1颗，花柱外露或有时内藏，顶部3~5裂。核果红色，近球形，直径4~6 mm，具分核1~4。花期3~5月，果熟期冬季至次年春季。

**生境分布**　生于山地和丘陵的疏、密林下和石岩灌丛中。分布于石岗镇等地。

**入药部位**　全株（虎刺）。

**采收加工**　全年可采，洗净根后切段、片，晒干。

**功能主治**　甘、苦，平。祛风利湿，活血消肿。用于痛风，风湿痹痛，腺痛，荨麻疹，痰饮咳嗽，肺痛，水肿，肝脾肿大，跌扑损伤及黄疸型病毒肝炎。

# 拉拉藤 别名：八仙草、爬拉殃、光果拉拉藤、猪殃殃

*Galium spurium* L.

标本采集号：360122210309008LY

**形态特征**　多枝、蔓生或攀援状草本。茎有4棱；叶纸质或近膜质，4~8片轮生带状倒披针形或长圆状倒披针形，长1~5.5 m，宽1~7 mm，先端有针状凸尖头，基部渐窄，两面常有紧贴刺毛，常萎软状，干后常卷缩，1脉；近无柄；聚伞花序腋生或顶生；花4数，花梗纤细；花萼被钩毛；花冠黄绿或白色，辐状，裂片长圆形，长不及1 mm，镊合状排列；果干燥，有1或2个近球状分果，径达5.5 mm，肿胀，密被钩毛，果柄直，长达2.5 cm。

**生境分布**　生于田野，路旁。分布于望城镇等地。

**入药部位**　全草（八仙草）。

**采收加工**　秋季采收，鲜用或晒干。

**功能主治**　辛、微苦，微寒。归少阴、太阴经。清热解毒，利尿通淋，消肿止痛。用于痈疽肿毒，乳腺炎，阑尾炎，水肿，感冒发热，痢疾，尿路感染，尿血，牙龈出血，刀伤出血。

# 栀 子

别名：野栀子、黄栀子、栀子花、小叶栀子、山栀子

*Gardenia jasminoides* Ellis

■ 标本采集号：360122201013004LY

**形态特征** 灌木。嫩枝常被短毛，枝圆柱形，灰色。叶对生，革质；侧脉8~15对，在下面凸起，在上面平；叶柄长0.2~1 cm；托叶膜质。花芳香；萼管倒圆锥形或卵形，宿存；花冠白色或乳黄色，高脚碟状，冠管狭圆筒形；花柱粗厚，柱头纺锤形，子房直径约3 mm，黄色，平滑。果卵形、近球形、椭圆形或长圆形，黄色或橙红色，顶部的宿存萼片长达4 cm，宽达6mm；种子多数，近圆形而稍有棱角。花期3~7月，果期5月至翌年2月。

**生境分布** 生于旷野、丘陵、山谷、山坡、溪边的灌丛或林中。分布于石岗镇等地。

**入药部位** 成熟果实（栀子）、干燥根及根茎（栀子根）、叶（栀子叶）、花（栀子花）。

**采收加工** **栀子**：9 ~ 11月果实成熟呈红黄色时采收，除去果梗和杂质，蒸至上气或置沸水中略烫，取出，干燥。**栀子根**：秋、冬季果实成熟时采挖，除去泥沙，砍成小段，干燥。**栀子叶**：春、夏季采收，晒干。**栀子花**：开花时采集，干燥。

**功能主治** **栀子**：苦、寒。归心、肺、三焦经。泻火除烦，清热利湿，凉血解毒，外用消肿止痛。用于热病心烦，湿热黄疸，淋证涩痛，血热吐衄，目赤肿痛，火毒疮疡；外用于扭挫伤痛。**栀子根**：苦、寒。归肝、胆、胃经。清热，凉血，解毒。用于感冒高热，湿热黄疸，病毒性肝炎，吐血，鼻衄，细菌性痢疾，淋证，肾炎水肿，乳腺炎，疮痈肿毒等。**栀子叶**：苦、涩、寒。归肺、肝、肾经。活血消肿，清热解毒。用于跌打损伤，疔毒，痔疮，下痢。**栀子花**：寒，苦。归肺、肝经。清肺止咳，凉血止血。用于肺热咳嗽，鼻衄。

# 金毛耳草　别名：石打穿

*Hedyotis chrysotricha* (Palib.) Merr.

标本采集号：360122200615045LY

**形态特征**　多年生披散草本。基部木质，被金黄色硬毛。叶对生，具短柄，薄纸质，顶端短尖或凸尖，基部楔形或阔楔形，上面疏被短硬毛，下面被浓密黄色绒毛，脉上被毛更密；叶柄长1~3 mm。聚伞花序腋生，有花1~3朵，被金黄色疏柔毛，近无梗；花萼被柔毛，萼管近球形；花冠白或紫色，漏斗形；雄蕊内藏；花柱中部有髯毛，柱头棒形，2裂。果近球形，被扩展硬毛，宿存萼檐裂片长1~1.5 mm，成熟时不开裂，内有种子数粒。花期几乎全年。

**生境分布**　生于山谷杂木林下或山坡灌木丛中。分布于西山镇等地。

**入药部位**　全草（黄毛耳草）。

**采收加工**　夏、秋季收，晒干或鲜用。

**功能主治**　微苦，平。清热，除湿，活血舒筋。用于黄疸，水肿，跌打损伤，无名肿毒，乳腺炎等。

# 粗毛耳草

*Hedyotis mellii* Tutch.

■ 标本采集号：360122200617001LY

**形态特征**　直立粗壮草本，高30~90 cm。茎和枝近方柱形，幼时被毛，老时光滑，干后暗黄色。叶对生，纸质；托叶阔三角形，被毛，顶端锥尖或3裂，两侧的裂片短，边全缘或具长疏齿，齿端具黑色腺点；萼管杯形，萼檐裂片卵状披针形，短尖；花冠长6~7 mm，冠管短，顶端外反；花丝下部被长柔毛，花药长圆形；花柱无毛，微2裂。蒴果椭圆形，疏被短硬毛，脆壳质，成熟时开裂为2个果爿，果爿腹部直裂；种子数粒，具棱，黑色。花期6~7月。

**生境分布**　生于山地林下、岩石上、路旁、溪边及田野草丛中。各地均有分布。

**入药部位**　全草及根（粗毛耳草）。

**采收加工**　夏、秋季采收，晒干或鲜用。

**功能主治**　甘、酸、凉。清热解毒，消食化积，消肿，止血。用于感冒咳喘，脚气病，湿疹，小儿疳积，乳痈，痢疾，腰痛，外阴瘙痒，刀伤出血，毒蛇咬伤，毒蜂蜇伤。

# 鸡屎藤 别名：毛鸡屎藤、狭叶鸡矢藤、毛鸡矢藤、鸡矢藤

*Paederia scandens* (Lour.) Merr.

标本采集号：360122201012006LY

**形态特征**　藤状灌木。叶对生，膜质，卵形或披针形，顶端短尖或削尖，基部浑圆；叶柄长1~3 cm；托叶卵状披针形，顶部2裂。圆锥花序腋生或顶生；小苞片微小，卵形或锥形，有小睫毛；花有小梗，生于柔弱的三歧常作蝎尾状的聚伞花序上；花萼钟形，萼檐裂片钝齿形；花冠紫蓝色，长12~16 mm，通常被绒毛，裂片短。果阔椭圆形，压扁，长和宽6~8 mm，光亮，顶部冠以圆锥形的花盘和微小宿存的萼檐裂片；小坚果浅黑色，具1阔翅。花期5~6月。

**生境分布**　生于低海拔的疏林、路旁。各地均有分布。

**入药部位**　地上部分（鸡矢藤）、果实（鸡屎藤果）。

**采收加工**　鸡矢藤：夏、秋两季采割，阴干。鸡屎藤果：9~10月采摘，鲜用或晒干。

**功能主治**　鸡矢藤：甘、微苦，平。归脾、胃、肝、肺经。祛风除湿，消食化积，解毒消肿，活血止痛。用于风湿痹痛，食积腹胀，小儿疳积，腹泻，痢疾，黄疸，烫火伤，湿疹，疮疡肿痛。鸡屎藤果：解毒疗伤。用于蛇毒蜇伤，冻伤。

# 茜草

*Rubia cordifolia* L.

**形态特征**　草质攀援藤木。根状茎和其节上的须根均红色。叶通常4片轮生，纸质，披针形或长圆状披针形，基部心形，边缘有齿状皮刺，两面粗糙，脉上有微小皮刺；基出脉3条。叶柄长通常1~2.5 cm，有倒生皮刺。聚伞花序腋生和顶生，多回分枝，有花10余朵至数十朵，花序和分枝均细瘦，有微小皮刺；花冠淡黄色，干时淡褐色，盛开时花冠檐部直径3~3.5 mm，花冠裂片近卵形。果球形，成熟时橘黄色。花期8~9月，果期10~11月。

**生境分布**　生于疏林、林缘、灌丛或草地上。分布于蛟桥镇等地。

**入药部位**　根和根茎（茜草）、地上部分（茜草藤）。

**采收加工**　**茜草**：春、秋二季采挖，除去泥沙，干燥。**茜草藤**：夏、秋季采集，切段，鲜用或晒干。

**功能主治**　**茜草**：苦，寒。归肝经。凉血，祛瘀，止血，通经。用于吐血，衄血，崩漏，外伤出血，瘀阻经闭，关节痹痛，跌扑肿痛。**茜草藤**：苦、凉。归心、肝、肾、大肠、小肠、心包经。止血，行瘀。用于吐血，血崩，跌打损伤，风痹，腰痛，痈毒，疖肿。

# 白马骨 别名：路边姜、路边荆

*Serissa serissoides* (DC.) Druce

■ 标本采集号：360122200618003LY

**形态特征**　小灌木。枝粗壮，灰色，被短毛，后毛脱落变无毛，嫩枝被微柔毛。叶通常丛生，薄纸质，倒卵形或倒披针形，顶端短尖或近短尖，基部收狭成一短柄，除下面被疏毛外，其余无毛；侧脉每边2~3条，上举，在叶片两面均凸起，小脉疏散不明显；萼檐裂片5，坚挺延伸呈披针状锥形，极尖锐，长4 mm，具缘毛；花冠管长4 mm，外面无毛，喉部被毛，裂片5，长圆状披针形，长2.5 mm；花药内藏，长1.3 mm；花柱柔弱，长约7 mm，2裂，裂片长1.5 mm。花期4~6月。

**生境分布**　生于荒地或草坪。分布于溪霞镇等地。

**入药部位**　全草（白马骨）。

**采收加工**　4~6月采收茎叶，秋季挖根。

**功能主治**　苦、辛、凉。归肝、脾经。祛风，利湿，清热，解毒。用于感冒，黄疸性肝炎，肾炎水肿，咳嗽，喉痛，角膜炎，肠炎，痢疾，腰腿疼痛，咯血，尿血，妇女闭经，白带，小儿疳积，惊风，风火牙痛，痈疽肿毒，跌打损伤。

# 钩　藤

*Uncaria rhynchophylla* (Miq.) Miq. ex Havil.　　■ 标本采集号：360122210422002LY

**形态特征**　藤本。嫩枝较纤细，方柱形或略有4棱角，无毛。叶纸质，椭圆形或椭圆状长圆形，两面均无毛；侧脉4~8对，脉腋窝陷有黏液毛；叶柄长5~15 mm；小苞片线形或线状匙形；花近无梗；花萼管疏被毛，顶端锐尖；花冠管外面无毛，或具疏散的毛，花冠裂片卵圆形，外面无毛或略被粉状短柔毛，边缘有时有纤毛；花柱伸出冠喉外，柱头棒形。果序直径10~12 mm；小蒴果长5~6 mm，被短柔毛，宿存萼裂片近三角形，星状辐射。花、果期5~12月。

**生境分布**　生于山谷溪边的疏林或灌丛中。分布于望城镇、生米镇等地。

**入药部位**　带钩茎枝（钩藤）、根（钩藤根）。

**采收加工**　**钩藤**：秋、冬二季采收，去叶，切段，晒干。**钩藤根**：夏、秋季采收，洗净，切片晒干。

**功能主治**　**钩藤**：甘，凉。归肝、心包经。息风定惊，清热平肝。用于肝风内动，惊痫抽搐，高热惊厥，感冒夹惊，小儿惊啼，妊娠子痫，头痛眩晕。**钩藤根**：苦、涩，寒。归肝经。舒筋活络，清热消肿。用于关节痛风，半身不遂，癫痫，水肿，跌扑损伤。

# 南方菟丝子

别名：欧洲菟丝子、飞扬藤、金线藤、女萝、松萝

*Cuscuta australis* R. Br.

■ 标本采集号：360122200618011LY

**形态特征**　一年生寄生草本。茎缠绕，金黄色，纤细，直径1 mm左右，无叶。花序侧生，少花或多花簇生成小伞形或小团伞花序，总花序梗近无；苞片及小苞片均小，鳞片状；花梗稍粗壮；花萼杯状，基部连合，裂片3~5；雄蕊着生于花冠裂片弯缺处，比花冠裂片稍短；子房扁球形，花柱2，蒴果扁球形，直径3~4 mm，下半部为宿存花冠所包，成熟时不规则开裂。通常有4种子，淡褐色，卵形，表面粗糙。花期6~8月，果期7~10月。

**生境分布**　生于田边、路旁的豆科、菊科、马鞭草科牡荆属等草本或小灌木上。分布于乐化镇等地。

**入药部位**　成熟种子（菟丝子）。

**采收加工**　秋季果实成熟时采收植株，晒干，打下种子，除去杂质。

**功能主治**　辛、甘，平。归肝、肾、脾经。补益肝肾，固精缩尿，安胎，明目，止泻；外用消风祛斑。用于肝肾不足，腰膝酸软，阳痿遗精，遗尿尿频，肾虚胎漏，胎动不安，目昏耳鸣，脾肾虚泄；外用于白癜风。

# 柔弱斑种草

*Bothriospermum tenellum* (Hornem.) Fisch. et Mey.　　■ 标本采集号：360122210309001LY

**形态特征**　一年生草本，高15~30 cm。茎细弱，丛生，直立或平卧，多分枝，被向上贴伏的糙伏毛。叶椭圆形或狭椭圆形。花序柔弱，细长；苞片椭圆形或狭卵形，被伏毛或硬毛；花梗短；花萼长1~1.5 mm，果期增大，外面密生向上的伏毛，内面无毛或中部以上散生伏毛；花冠蓝色或淡蓝色，裂片圆形，喉部有5个梯形的附属物，附属物高约0.2 mm；花柱圆柱形，约为花萼1/3或不及。小坚果肾形，腹面具纵椭圆形的环状凹陷。花果期2~10月。

**生境分布**　生于山坡路边、田间草丛、山坡草地及溪边阴湿处。分布于望城镇等地。

**入药部位**　全草（鬼点灯）。

**采收加工**　夏、秋季采收，拣净，晒干。

**功能主治**　苦、涩，平；有小毒。归肺经。用于咳嗽，吐血。

# 附地菜 别名：地胡椒、黄瓜香

*Trigonotis peduncularis* (Trev.) Benth. ex Baker et Moore 标本采集号：360122210310007LY

**形态特征** 一年生或二年生草本。茎通常多条丛生，稀单一，密集，铺散，基部多分枝，被短糙伏毛。基生叶呈莲座状，有叶柄，叶片匙形，先端圆钝，基部楔形或渐狭，两面被糙伏毛，茎上部叶长圆形或椭圆形，无叶柄或具短柄。花序生茎顶，幼时卷曲，后渐次伸长；小坚果4，斜三棱锥状四面体形，有短毛或平滑无毛，背面三角状卵形，具3锐棱，腹面的2个侧面近等大而基底面略小，凸起，具短柄，柄长约1 mm，向一侧弯曲。早春开花，花期甚长。

**生境分布** 生于平原、丘陵草地、林缘、田间及荒地。分布于大塘坪乡等地。

**入药部位** 全草（附地菜）。

**采收加工** 初夏采收，鲜用或晒干。

**功能主治** 辛、苦，平。归心、肝、脾、肾经。行气止痛，解毒消肿。用于胃痛吐酸，痢疾，热毒痈肿，手脚麻木。

# 兰香草

别名：婆绒花、福州马尾、山薄荷、马蒿

*Caryopteris incana* (Thunb. ex Hout.) Miq.

■ 标本采集号：360122201013014LY

**形态特征** 小灌木，高26~60 cm。嫩枝圆柱形，略带紫色，被灰白色柔毛，老枝毛渐脱落。叶片厚纸质，顶端钝或尖，基部楔形或近圆形至截平，边缘有粗齿，被短柔毛，表面色较淡，两面有黄色腺点，背脉明显；叶柄被柔毛。聚伞花序紧密，腋生和顶生；花萼杯状，果萼长4~5 mm，外面密被短柔毛；花冠淡紫色或淡蓝色；雄蕊4枚，开花时与花柱均伸出花冠管外；子房顶端被短毛，柱头2裂。蒴果倒卵状球形，被粗毛，果瓣有宽翅。花果期6~10月。

**生境分布** 生于较干旱的山坡、路旁或林边。分布于生米镇等地。

**入药部位** 全草或带根全草（兰香草）。

**采收加工** 夏、秋季采收洗净，切段晒干或鲜用。

**功能主治** 辛，温。疏风解表，祛寒除湿，散瘀止痛。用于风寒感冒，头痛，咳嗽，脘腹冷痛，伤食吐泻，寒瘀痛经，产后瘀滞腹痛，风寒湿痹，跌打瘀肿，服疽不消，湿疹，蛇伤。

# 大 青

别名：鸡屎青、鸭公青、山靛青、土地骨皮、路边青

*Clerodendrum cyrtophyllum* Turcz.

标本采集号：360122200618005LY

**形态特征** 灌木或小乔木，高1~10 m。幼枝被短柔毛，枝黄褐色，髓坚实；冬芽圆锥状，芽鳞褐色，被毛。叶片纸质，侧脉6~10对；叶柄长1~8 cm。伞房状聚伞花序，生于枝顶或叶腋；苞片线形；花小，有橘香味；萼杯状，顶端5裂，裂片三角状卵形；花冠白色，花冠管细长，顶端5裂，裂片卵形；雄蕊4，与花柱同伸出花冠外；子房4室，每室1胚珠；柱头2浅裂。果实球形或倒卵形，绿色，成熟时蓝紫色，为红色的宿萼所托。花果期6月至次年2月。

**生境分布** 生于丘陵、山地林下或溪谷旁。分布于石岗镇等地。

**入药部位** 根（大青根）、叶（大青叶）。

**采收加工** **大青根**：全年可采，除去茎、须根及泥沙，干燥。**大青叶**：夏、秋二季采收，除去茎枝，干燥。

**功能主治** **大青根**：苦，寒。归胃、心经。清热解毒，凉血止血。用于高热头痛，黄疸，齿痛，鼻衄，咽喉肿痛，肠炎，痢疾，乙型脑膜炎，流行性脑脊髓膜炎，衄血，血淋，外伤出血。**大青叶**：苦，寒。归胃、心经。清热解毒，凉血止血。用于外感热病，热盛烦渴，咽喉肿痛，口疮，黄疸，热毒痢，急性肠炎，痈疽肿毒，衄血，血淋，外伤出血。

# 豆腐柴

别名：豆腐木、腐婢、止血草、观音草、豆腐草

*Premna microphylla* Turcz.

标本采集号：360122210525001LY

**形态特征** 直立灌木。幼枝有柔毛，老枝变无毛。叶揉之有臭味，卵状披针形、椭圆形、卵形或倒卵形，长3~13 cm，宽1.5~6 cm，顶端急尖至长渐尖，基部渐狭窄下延至叶柄两侧，全缘至有不规则粗齿，无毛至有短柔毛；叶柄长0.5~2 cm。聚伞花序组成顶生塔形的圆锥花序；花萼杯状，绿色，有时带紫色，密被毛至几无毛，近整齐的5浅裂；花冠淡黄色，外有柔毛和腺点，花冠内部有柔毛，以喉部较密。核果紫色，球形至倒卵形。花果期5~10月。

**生境分布** 生于山坡林下或林缘。分布于西山镇等地。

**入药部位** 根（腐婢根），茎、叶（腐婢）。

**采收加工** **腐婢根**：全年均可采，鲜用或切片晒干。**腐婢**：春、夏、秋季均可采收，鲜用或晒干。

**功能主治** **腐婢根**：苦，寒。归脾经。清热解毒。用于疟疾，小儿夏季热，风湿痹痛，风火牙痛，跌打损伤，水火烫伤。**腐婢**：苦、微辛，寒。归肝、大肠经。清热解毒。用于疟疾，泄泻，痢疾，醉酒头痛，痈肿，疔疮，丹毒，蛇虫咬伤，创伤出血。

# 马鞭草

别名：蜻蜓饭、蜻蜓草、马鞭稍、马鞭子、铁马鞭

*Verbena officinalis* L.

標本采集号：360122200616029LY

**形态特征**　多年生草本，高30~120 cm。茎四方形，近基部可为圆形，节和棱上有硬毛。叶片卵圆形至倒卵形或长圆状披针形，基生叶的边缘通常有粗锯齿和缺刻，茎生叶多数3深裂，裂片边缘有不整齐锯齿，两面均有硬毛，背面脉上尤多。穗状花序顶生和腋生，细弱，花小，无柄，最初密集，结果时疏离；苞片稍短于花萼，具硬毛；花冠淡紫至蓝色，外面有微毛，裂片5；雄蕊4，着生于花冠管的中部，花丝短；子房无毛。果长圆形，外果皮薄，成熟时4瓣裂。花期6~8月，果期7~10月。

**生境分布**　生于路边、山坡、溪边或林旁。分布于生米镇等地。

**入药部位**　地上部分（马鞭草）。

**采收加工**　6~8月花开时采割，除去杂质，晒干。

**功能主治**　苦，凉。归肝、脾经。活血散瘀，解毒，利水，退黄，截疟。用于症瘕积聚，痛经经闭，喉痹，痈肿，水肿，黄疸。

# 黄 荆

*Vitex negundo* L.

■ 标本采集号：360122200616016LY

**形态特征** 灌木或小乔木。小枝四棱形，密生灰白色绒毛。掌状复叶，小叶5，少有3；小叶片长圆状披针形至披针形，顶端渐尖，基部楔形，背面密生灰白色绒毛。聚伞花序排成圆锥花序式，顶生，花序梗密生灰白色绒毛；花萼钟状，顶端有5裂齿，外有灰白色绒毛；花冠淡紫色，外有微柔毛，顶端5裂，二唇形；雄蕊伸出花冠管外；子房近无毛。核果近球形；宿萼接近果实的长度。花期4~6月，果期7~10月。

**生境分布** 生于山坡路旁或灌木丛中。分布于生米镇等地。

**入药部位** 根（黄荆根）、枝条（黄荆枝）、叶（黄荆叶）、成熟果实（黄荆子）、茎用火烧灼流出的液汁（黄荆沥）。

**采收加工** **黄荆根**：2月或8月采根，洗净鲜用；或切片晒干。**黄荆枝**：春、夏、秋季均可采收，切段晒干。**黄荆叶**：夏末开花时采叶，鲜用或堆叠踏实，使其发汗，倒出晒至半干，再堆叠踏实，等绿色变黑润，再晒至足干。**黄荆子**：9~10月采收，干燥。**黄荆沥**：茎用火烧灼收集流出的液汁。

**功能主治** **黄荆根**：辛、微苦，温。归心经。解表，止咳，祛风除湿，理气止痛。用于感冒，慢性气管炎，风湿痹痛，胃痛，痧气，腹痛。**黄荆枝**：辛、微苦，平。归心、肺、肝经。祛风解表，消肿止痛。用于感冒发热，咳嗽，喉痹肿痛，风湿骨痛，牙痛，烫伤。**黄荆叶**：辛、苦，凉。归肺、肝、小肠经。解表散热，化湿和中，杀虫止痒。用于感冒发热，伤暑叶泻，痧气腹痛，肠炎，痢疾，疟疾，湿疹，癣，疥，蛇虫咬伤。**黄荆子**：辛、苦，温。归肺、胃、肝经。祛风解表，止咳平喘，理气止痛，消食。用于伤风感冒，咳喘，胃痛吞酸，消化不良，食积泻痢，疝气。**黄荆沥**：甘、微苦，凉。清热，化痰，定惊。用于肺热咳嗽，痰黏难咯，小儿惊风，痰壅气逆，惊厥抽搐。

# 牡 荆

*Vitex negundo* var. *cannabifolia*
(Sieb.et Zucc.) Hand.–Mazz.

■ 标本采集号：360122200622007LY

**形态特征**　落叶灌木或小乔木。小枝四棱形。叶对生，掌状复叶，小叶5，少有3；小叶片披针形或椭圆状披针形，顶端渐尖，基部楔形，边缘有粗锯齿，表面绿色，背面淡绿色，通常被柔毛。圆锥花序顶生，长10~20 cm；花冠淡紫色。果实近球形，黑色。花期6~7月，果期8~11月。

**生境分布**　生于山坡路边灌丛中。分布于石岗镇等地。

**入药部位**　新鲜叶（牡荆叶）、根（牡荆根）、茎（牡荆茎）、果实（牡荆子）、茎用火烧灼而流出的液汁（牡荆沥）。

**采收加工**　**牡荆叶**：夏、秋二季叶茂盛时采收，除去茎枝。**牡荆根**：秋后采收，洗净，切片，晒干。**牡荆茎**：夏、秋季采收，切段晒干。**牡荆子**：秋季果实成熟时采收，用手搓下，扬净，晒干。**牡荆沥**：茎用火烧灼收集流出的液汁。

**功能主治**　**牡荆叶**：微苦、辛，平。归肺经。祛痰，止咳，平喘。用于咳嗽痰多。**牡荆根**：微苦，温。归肺、肝、脾经。祛风解表，除湿止痛。用于感冒头痛，牙痛，疟疾，风湿痹痛。**牡荆茎**：辛、微苦，平。归肺、肝、脾、胃经。祛风解表，消肿止痛。用于感冒，喉痹，牙痛，脚气，疮肿，烧伤。**牡荆子**：苦、辛，温。归肺、大肠经。化湿祛痰，止咳平喘，理气止痛。用于咳嗽气喘，胃痛，泄泻，痢疾，疝气痛，脚气肿胀，白带，白浊。**牡荆沥**：甘，凉。归心、肝经。除风热，化痰涎，通经络，行气血。用于中风口噤，痰热惊痫，头晕目眩，喉痹，热痢，火眼。

# 紫背金盘　别名：白头翁、见血青、筋骨草

*Ajuga nipponensis* Makino

■ 标本采集号：360122210421008LY

**形态特征**　一或二年生草本。茎通常直立，柔软，稀平卧，四棱形，基部常带紫色。基生叶无或少数；茎生叶均具柄。轮伞花序多花；苞叶下部者与茎叶同形，向上渐变小呈苞片状，卵形至阔披针形；花梗短或几无。花萼钟形，外面仅上部及齿缘被长柔毛，内面无毛，具10脉，萼齿5，先端渐尖。雄蕊4，二强，伸出，花丝粗壮，无毛。裂片不甚明显。子房无毛。小坚果卵状三棱形，背部具网状皱纹。花期4~6月，果期5~7月。

**生境分布**　生于田边、矮草地湿润处、林内及向阳坡地。分布于樵舍镇等地。

**入药部位**　全草或根（紫背金盘草）。

**采收加工**　春、夏季采收，洗净，晒干或鲜用。

**功能主治**　苦、辛，寒。清热解毒，凉血散瘀，消肿止痛。用于肺热咳嗽，咯血，咽喉肿痛，乳痈，肠痈，疮疖出血，跌打肿痛，外伤出血，水火烫伤，毒蛇咬伤。

# 细风轮菜

别名：野凉粉草、细密草、断血流、山薄荷

*Clinopodium gracile* (Benth.) Matsum.

■ 标本采集号：360122200615003LY

**形态特征**　纤细草本。茎多数，自匍匐茎生出，柔弱，上升。上部叶及苞叶卵状披针形，边缘具锯齿。轮伞花序分离；苞片针状，下唇2齿，略长，先端钻状，平伸，齿均被睫毛。花冠白至紫红色，超过花萼长约1/2倍，外面被微柔毛，内面在喉部被微柔毛，冠筒向上渐扩大，冠檐二唇形，上唇直伸，先端微缺，下唇3裂，中裂片较大。雄蕊4，前对能育，与上唇等齐，花药2室，室略叉开。花柱先端略增粗，2浅裂，前裂片扁平，披针形，后裂片消失。花盘平顶。子房无毛。小坚果卵球形，褐色，光滑。花期6~8月，果期8~10月。

**生境分布**　生于路旁、沟边、空旷草地、林缘、灌丛中。分布于蛟桥镇等地。

**入药部位**　全草（剪刀草）。

**采收加工**　夏季花期采集，晒干。

**功能主治**　苦、辛，凉。祛风清热，散瘀消肿。用于感冒头痛，乳痈，疮痈肿痛，痢疾。

# 活血丹　别名：连金钱、金钱草、连钱草、佛耳草

*Glechoma longituba* (Nakai) Kupr.

**形态特征**　多年生草本。具匍匐茎，上升，逐节生根。茎高10~30 cm，四棱形。叶草质，叶片心形，下面常带紫色，脉隆起，叶柄长为叶片的1.5倍，被长柔毛。轮伞花序通常2花。花萼管状，齿5，上唇3齿，较长，下唇2齿，齿卵状三角形，长为萼长1/2，先端芒状，边缘具缘毛。花冠淡蓝、蓝至紫色。花盘杯状，前方呈指状膨大。花柱细长，略伸出，先端近相等2裂。成熟小坚果深褐色，长圆状卵形。花期4~5月，果期5~6月。

**生境分布**　生于林缘、疏林下、草地中、溪边等阴湿处。分布于蛟桥镇等地。

**入药部位**　全草（连钱草）。

**采收加工**　春至秋季采收，除去杂质，晒干。

**功能主治**　辛、微苦，微寒。归肝、肾、膀胱经。利湿通淋，清热解毒，散瘀消肿。用于热淋，石淋，湿热黄疸，疮痈肿痛，跌打损伤。

# 宝盖草 别名：莲台夏枯草、接骨草、珍珠莲

*Lamium amplexicaule* L.

**形态特征**  一年生或二年生植物。茎高10~30 cm，基部多分枝，上升，四棱形，具浅槽。茎下部叶具长柄，柄与叶片等长或超过之，上部叶无柄。轮伞花序6~10花；苞片披针状钻形，具缘毛。花萼管状钟形，外面密被白色直伸的长柔毛，萼齿5，披针状锥形，边缘具缘毛；花柱丝状，先端不相等2浅裂。花盘杯状，具圆齿。小坚果倒卵圆形，具三棱，先端近截状，基部收缩。花期3~5月，果期7~8月。

**生境分布**  生于路旁、林缘、沼泽草地及宅旁等地。分布于石埠镇等地。

**入药部位**  全草（宝盖草）。

**采收加工**  夏季采收全草，洗净，晒干或鲜用。

**功能主治**  辛、苦，微温。活血通络，解毒消肿。用于跌打损伤，筋骨疼痛，四肢麻木，半身不遂，面瘫，黄疸，鼻渊，瘰疬，肿毒，黄水疮。

# 益母草

别名：灯笼草、地母草、玉米草、黄木草

*Leonurus artemisia* (Lour.) S. Y. Hu

标本采集号：360122200615029LY

**形态特征**　一年生或二年生草本。茎直立。花梗无。花萼管状钟形，外面有贴生微柔毛。花冠粉红至淡紫红色，等大，内面在离基部1/3处有近水平向的不明显鳞毛毛环，毛环在背面间断，雄蕊4，平行，前对较长，花丝丝状，扁平，疏被鳞状毛，花药卵圆形，二室。花柱丝状，略超出于雄蕊而与上唇片等长，无毛，先端相等2浅裂，裂片钻形。花盘平顶。子房褐色，无毛。小坚果长圆状三棱形，顶端截平而略宽大，基部楔形，淡褐色，光滑。花期6~9月，果期9~10月。

**生境分布**　生于多种生境，尤以阳处为多。各地均有分布。

**入药部位**　新鲜或干燥地上部分（益母草）、成熟果实（茺蔚子）、基生叶或幼苗（童子益母草）、花（益母草花）。

**采收加工**　**益母草：**鲜品春季幼苗期至初夏花前期采割；干品夏季茎叶茂盛、花未开或初开时采割，晒干，或切段晒干。**茺蔚子：**秋季果实成熟时采割地上部分，晒干，打下果实，除去杂质。**童子益母草：**秋末冬初采挖，除去杂质，晒干。**益母草花：**夏季药初开时采收，去净杂质，晒干。

**功能主治**　**益母草：**苦、辛，微寒。归肝、心包、膀胱经。活血调经，利尿消肿，清热解毒。用于月经不调，痛经经闭，恶露不尽，水肿尿少，疮疡肿毒。**茺蔚子：**辛、苦、微寒。归心包、肝经。活血调经，清肝明目。用于月经不调，经闭痛经，目赤翳障，头晕胀痛。**童子益母草：**辛、苦，微寒。活血，祛瘀，调经，消水。用于月经不调，痛经，产后血晕，瘀血腹痛，胎漏难产，胞衣不下，崩中漏下，尿血，泻血，痈肿疮疡，恶露不尽，急性肾炎水肿。**益母草花：**甘、微苦，凉。养血，活血，利水。用于贫血，疮疡肿毒，血滞经闭，痛经，产后瘀阻腹痛，恶露不下。

# 石香薷 别名：辣辣草、野香薷、香薷草

*Mosla chinensis* Maxim.

标本采集号：360122201014001LY

**形态特征** 直立草本。茎高9~40 cm，纤细，自基部多分枝，或植株矮小不分枝，被白色疏柔毛。叶线状长圆形至线状披针形。总状花序头状；花梗短，被疏短柔毛。花萼钟形，外面被白色绵毛及腺体，内面在喉部以上被白色绵毛，下部无毛，萼齿5，钻形，长约为花萼长的2/3，果时花萼增大。花冠紫红、淡红至白色，略伸出于苞片，外面被微柔毛，内面在下唇之下方冠筒，上略被微柔毛，余部无毛。雄蕊及雌蕊内藏。花盘前方呈指状膨大。小坚果球形，灰褐色，具深雕纹，无毛。花期6~9月，果期7~11月。

**生境分布** 生于草坡或林下。分布于石岗镇、象山镇等地。

**入药部位** 地上部分（香薷）。

**采收加工** 夏季茎叶茂盛、花盛时择晴天采割，除去杂质，阴干。

**功能主治** 辛，微温。归肺、胃经。发汗解表，化湿和中。用于暑湿感冒，恶寒发热，头痛无汗，腹痛吐泻，水肿，小便不利。

# 石荠苧 别名：斑点荠苧、水苋菜、母鸡窝

*Mosla scabra* (Thunb.) C. Y. Wu et H. W. Li

■ 标本采集号：360122201014004LY

**形态特征** 一年生草本。茎高20~100 cm，多分枝，分枝纤细，茎、枝均四棱形，具细条纹，密被短柔毛。叶卵形或卵状披针形；叶柄长3~20 mm，被短柔毛。总状花序生于主茎及侧枝上；苞片卵形；花冠粉红色，外面被微柔毛，内面基部具毛环，冠檐二唇形，上唇直立，下唇3裂，中裂片较大，边缘锯齿。花柱先端相等2浅裂。花盘前方呈指状膨大。小坚果黄褐色，球形，具深雕纹。花期5~11月，果期9~11月。

**生境分布** 生于山坡、路旁或灌丛下。分布于象山镇、石岗镇等地。

**入药部位** 全草（石荠苧）。

**采收加工** 7~8月采收全草，晒干或鲜用。

**功能主治** 辛、苦，凉。疏风解表，清暑除温，解毒止痒。用于感冒头痛，咳嗽，中暑，风疹炎，痢疾，痔血，血崩，热痱，湿疹，疥癣，蛇虫咬伤。

# 紫　苏　别名：桂荏、青苏、白紫苏、白苏

*Perilla frutescens* (L.) Britt.

标本采集号：360122201012014LY

**形态特征**　一年生、直立草本。叶阔卵形或圆形；叶柄长3~5 cm，背腹扁平，密被长柔毛。轮伞花序2花；苞片宽卵圆形或近圆形，密被柔毛。花萼钟形。花冠白色至紫红色，外面略被微柔毛，内面在下唇片基部略被微柔毛，冠筒短，喉部斜钟形，冠檐近二唇形，上唇微缺，下唇3裂，中裂片较大，侧裂片与上唇相近似。雄蕊4，几不伸出，前对稍长。花柱先端相等2浅裂。花盘前方呈指状膨大。小坚果近球形，具网纹。花期8~11月，果期8~12月。

**生境分布**　生于山坡、路旁。分布于乐化镇、象山镇、生米镇等地。

**入药部位**　茎（紫苏梗）、叶（紫苏叶）、成熟果实（紫苏子）、宿萼（紫苏苞）。

**采收加工**　**紫苏梗：**秋季果实成熟后采割，除去杂质，晒干，或趁鲜切片，晒干。**紫苏叶：**夏季枝叶茂盛时采收，除去杂质，阴干。**紫苏子：**秋季果实成熟时采收，除去杂质，干燥。**紫苏苞：**秋季将成熟果实打下，留取果萼，晒干。

**功能主治**　**紫苏梗：**辛，温。归肺、脾经。理气宽中，止痛，安胎。用于胸膈痞闷，胃脘疼痛，嗳气呕吐，胎动不安。**紫苏叶：**辛，温。归肺、脾经。解表散寒，行气和胃。用于风寒感冒，咳嗽呕恶，妊娠呕吐，鱼蟹中毒。**紫苏子：**辛，温。归肺经。降气化痰，止咳平喘，润肠通便。用于痰壅气逆，咳嗽气喘，肠燥便秘。**紫苏苞：**微辛，平。归肺经。解表。用于血虚感冒。

# 夏枯草

别名：牯牛岭、夏枯花、夏枯头、白花夏枯草

*Prunella vulgaris* L.

■ 标本采集号：360122210421012LY

**形态特征**　多年生草木。根茎匍匐，在节上生须根。茎基部多分枝，紫红色，疏被糙伏毛或近无毛。叶卵状长圆形或卵形，先端钝，基部圆、平截或宽楔形下延，具浅波状齿或近全缘。穗状花序，苞叶近卵形，苞片淡紫色，宽心形，花萼钟形，花冠紫、红紫或白色，上唇近圆形，稍盔状，下唇中裂片近心形，具流苏状小裂片；前对雄蕊长。小坚果长—圆状卵球形，长1.8 mm，微具单沟纹。花期4~6月，果期7~10月。

**生境分布**　生于荒坡、草地、溪边及路旁等湿润地上。分布于象山镇、生米镇等地。

**入药部位**　果穗（夏枯草）。

**采收加工**　夏季果穗呈棕红色时采收，除去杂质，晒干。

**功能主治**　辛、苦，寒。归肝、胆经。清肝泻火，明目，散结消肿。用于目赤肿痛，目珠夜痛，头痛眩晕，瘰疬，瘿瘤，乳痈，乳癖，乳房胀痛。

# 华鼠尾草

别名：野沙参、活血草、紫参、月下红

*Salvia chinensis* Benth.

■ 标本采集号：360122200623007LY

| | |
|---|---|
| **形态特征** | 一年生草本。根略肥厚，多分枝，紫褐色。茎直立或基部倾卧，高20~60 cm，钝四棱形，具槽；苞片披针形，长2~8 mm，宽0.8~2.3 mm，先端渐尖，基部宽楔形或近圆形，在边缘及脉上被短柔毛，比花梗稍长；花冠蓝紫或紫色。能育雄蕊2，近外伸，花丝短，药隔长约4.5 mm，关节处有毛，上臂长约3.5 mm，具药室，下臂瘦小，无药室，分离。花柱长1.1 cm，稍外伸，先端不相等2裂，前裂片较长。花盘前方略膨大。小坚果椭圆状卵圆形，长约1.5 mm，直径0.8 mm，褐色，光滑。花期8~10月。 |
| **生境分布** | 生于山坡或平地的林荫处或草丛中。分布于石岗镇等地。 |
| **入药部位** | 全草（石见穿）。 |
| **采收加工** | 夏、秋二季花期采割，除去杂质，干燥。 |
| **功能主治** | 辛、苦，微寒。归肝、脾经。活血化瘀，清热利湿，散结消肿。用于月经不调，痛经，经闭，崩漏，便血，湿热黄疸，热毒血痢，淋痛，带下病，风湿骨痛，瘰疬，疮肿，乳痈，带状疱疹，麻风，跌打瘀肿。 |

# 荔枝草

别名：蛤蟆皮、土荆芥、过冬青、雪里青

*Salvia plebeia* R. Br.

标本采集号：360122210419015LY

**形态特征**　一年生或二年生草本。主根肥厚，向下直伸，有多数须根。茎直立，高15~90 cm，粗壮。叶椭圆状卵圆形或椭圆状披针形；苞片披针形；花梗长约1 mm，与花序轴密被疏柔毛。花萼钟形。花冠筒外面无毛。能育雄蕊2，着生于下唇基部，略伸出花冠外，花丝长1.5 mm，药隔长约1.5 mm，弯成弧形。花柱和花冠等长，先端不相等2裂，前裂片较长。花盘前方微隆起。小坚果倒卵圆形，成熟时干燥，光滑。花期4~5月，果期6~7月。

**生境分布**　生于山坡、路旁、沟边、田野潮湿的土壤上。分布于生米镇等地。

**入药部位**　地上部分（荔枝草）。

**采收加工**　夏季花开放时采割，除去杂质，晒干。

**功能主治**　苦、辛，凉。清热，解毒，凉血，利尿。用于咽喉肿痛，支气管炎，肾炎水肿，痈肿；外治乳腺炎，痔疮肿痛，出血，跌打损伤，蛇犬咬伤。

# 半枝莲

别名：狭叶韩信草、水黄芩、田基草、牙刷草

*Scutellaria barbata* D. Don

■ 标本采集号：360122210422003LY

**形态特征**　多年生草本，高达55 cm。根茎短粗，生出簇生的须状根。茎直立。花冠紫蓝色，外被短柔毛，内在喉部疏被疏柔毛；冠筒基部囊大，向上渐宽；冠檐2唇形，上唇盔状。雄蕊4，前对较长，微露出，后对较短，内藏，具全药，药室裂口具髯毛；花丝扁平，前对内侧后对两侧下部被小疏柔毛。花柱细长，先端锐尖，微裂。花盘盘状，前方隆起，后方延伸成短子房柄。子房4裂，裂片等大。小坚果褐色，扁球形，具小疣状突起。花果期4~7月。

**生境分布**　生于水田边、溪边或湿润草地上。分布于生米镇等地。

**入药部位**　干燥全草（半枝莲）。

**采收加工**　夏、秋二季茎叶茂盛时采挖，洗净，晒干。

**功能主治**　辛、苦，寒。归肺、肝、肾经。清热解毒，化瘀利尿。用于疔疮肿毒，咽喉肿痛，跌扑伤痛，水肿，黄疸，蛇虫咬伤。

# 韩信草

别名：三合香、红叶犁头尖、偏向花、烟管草

*Scutellaria indica* L.

标本采集号：360122210421002LY

**形态特征** 多年生草本。根茎短，向下生出多数簇生的纤维状根，向上生出1至多数茎。叶草质至近坚纸质；叶柄长0.4~2.8 cm，腹平背凸，密被微柔毛。花对生，在茎或分枝顶上排列成长4~12 cm的总状花序；花梗长2.5~3 mm。花冠蓝紫色；冠筒前方基部膝曲，其后直伸，向上逐渐增大。雄蕊4；花丝扁平，中部以下具小纤毛。花盘肥厚，前方隆起；子房柄短。花柱细长。子房光滑，4裂。成熟小坚果栗色或暗褐色，卵形，腹面近基部具一果脐。花果期2~6月。

**生境分布** 生于山地或丘陵地、疏林下、路旁空地及草地上。分布于樵舍镇等地。

**入药部位** 全草（韩信草）。

**采收加工** 春、夏季采收，洗净，鲜用或晒干。

**功能主治** 辛、苦，怀寒。归心、肝、肺经。清热解毒，活血止痛，止血消肿。用于痈肿疔毒，肺痈，肠痈，瘰疬，毒蛇咬伤，肺热咳喘，牙痛，喉痹，咽痛，筋骨疼痛，吐血，咯血，便血，跌打损伤，创伤出血，皮肤瘙痒。

# 枸杞
别名：狗奶子、狗牙根、红珠仔刺、枸杞菜

*Lycium chinense* Mill

标本采集号：360122201014009LY

**形态特征**　多分枝灌木，高0.5~1 m。枝条细弱，弓状弯曲或俯垂，淡灰色，有纵条纹，生叶和花的棘刺较长，小枝顶端锐尖成棘刺状。叶纸质或栽培则质稍厚，单叶互生或2~4枚簇生；叶柄长0.4~1 cm。花在长枝上单生或双生于叶腋，在短枝上则同叶簇生；花梗长1~2 cm，向顶端渐增粗。雄蕊较花冠稍短，花丝在近基部处密生一圈绒毛并交织成椭圆状的毛丛；花柱稍伸出雄蕊，上端弓弯，柱头绿色。浆果红色，卵状，顶端尖或钝。种子扁肾脏形，黄色。花果期6~11月。

**生境分布**　生于山坡、荒地、丘陵地、路旁及村边宅旁。分布于象山镇等地。

**入药部位**　根皮（地骨皮）、成熟果实（枸杞子）、嫩茎及叶（枸杞叶）。

**采收加工**　**地骨皮：**春初或秋后采挖根部，洗净，剥取根皮，晒干。**枸杞子：**夏、秋二季果实呈红色时采收，热风烘干，除去果梗，或晾至皮皱后，晒干，除去果梗。**枸杞叶：**春、夏采收，风干。

**功能主治**　**地骨皮：**甘，寒。归肺、肝、肾经。凉血除蒸，清肺降火。用于阴虚潮热，骨蒸盗汗，肺热咳嗽，咯血，衄血，内热消渴。**枸杞子：**甘，平。归肝、肾经。滋补肝肾，益精明目。用于虚劳精亏，腰膝酸痛，眩晕耳鸣，阳痿遗精，内热消渴，血虚萎黄，目昏不明。**枸杞叶：**甘、淡，寒。祛风，清热。用于高血压。

# 苦蘵 别名：灯笼泡、灯笼草

*Physalis angulata* L.

标本采集号：360122200616028LY

**形态特征** 一年生草本，高30~50 cm。茎多分枝，分枝纤细。叶柄长1~5 cm，叶片卵形至卵状椭圆形，顶端渐尖或急尖，基部阔楔形或楔形，全缘或有不等大的牙齿，两面近无毛，长3~6 cm，宽2~4 cm。花梗长5~12 mm，纤细和花萼一样生短柔毛，长4~5 mm，5中裂，裂片披针形，生缘毛；花冠淡黄色，喉部常有紫色斑纹，长4~6 mm，直径6~8 mm；花药蓝紫色或有时黄色，长约1.5 mm。果萼卵球状，直径1.5~2.5 cm，薄纸质，浆果直径约1.2 cm。种子圆盘状，长约2 mm。花期5~7月，果期7~12月。

**生境分布** 生于山谷林下及村边路旁。分布于石岗镇、铁河乡、生米镇等地。

**入药部位** 全草（灯笼草）。

**采收加工** 夏、秋季采挖带有果实的全草，晒干或鲜用。

**功能主治** 酸，平。清热解毒，利尿止血。用于咽喉肿痛，腮腺炎，尿道炎，急性肝炎，牙龈肿痛。

# 喀西茄

别名：刺茄子、苦茄子、苦颠茄、狗茄子

*Solanum khasianum* C. B. Clarke

■ 标本采集号：360122210526007LY

**形态特征**　直立草本至亚灌木。茎、枝、叶及花柄多混生黄白色具节的长硬毛、短硬毛、腺毛及淡黄色基部宽扁的直刺。叶阔卵形；萼钟状，绿色，直5裂，裂片长圆状披针形，外面具细小的直刺及纤毛，边缘的纤毛更长而密；花冠筒淡黄色，隐于萼内；冠檐白色，5裂，裂片披针形，具脉纹，开放时先端反折；花丝长约1.5 mm，顶孔向上；子房球形，被微绒毛，花柱纤细，光滑，柱头截形。浆果球状，宿萼上具纤毛及细直刺，后逐渐脱落；种子淡黄色，近倒卵形，扁平，直径约2.5 mm。花期3~8月，果期11~12月。

**生境分布**　生于沟边、路边灌丛、荒地、草坡或疏林中。分布于生米镇等地。

**入药部位**　叶（苦天茄叶）、果实（苦天茄）。

**采收加工**　**苦天茄叶**：夏、秋季采收，鲜用或晒干。**苦天茄**：秋季采收，鲜用或晒干。

**功能主治**　**苦天茄叶**：微苦，凉。息风定惊。用于小儿惊厥。**苦天茄**：微苦，寒；小毒。祛风止痛，清热解毒。用于风湿痹痛，头痛，牙痛，乳痈，疟腮，跌打疼痛。

# 白 英

别名：毛母猪藤、山甜菜、蜀羊泉、白毛藤、千年不烂心

*Solanum lyratum* Thunb.

■ 标本采集号：360122200616036LY

**形态特征** 草质藤本。茎及小枝均密被具节长柔毛。叶互生；叶柄长1~3 cm，被有与茎枝相同的毛被。聚伞花序顶生或腋外生，疏花；萼环状，直径约3 mm，无毛，萼齿5枚，圆形，顶端具短尖头；花冠蓝紫色或白色，花冠筒隐于萼内，5深裂，裂片椭圆状披针形，先端被微柔毛；花丝长约1 mm，花药长圆形，顶孔略向上；子房卵形，直径不及1 mm，花柱丝状，柱头小，头状。浆果球状，成熟时红黑色；种子近盘状，扁平。花期6~10月，果期10~11月。

**生境分布** 生于山谷草地或路旁、田边。分布于乐化镇等地。

**入药部位** 干燥全草（白英）。

**采收加工** 夏、秋二季采收，除去杂质，干燥。

**功能主治** 甘、苦、寒；有小毒。归肝、胆、肾经。清热利湿，解毒消肿。用于湿热黄疸，胆囊炎，胆石症，肾炎水肿，风湿关节痛，湿热带下，小儿高热惊搐，痈肿瘰疬，湿疹瘙痒，带状疱疹。

# 龙　葵

别名：黑天天、天茄菜、黑狗眼、滨藜叶龙葵

*Solanum nigrum* L.

标本采集号：360122200616032Y

| | |
|---|---|
| **形态特征** | 一年生直立草本。茎无棱或棱不明显，绿色或紫色。叶卵形，先端短尖，基部楔形至阔楔形而下延至叶柄，全缘或每边具不规则的波状粗齿，叶脉每边5~6条。蝎尾状花序腋外生；萼小，浅杯状，齿卵圆形；花冠白色，筒部隐于萼内，5深裂，裂片卵圆形；花丝短，花药黄色，顶孔向内；子房卵形，中部以下被白色绒毛，柱头小，头状。浆果球形，直径约8 mm，熟时黑色。种子多数，近卵形，直径1.5~2 mm，两侧压扁。花期5~8月，果期7~11月。 |
| **生境分布** | 生于田边、荒地及村庄附近。分布于生米镇等地。 |
| **入药部位** | 根（龙葵根）、干燥地上部分（龙葵）、种子（龙葵子）。 |
| **采收加工** | **龙葵根：**夏、秋季采挖，鲜用或晒干。**龙葵：**夏、秋二季采割，除去杂质，晒干。**龙葵子：**秋季果实成熟时采收，鲜用或晒干。 |
| **功能主治** | **龙葵根：**苦，寒。清热利湿，活血解毒。用于痢疾，淋浊，尿路结石，白带，风火牙痛，跌打损伤，痈疽肿毒。**龙葵：**苦、微甘，寒；有小毒。归膀胱经。清热解毒，消肿散结，利尿通淋。用于疮疔肿痛，淋证，小便不利。**龙葵子：**苦，寒。清热解毒，化痰止咳。用于咽喉肿痛，疔疮，咳嗽痰喘。 |

# 少花龙葵

别名：痣草、衣扣草、扣子草、古钮菜、白花菜

*Solanum photeinocarpum* Nakamura et Odashima

标本采集号：360122200618008LY

**形态特征**　纤弱草本。叶薄，卵形至卵状长圆形，先端渐尖，基部楔形下延至叶柄而成翅，叶缘近全缘，波状或有不规则的粗齿，两面均具疏柔毛，有时下面近于无毛；具疏柔毛。花序近伞形，腋外生，纤细，具微柔毛；萼绿色，5裂达中部，裂片卵形，先端钝，具缘毛；花冠白色，筒部隐于萼内；花丝极短，花药黄色，长圆形，顶孔向内；子房近圆形。浆果球状，幼时绿色，成熟后黑色；种子近卵形，两侧压扁，几全年均开花结果。

**生境分布**　生于溪边、密林阴湿处或林边荒地。分布于石岗镇等地。

**入药部位**　全草（古钮菜）。

**采收加工**　春、夏、秋季采收，鲜用或晒干。

**功能主治**　微苦，寒。清热解毒，利湿消肿。用于高血压，痢疾，热淋，目赤，咽喉肿痛，疔疮疖肿。

# 珊瑚樱

别名：玉珊瑚、珊瑚子、冬珊瑚、珊瑚豆

*Solanum pseudocapsicum* L.

**形态特征**　直立分枝小灌木。全株光滑无毛。叶互生，狭长圆形至披针形，先端尖或钝，基部狭楔形下延成叶柄；叶柄长2~5 mm，与叶片不能截然分开。花多单生，很少成蝎尾状花序，无总花梗或近于无总花梗，腋外生或近对叶生；花小，白色；萼绿色，5裂；花冠筒隐于萼内，冠檐长约5 mm，裂片5，卵形，花药黄色，矩圆形；子房近圆形，花柱短，柱头截形。浆果橙红色，萼宿存。种子盘状，扁平。花期初夏，果期秋末。

**生境分布**　生于田边、路旁、丛林中或水沟边。分布于望城镇等地。

**入药部位**　根（玉珊瑚根）。

**采收加工**　秋季采挖，晒干。

**功能主治**　辛、微苦，温；有毒。活血止痛。用于腰肌劳损，闪挫扭伤。

# 醉鱼草

别名：铁帚尾、红鱼皂、楼梅草、鱼泡草、毒鱼草

*Buddleja lindleyana* Fortune

■ 标本采集号：360122201012015LY

**形态特征** 灌木，高1~3 m。茎皮褐色；小枝具四棱，棱上略有窄翅；叶对生，萌芽枝条上的叶为互生或近轮生；侧脉每边6~8条；叶柄长2~15 mm。穗状聚伞花序顶生；苞片线形；小苞片线状披针形；花紫色，芳香；花萼钟状；花冠长13~20 mm，内面被柔毛，花冠管弯曲；雄蕊着生于花冠管下部或近基部，花药卵形，顶端具尖头，基部耳状；子房卵形。果序穗状；蒴果长圆状或椭圆状，有鳞片，基部常有宿存花萼；种子淡褐色。花期4~10月，果期8月至翌年4月。

**生境分布** 生于山地路旁、河边灌木丛中或林缘。分布于铁河乡等地。

**入药部位** 茎叶（醉鱼草）、花（醉鱼草花）。

**采收加工** 醉鱼草：夏、秋季采收，切碎，晒干或鲜用。醉鱼草花：4~7月采收，除去杂质，晒干。

**功能主治** 醉鱼草：辛、苦，温；有毒。祛风解毒，驱虫，化骨鲠。用于痄腮，痈肿，瘰疬，蛔虫病，钩虫病，诸鱼骨鲠。醉鱼草花：辛、苦，温；小毒。归肺、脾、胃经。祛痰，截疟，解毒。用于痰饮喘促，疟疾，疳积，烫伤。

# 母　草

*Lindernia crustacea* (L.) F. Muell

■ 标本采集号：360122200622010LY

**形态特征**　草本，高10~20 cm。常铺散成密丛，多分枝，枝弯曲上升，微方形有深沟纹，无毛。叶柄长1~8 mm；叶片三角状卵形或宽卵形，顶端钝或短尖，基部宽楔形或近圆形。花单生于叶腋或在茎枝之顶成极短的总状花序，花梗细弱；花萼坛状；花冠紫色，长5~8 mm，管略长于萼，上唇直立，卵形，钝头，有时2浅裂，下唇3裂，中间裂片较大，仅稍长于上唇；雄蕊4，全育。蒴果椭圆形，与宿萼近等长；种子近球形，浅黄褐色，有明显的蜂窝状瘤突。花、果期全年。

**生境分布**　生于田边、草地、路边等低湿处。分布于铁河乡等地。

**入药部位**　全草（母草）。

**采收加工**　夏、秋季采收，鲜用或晒干。

**功能主治**　微苦、淡，凉。清热利湿，活血止痛。用于风热感冒，湿热泻痢，肾炎水肿，白带，月经不调，痈疖肿毒，毒蛇咬伤，跌打损伤。

# 通泉草

*Mazus japonicus* (Thunb.) O. Kuntze

■ 标本采集号：360122200616023LY

| | |
|---|---|
| **形态特征** | 一年生草本，高3~30 cm。主根伸长。基生叶少到多数，顶端全缘或有不明显的疏齿，基部楔形，下延成带翅的叶柄，边缘具不规则的粗齿或基部有1~2片浅羽裂；茎生叶对生或互生，少数，与基生叶相似或几乎等大；花梗在果期长达10 mm，上部的较短；花萼钟状，花期长约6 mm，果期多少增大；花冠白色、紫色或蓝色，长约10 mm，上唇裂片卵状三角形；子房无毛。蒴果球形；种子小而多数，黄色，种皮上有不规则的网纹。花果期4~10月。 |
| **生境分布** | 生于湿润的草坡、沟边、路旁及林缘。分布于大塘坪乡等地。 |
| **入药部位** | 全草（绿兰花）。 |
| **采收加工** | 春、夏、秋季均可采收，洗净，鲜用或晒干。 |
| **功能主治** | 苦、微甘，凉。清热解毒，利湿通淋，健脾消积。用于热毒痈肿，脓疱疮，疔疮，烧烫伤，尿路感染，腹水，黄疸性肝炎，水化不良，小儿疳积。 |

# 沙氏鹿茸草

别名：绵毛鹿茸草

*Monochasma savatieri* Franch. ex Maxim.

■ 标本采集号：360122210309025LY

**形态特征** 多年生草本，高15~23 cm。叶交互对生；叶状小苞片2枚。管长5~7 mm。上有9条凸起的粗肋；花冠淡紫色或白色，长约为萼的2倍，被少量柔毛，花管细长，近喉处扩大，瓣片二唇形，上唇略作盔状，2裂，下唇3裂，中裂稍大，均为倒卵形，端圆钝，多少开展；雄蕊4枚，二强，着生于花管上，前方一对较长，达7 mm左右，后方一对长约6 mm；子房长卵形，花柱细长，先端弯向前方，柱头长圆形。蒴果长圆形，长约9 mm，宽3 mm，厚2 mm，先端渐细而成一稍弯的尖嘴。花期3~4月。

**生境分布** 生于山坡向阳处杂草中或马尾松林下。分布于望城镇等地。

**入药部位** 全草（鹿茸草）。

**采收加工** 夏季采挖，除去杂质，晒干。

**功能主治** 微苦、涩，凉。归心、肝、胃经。清热解毒，祛风止痛，凉血止血。用于感冒，烦热，咳嗽，吐血，赤痢，便血，月经不调，风湿骨痛，牙痛，乳痈。

# 白花泡桐　别名：通心条、饭桐子、泡桐、白花桐

*Paulownia fortunei* (Seem.) Hemsl.

**形态特征**　乔木，高达30 m。树冠圆锥形，主干直，胸径可达2 m，树皮灰褐色；幼枝、叶、花序各部和幼果均被黄褐色星状绒毛，但叶柄、叶片上面和花梗渐变无毛。叶片长卵状心脏形；叶柄长达12 cm。花序枝几无或仅有短侧枝；萼倒圆锥形，花后逐渐脱毛；花冠管状漏斗形；雄蕊长3~3.5 cm，有疏腺；子房有腺，有时具星毛，花柱长约5.5 cm。蒴果长圆形或长圆状椭圆形，宿萼开展或漏斗状，果皮木质；种子连翅长6~10 mm。花期3~4月，果期7~8月。

**生境分布**　生于山坡、林中、山谷及荒地。分布于石岗镇等地。

**入药部位**　根或根皮（泡桐根）、树皮（泡桐树皮）、叶（泡桐叶）、花（泡桐花）、果实（泡桐果）。

**采收加工**　泡桐根：秋季采挖，洗净，鲜用或晒干。泡桐树皮：全年均可采收，鲜用或晒干。泡桐叶：夏、秋季采摘，鲜用或晒干。泡桐花：春季花开时采收，晒干或鲜用。泡桐果：夏、秋季采摘，晒干。

**功能主治**　泡桐根：微苦，微寒。祛风止痛，解毒活血。用于风湿热痹，筋骨疼痛，疮疡肿毒，跌打损伤。泡桐树皮：微苦，微寒。祛风除湿，消肿解毒。用于风湿热痹，淋病，痔疮肿毒，肠风下血，外伤肿痛，骨折。泡桐叶：苦，寒。清热解毒，止血消肿。用于痈疽，疔疮肿毒，创伤出血。泡桐花：苦，寒。清肺利咽，解毒消肿。用于肺热咳嗽，急性扁桃体炎，菌痢，急性肠炎，急性结膜炎，腮腺炎，疖肿，疮癣。泡桐果：苦，微寒。化痰，止咳，平喘。用于慢性支气管炎，咳嗽咯痰。

# 直立婆婆纳

*Veronica arvensis* L.

标本采集号：360122210419004LY

| | |
|---|---|
| **形态特征** | 一年生小草本，高5~30 cm，有两列多细胞白色长柔毛。叶常3~5对，下部的有短柄，中上部的无柄，卵形至卵圆形，长5~15 mm，宽4~10 mm，具3~5脉，边缘具圆或钝齿，两面被硬毛。花梗极短；花萼长3~4 mm，裂片条状椭圆形，前方2枚长于后方2枚；花冠蓝紫色或蓝色，长约2 mm，裂片圆形至长矩圆形；雄蕊短于花冠。蒴果倒心形，明显侧扁，长2.5~3.5 mm，宽略过之，边缘有腺毛，凹口很深，几乎为果半长，裂片圆钝，宿存的花柱不伸出凹口。种子矩圆形，长近1 mm。花期4~5月。 |
| **生境分布** | 生于路边及荒野草地。分布于樵舍镇等地。 |
| **入药部位** | 全草（脾寒草）。 |
| **采收加工** | 夏季采挖，洗净，晒干。 |
| **功能主治** | 苦，寒。清热，除疟。用于疟疾。 |

# 蚊母草　别名：仙桃草、水蓑衣

*Veronica peregrina* L.

标本采集号：360122210419010LY

**形态特征**　一年生草本，株高10~25 cm。通常自基部多分枝，主茎直立，侧枝披散。叶无柄，下部的倒披针形，上部的长矩圆形，长1~2 cm，宽2~6 mm，全缘或中上端有三角状锯齿。总状花序长，果期达20 cm；苞片与叶同形而略小；花萼裂片长矩圆形至宽条形，长3~4 mm；花冠白色或浅蓝色，长2 mm，裂片长矩圆形至卵形。蒴果倒心形，明显侧扁，长3~4 mm；种子矩圆形。花期5~6月。

**生境分布**　生于潮湿的荒地、路边。分布于樵舍镇等地。

**入药部位**　带虫瘿的干燥全草（仙桃草）。

**采收加工**　于5~6月虫瘿膨大略带红色时采收，采收后立即干燥或蒸至上大气，干燥。

**功能主治**　甘、微辛，平。归肝、胃、肺经。化瘀止血，解毒消肿，理气止痛。用于跌打损伤，咽喉肿痛，痈疽疮疡，咳血，吐血，衄血，便血，肝胃气痛，疝气痛，痛经。

# 阿拉伯婆婆纳

别名：波斯婆婆纳、肾子草

*Veronica persica* Poir.

■ 标本采集号：360122210309014LY

**形态特征**　铺散多分枝草本，高10~50 cm。茎密生两列多细胞柔毛。叶2~4对，具短柄，卵形或圆形，长6~20 mm，宽5~18 mm，基部浅心形、平截或浑圆，边缘具钝齿，两面疏生柔毛。总状花序很长；花冠蓝色、紫色或蓝紫色，长4~6 mm，裂片卵形至圆形，喉部疏被毛；雄蕊短于花冠。蒴果肾形，被腺毛，成熟后几乎无毛，网脉明显，凹口角度超过90°，裂片钝，宿存的花柱长约2.5 mm，超出凹口。种子背面具深的横纹，长约1.6 mm。花期3~5月。

**生境分布**　生于路边及荒野杂草中。分布于石埠镇等地。

**入药部位**　全草（肾子草）。

**采收加工**　夏季采挖，除去杂质，晒干。

**功能主治**　苦、辛、咸、平。解热毒，祛风湿，截疟。用于肾虚，风湿疼痛，疟疾，小儿阴囊肿大，疥疮。

# 爵 床 别名：白花爵床、孩儿草、密毛爵床

*Rostellularia procumbens* (L.) Nees

标本采集号：360122201013013LY

| | |
|---|---|
| **形态特征** | 多年生草本，高20~50 cm。叶椭圆形至椭圆状长圆形，长1.5~3.5 cm，宽1.3~2 cm，先端锐尖或钝，基部宽楔形或近圆形，两面常被短硬毛；叶柄短，长3~5 mm，被短硬毛。穗状花序顶生或生上部叶腋，长1~3 cm，宽6~12 mm；苞片1，小苞片2，均披针形，长4~5 mm，有缘毛；花萼裂片4，线形，约与苞片等长，有膜质边缘和缘毛；花冠粉红色，长7 mm，2唇形，下唇3浅裂；蒴果长约5 mm，上部具4粒种子，下部实心似柄状。种子表面有瘤状皱纹。 |
| **生境分布** | 生于荒地、路旁、草坪。分布于石岗镇等地。 |
| **入药部位** | 全草（爵床）。 |
| **采收加工** | 8~9月盛花期采挖，除去杂质，晒干。 |
| **功能主治** | 苦、咸、辛，寒。归肺、肝、膀胱经。清热解毒，利湿消积，活血止痛。用于感冒发热，咳嗽，咽喉肿痛，目赤肿痛，疳积，湿热泻痢，疟疾，黄疸，浮肿，小便淋浊，筋肌疼痛，跌打损伤，痈疽疔疮，湿疹。 |

# 芝　麻　别名：油麻、脂麻、胡麻、黑芝麻、白芝麻

*Sesamum indicum* L.

**形态特征**　一年生直立草本。茎高60~150 cm，中空或具有白色髓部，微有毛。叶矩圆形或卵形，长3~10 cm，宽2.5~4 cm，下部叶常掌状3裂，中部叶有齿缺，上部叶近全缘；叶柄长1~5 cm。花单生或2~3朵同生于叶腋内；花萼裂片披针形，被柔毛；花冠长2.5~3 cm，筒状，白色而常有紫红色或黄色的彩晕；雄蕊4，内藏；子房上位，4室，被柔毛。蒴果矩圆形，长2~3 cm，直径6~12 mm，有纵棱，直立，被毛，分裂至中部或至基部。种子有黑白之分。花期夏末秋初。

**生境分布**　生于田边、路旁，常见栽培。各地均有分布。

**入药部位**　带有果壳的干燥茎（芝麻秆）、成熟种子（黑芝麻）。

**采收加工**　**芝麻秆**：在收取芝麻的同时，取其茎秆，去根及杂质，晒干或扎把后晒干。**黑芝麻**：秋季果实成熟时采割植株，晒干，打下种子，除去杂质，再晒干。

**功能主治**　**芝麻秆**：甘，平。用于咳嗽哮喘等。**黑芝麻**：甘，平。归肝、肾、大肠经。补肝肾，益精血，润肠燥。用于精血亏虚，头晕眼花，耳鸣耳聋，须发早白，病后脱发，肠燥便秘。

# 车前

别名：蛤蟆草、饭匙草、车轱辘菜、蛤蟆叶、猪耳朵

*Plantago asiatica* L.

■ 标本采集号：360122200622008LY

**形态特征**　二年生或多年生草本。须根多数。根茎短，稍粗。叶片薄纸质或纸质，宽卵形至宽椭圆形，脉5~7条；花序3~10个，直立或弓曲上升；穗状花序细圆柱状，紧密或稀疏，下部常间断；花冠白色，无毛，冠筒与萼片约等长，裂片狭三角形。雄蕊着生于冠筒内面近基部，与花柱明显外伸，花药卵状椭圆形，于基部上方周裂。种子5~12，卵状椭圆形或椭圆形，具角，黑褐色至黑色，背腹面微隆起；子叶背腹向排列。花期4~8月，果期6~9月。

**生境分布**　生于山坡、沟壑、河岸、田地、路旁、荒地、草坪。各地均有分布。

**入药部位**　全草（车前草）、成熟种子（车前子）。

**采收加工**　**车前草**：夏季采挖，除去泥沙，晒干。**车前子**：夏、秋二季种子成熟时采收果穗，晒干，搓出种子，除去杂质。

**功能主治**　**车前草**：甘、寒。归肝、肾、肺、小肠经。清热利尿通淋，祛痰，凉血，解毒。用于热淋涩痛，水肿尿少，暑湿泄泻，痰热咳嗽，吐血衄血，痈肿疮毒。**车前子**：甘、寒。归肝、肾、肺、小肠经。清热利尿通淋，渗湿止泻，明目，祛痰。用于热淋涩痛，水肿胀满，暑湿泄泻，目赤肿痛，痰热咳嗽。

# 糯米条

*Abelia chinensis* R. Br.

■ 标本采集号：360122200617013LY

**形态特征**　落叶多分枝灌木，高达2 m。嫩枝纤细，红褐色，被短柔毛，老枝树皮纵裂。叶有时3枚轮生，圆卵形至椭圆状卵形。聚伞花序生于小枝上部叶腋，由多数花序集合成一圆锥状花簇；小苞片矩圆形或披针形，具睫毛；萼檐5裂，裂片椭圆形或倒卵状矩圆形，果期变红色；花冠白色至红色，漏斗状，圆卵形；雄蕊着生于花冠筒基部，花丝细长，伸出花冠筒外；花柱细长，柱头圆盘形。果实具宿存而略增大的萼裂片。花期7~8月，果熟期9~10月。

**生境分布**　生于灌丛、山地、路旁。分布于石埠镇等地。

**入药部位**　茎叶（糯米条）。

**采收加工**　春、夏、秋季均可采收，鲜用或切段晒干。

**功能主治**　苦，凉。清热解毒，凉血止血。用于湿热痢疾，痈疽疮疖，衄血，咯血，吐血，便血，跌打损伤。

# 忍 冬

别名：银藤、金银藤、金银花、双花

*Lonicera japonica* Thunb.

■ 标本采集号：360122201012011LY

**形态特征** 半常绿藤本。叶纸质；叶柄长4~8 mm，密被短柔毛。苞片大，叶状，卵形至椭圆形，两面均有短柔毛或有时近无毛；花冠白色，有时基部向阳面呈微红，后变黄色，唇形，筒稍长于唇瓣，外被多少倒生的开展或半开展糙毛和长腺毛，上唇裂片顶端钝形，下唇带状而反曲；雄蕊和花柱均高出花冠。果实圆形，熟时蓝黑色，有光泽。花期4~6月，果熟期10~11月。

**生境分布** 生于山坡灌丛或疏林中、乱石堆及村边。分布于石岗镇等地。

**入药部位** 茎枝（忍冬藤）、花蕾或待初开的花（金银花）、花蕾的蒸馏液（金银花露）。

**采收加工** 忍冬藤：秋、冬二季采割，晒干。金银花：夏初花开放前采收，干燥。金银花露：夏初采摘花蕾，放入蒸馏器中，收集蒸馏液。

**功能主治** 忍冬藤：甘，寒。归肺、胃经。清热解毒，疏风通络。用于温病发热，热毒血痢，痈肿疮疡，风湿热痹，关节红肿热痛。金银花：甘，寒。归肺、心、胃经。清热解毒，疏散风热。用于痈肿疔疮，喉痹，丹毒，热毒血痢，风热感冒，温病发热。金银花露：甘，寒。归心、脾、胃经。清热解毒。用于暑热内犯肺胃所致的中暑、痱疹、疖肿，症见发热口渴、咽喉肿痛、痱疹鲜红、头部疖肿。

# 南方荚蒾

*Viburnum fordiae* Hance

标本采集号：360122201013009LY

| | |
|---|---|
| **形态特征** | 灌木或小乔木，高可达5 m。幼枝、芽、叶柄、花序、萼和花冠外面均被由暗黄色或黄褐色簇状毛组成的绒毛；枝灰褐色或黑褐色。复伞形式聚伞花序顶生或生于具1对叶的侧生小枝之顶，总花梗长1~3.5 cm，第一级辐射枝通常5条，花生于第三至第四级辐射枝上；萼筒倒圆锥形，萼齿钝三角形；花冠白色，辐状，裂片卵形，比筒长；雄蕊与花冠等长或略超出，花药小，近圆形；花柱高出萼齿，柱头头状。果实红色，卵圆形；核扁，有2条腹沟和1条背沟。花期4~5月，果熟期10~11月。 |
| **生境分布** | 生于山谷溪涧旁疏林、山坡灌丛中或平原旷野。分布于石岗镇等地。 |
| **入药部位** | 根、茎、叶（南方荚蒾）。 |
| **采收加工** | 全年均可采，洗净，切段或晒干。 |
| **功能主治** | 苦、涩，凉。疏风解表，活血散瘀，清热解毒。用于感冒，发热，月经不调，风湿痹痛，跌打损伤，淋巴结炎，疮疖，湿疹。 |

# 攀倒甑　别名：白花败酱草、苦益菜、萌菜

*Patrinia villosa* (Thunb.) Juss.

■ 标本采集号：360122201012018LY

**形态特征**　多年生草本，高50~120 cm。地下根状茎长而横走；基生叶丛生，叶片卵形、宽卵形或卵状披针形至长圆状披针形。花冠钟形，白色，5深裂，裂片不等形，冠筒常比裂片稍长，内面有长柔毛，筒基部一侧稍囊肿；雄蕊4，伸出；子房下位，花柱较雄蕊稍短。瘦果倒卵形，与宿存增大苞片贴生；果苞倒卵形、卵形、倒卵状长圆形或椭圆形，有时圆形，顶端钝圆，不分裂或微3裂，基部楔形或钝，网脉明显，具主脉2条，极少有3条，下面中部2主脉内有微糙毛。花期8~10月，果期9~11月。

**生境分布**　生于草坡草丛中。分布于石岗镇等地。

**入药部位**　全草（败酱草）。

**采收加工**　夏季开花前采收，晒至半干，扎成束，阴干。

**功能主治**　辛、苦，微寒。归胃、大肠、肝经。清热解毒，祛瘀排脓。用于肠痈，下痢，肠炎，赤白带下，赤眼，障膜，胬肉，产后腹痛，痈肿，疔疮。

# 半边莲　别名：瓜仁草、细米草、急解索

*Lobelia chinensis* Lour.

标本采集号：360122200622006LY

| 形态特征 | 多年生草本。茎细弱，匍匐，节上生根，分枝直立，无毛。叶互生，椭圆状披针形至条形，先端急尖，基部圆形至阔楔形，全缘或顶部有明显的锯齿。花通常1朵，生分枝的上部叶腋；花梗细，小苞片无毛；花冠粉红色或白色，背面裂至基部，喉部以下生白色柔毛，裂片全部平展于下方，呈一个平面，2侧裂片披针形；花丝中部以上连合，未连合部分的花丝侧面生柔毛。蒴果倒锥状，种子椭圆状，稍扁压，近肉色。花果期5~10月。 |
|---|---|
| 生境分布 | 生于水田边、沟边或潮湿草地。分布于石岗镇、铁河乡、西山镇、生米镇等地。 |
| 入药部位 | 全草（半边莲）。 |
| 采收加工 | 夏季采收，除去泥沙，洗净，晒干。 |
| 功能主治 | 辛，平。归心、小肠、肺经。清热解毒，利尿消肿。用于痈肿疔疮，蛇虫咬伤，臌胀水肿，湿热黄疸，湿疹湿疮。 |

# 蓝花参

别名：细叶沙参、毛鸡腿、拐棒参、娃儿菜、牛奶草

*Wahlenbergia marginata* (Thunb.) A. DC.

■ 标本采集号：360122200616033LY

**形态特征**　多年生草本。根细长，外面白色，细胡萝卜状，叶互生，无柄或具长至7 mm的短柄，常在茎下部密集，下部的匙形、倒披针形或椭圆形，上部的条状披针形或椭圆形，边缘波状或具疏锯齿，或全缘，无毛或疏生长硬毛。花梗极长，细而伸直，长可达15 cm；花萼无毛，筒部倒卵状圆锥形，裂片三角状钻形；花冠钟状，蓝色，裂片倒卵状长圆形。蒴果倒圆锥状或倒卵状圆锥形，有10条不甚明显的肋，长5~7 mm，直径约3 mm。种子矩圆状，光滑，黄棕色，长0.3~0.5 mm。花果期2~5月。

**生境分布**　生于平原或丘陵草地上。分布于生米镇等地。

**入药部位**　根或全草（兰花参）。

**采收加工**　夏、秋季采收，洗净，鲜用或晒干。

**功能主治**　甘、微苦，平。归脾、肺经。益气健脾，止咳祛痰，止血。用于虚损劳伤，自汗，盗汗，小儿疳积，妇女白带，感冒，咳嗽，衄血，疟疾，瘰疬。

# 藿香蓟　别名：臭草、胜红蓟

*Ageratum conyzoides* L.

标本采集号：360122200616011LY

**形态特征**　一年生草本。茎粗壮。全部茎枝淡红色，上部绿色，被白色尖状短柔毛或上部被稠密开展的长绒毛。叶对生，有时上部互生。中部茎叶卵形或椭圆形或长圆形。全部叶基部钝或宽楔形，基出三脉或不明显五出脉，顶端急尖，边缘圆锯齿，两面被白色稀疏的短柔毛且有黄色腺点，上面沿脉处及叶下面的毛稍多，有时下面近无毛，上部叶的叶柄或腋生幼枝及腋生枝上的小叶的叶柄通常被白色稠密开展的长柔毛。全部冠毛膜片长1.5~3 mm。花果期全年。

**生境分布**　生于山谷、山坡林下或林缘、河边或山坡草地、田边或荒地上。分布于石岗镇等地。

**入药部位**　全草（胜红蓟）。

**采收加工**　秋季采收，除去泥土，晒干。

**功能主治**　辛、苦，平。归心、肺经。清热解毒，利咽消肿。用于感冒发热，咽喉肿痛，白喉，痢疾，中耳炎，外伤出血，痈疽肿毒，湿疹，小腿溃疡等。

# 艾

别名：金边艾、艾蒿、祈艾、端阳蒿

*Artemisia argyi* Lévl. et Van.

标本采集号：360122200622023LY

**形态特征** 多年生草本或略成半灌木状，植株有浓烈香气。主根明显。茎单生或少数；茎、枝均被灰色蛛丝状柔毛。叶厚纸质；基生叶具长柄，花期萎谢；叶柄长0.5~0.8 cm；背面被蛛丝状绵毛，内层总苞片质薄，背面近无毛；花序托小；雌花6~10朵，花冠狭管状，檐部具2裂齿，紫色，花柱细长，伸出花冠外甚长，先端2叉；两性花8~12朵，外面有腺点，檐部紫色，花药狭线形，先端附属物尖，长三角形，先端2叉，花后向外弯曲，叉端截形，并有睫毛。瘦果长卵形或长圆形。花果期7~10月。

**生境分布** 生于荒地、路旁河边及山坡等地，常见栽培。分布于樵舍镇、铁河乡等地。

**入药部位** 叶（艾叶）、果实（艾实）。

**采收加工** 艾叶：夏季花未开时采摘，除去杂质，晒干。艾实：9~10月，果实成熟后采收。

**功能主治** 艾叶：辛、苦，温；有小毒。归肝、脾、肾经。温经止血，散寒止痛，外用祛湿止痒。用于吐血，衄血，崩漏，月经过多，胎漏下血，少腹冷痛，经寒不调，宫冷不孕；外治皮肤瘙痒。醋艾炭温经止血，用于虚寒性出血。艾实：苦、辛，温。温肾壮阳。用于肾虚腰酸，阳虚内寒。

# 白舌紫菀

别名：毛枝三脉马兰、细叶六月雪、毛茎马兰

*Aster baccharoides* (Benth.) Steetz.

标本采集号：360122201014002LY

**形态特征** 木质草本或亚灌木，有粗壮扭曲的根。茎直立；花序梗短或长达1 cm；苞叶极小。总苞倒锥状，总苞片4~7层，覆瓦状排列，外层卵圆形，顶端尖，背面或上部被短密毛，边缘干膜质，有缘毛。舌状花10余个，管部长3 mm，舌片白色。管状花长6 mm，管部长3 mm，有微毛。冠毛白色，1层，白色，有多数近等长或少数较短的微糙毛，长约6 mm。瘦果狭长圆形，被密短毛。花期7~10月，果期8~11月。

**生境分布** 生于山坡路旁、草地和沙地。分布于象山镇等地。

**入药部位** 全株（白舌紫菀）。

**采收加工** 秋季采收，晒干。

**功能主治** 清热解毒，止血生肌，杀虫。用于感冒。

# 大狼耙草　别名：接力草、外国脱力草

*Bidens frondosa* L.

标本采集号：360122200623004LY

**形态特征**　一年生草本。茎直立，分枝，高20~120 cm，被疏毛或无毛，常带紫色。叶对生，具柄，为一回羽状复叶，小叶3~5枚，披针形。头状花序单生茎端和枝端，连同总苞苞片直径12~25 mm，高约12 mm。总苞钟状或半球形，外层苞片5~10枚，通常8枚，披针形或匙状倒披针形，叶状，边缘有缘毛，内层苞片长圆形，筒状花两性，花冠长约3 mm，冠檐5裂；瘦果扁平，狭楔形，长5~10 mm，近无毛或是糙伏毛，顶端芒刺2枚，长约2.5 mm，有倒刺毛。

**生境分布**　生于田野湿润处。各地均有分布。

**入药部位**　地上部分（大狼耙草）。

**采收加工**　6~9月采收，全株或切段，晒干。

**功能主治**　苦，平。补气，清热。用于体虚无力，盗汗，咯血，痢疾。

# 鬼针草 别名：金盏银盘、狼把草、白花鬼针草

*Bidens pilosa* L.

标本采集号：360122200624013LY

**形态特征**　一年生草本，茎直立。茎下部叶较小，3裂或不分裂，头状花序直径8~9 mm。总苞基部被短柔毛，苞片7~8枚，条状匙形，上部稍宽，开花时长3~4 mm，果时长至5 mm，草质，边缘疏被短柔毛或几无毛，外层托片披针形，果时长5~6 mm，干膜质，背面褐色，具黄色边缘，内层较狭，条状披针形。无舌状花，盘花筒状，长约4.5 mm，冠檐5齿裂。瘦果黑色，条形，略扁，具棱，长7~13 mm，宽约1 mm，上部具稀疏瘤状突起及刚毛，顶端芒刺3~4枚，长1.5~2.5 mm，具倒刺毛。

**生境分布**　生于村旁、路边及荒地中。分布于望城镇等地。

**入药部位**　全草（鬼针草）。

**采收加工**　夏、秋季采收全草，除去泥土，晒干。

**功能主治**　苦，平。归肝、肺、大肠经。清热解毒，散瘀消肿。用于阑尾炎，肾炎，胆囊炎，肠炎，细菌性痢疾，肝炎，腹膜炎，上呼吸道感染，扁桃体炎，喉炎，闭经，烫伤，毒蛇咬伤，跌打损伤，皮肤感染，小儿惊风，疳积等。

# 白花鬼针草

别名：金盏银盘、三叶鬼针草、铁包针、狼把草

*Bidens pilosa* var. *radiata* (Sch.–Bip.) J. A. Schmidt

■ 标本采集号：360122201014014LY

**形态特征**　一年生草本，茎直立，高30~100 cm，钝四棱形，无毛或上部被极稀疏的柔毛，基部直径可达6 mm。茎下部叶较小，3裂或不分裂，通常在开花前枯萎，中部叶具长1.5~5 cm无翅的柄，三出，小叶3枚，很少为具7小叶的羽状复叶，两侧小叶椭圆形或卵状椭圆形，先端锐尖，基部近圆形或阔楔形，头状花序边缘具舌状花5~7枚，舌片椭圆状倒卵形，白色，先端钝或有缺刻。瘦果黑色，条形，略扁，具棱，长7~13 mm，宽约1 mm，上部具稀疏瘤状突起及刚毛，顶端芒刺3~4枚，长1.5~2.5 mm，具倒刺毛。

**生境分布**　生于村旁、路边及荒地中。分布于象山镇等地。

**入药部位**　全草（白花鬼针草）。

**采收加工**　夏、秋季采收，切段晒干。

**功能主治**　甘、微苦，平。清热解毒，利湿退黄。用于感冒发热，风湿痹痛，湿热黄疸，痈肿疮疖。

# 茼　蒿

别名：艾菜、蓬蒿、菊花菜、蒿菜、同蒿菜

*Chrysanthemum coronarium* L.

■ 标本采集号：360122210420005LY

| | |
|---|---|
| **形态特征** | 一年生草本。光滑无毛或几光滑无毛。茎高达70 cm，不分枝或自中上部分枝。基生叶花期枯萎。中下部茎叶长椭圆形或长椭圆状倒卵形，长8~10 cm，无柄，二回羽状分裂。头状花序单生茎顶或少数生茎枝顶端。总苞径1.5~3 cm。总苞片4层，内层长1 cm，顶端膜质扩大成附片状。舌片长1.5~2.5 cm。舌状花瘦果有3条突起的狭翅肋，肋间有1~2条明显的间肋。管状花瘦果有1~2条椭圆形突起的肋及不明显的间肋。花果期6~8月。 |
| **生境分布** | 生于田间地头，常为栽培植物。分布于南矶乡等地。 |
| **入药部位** | 茎叶（茼蒿）。 |
| **采收加工** | 冬、春及夏初均可采收。 |
| **功能主治** | 辛、甘，平。归脾、胃经。和脾胃，利二便，消痰饮。 |

# 蓟

别名：地萝卜、大蓟、山萝卜

*Cirsium japonicum* Fisch. ex DC.

标本采集号：360122210423001LY

**形态特征**　多年生草本，块根纺锤状或萝卜状。茎直立。基生叶较大；顶裂片披针形或长三角形。总苞片约6层，覆瓦状排列，向内层渐长，外层与中层卵状三角形至长三角形，顶端长渐尖，有长1~2 mm的针刺；内层披针形或线状披针形。全部苞片外面有微糙毛并沿中肋有黏腺。瘦果压扁，偏斜楔状倒披针状，顶端斜截形。小花红色或紫色，不等5浅裂，细管部长9 mm；冠毛刚毛长羽毛状，内层向顶端纺锤状扩大或渐细。花果期4~11月。

**生境分布**　生于山坡林中、林缘、灌丛中、草地、荒地、田间、路旁或溪旁。分布于乐化镇等地。

**入药部位**　地上部分（大蓟）。

**采收加工**　夏、秋二季花开时采割地上部分，除去杂质，晒干。

**功能主治**　甘、苦，凉。归心、肝经。凉血止血，散瘀解毒消痈。用于衄血、吐血、尿血、便血，崩漏，外伤出血，痈肿疮毒。

# 野茼蒿

别名：冬风菜、假茼蒿、草命菜、昭和草

*Crassocephalum crepidioides* (Benth.) S. Moore

■ 标本采集号：360122200624006LY

| | |
|---|---|
| **形态特征** | 直立草本，高20~120 cm。茎有纵条棱，无毛。叶膜质，椭圆形或长圆状椭圆形，先端渐尖，基部楔形，边缘有不规则锯齿或重锯齿，或基部羽裂。头状花序在茎端排成伞房状，径约3 cm；总苞钟状，长1~1.2 cm，有数枚线状小苞片，总苞片1层，线状披针形，先端有簇状毛；小花全部管状，两性，花冠红褐或橙红色；花柱分枝，顶端尖，被乳头状毛。瘦果窄圆柱形，红色，白色冠毛多数，绢毛状。花期7~12月。 |
| **生境分布** | 生于山坡路旁、水边、灌丛中。分布于石岗镇等地。 |
| **入药部位** | 全草（野木耳菜）。 |
| **采收加工** | 夏季采收，鲜用或晒干。 |
| **功能主治** | 微苦、辛，平。清热解毒，调和脾胃。用于感冒，肠炎，痢疾，口腔炎，乳腺炎，消化不良。 |

# 野　菊　别名：疟疾草、路边黄、山菊花、黄菊仔、菊花脑

*Dendranthema indicum* (L.) Des Moul.

**形态特征**　多年生草本。有地下长或短匍匐茎。茎直立或铺散，分枝或仅在茎顶有伞房状花序分枝。茎枝被稀疏的毛，上部及花序枝上的毛稍多或较多。基生叶和下部叶花期脱落。基部截形或稍心形或宽楔形，叶柄长1~2 cm，头状花序直径1.5~2.5 cm。总苞片约5层，外层卵形或卵状三角形，中层卵形，内层长椭圆形。全部苞片边缘白色或褐色宽膜质，顶端钝或圆。舌状花黄色，顶端全缘或2~3齿。瘦果长1.5~1.8 mm。花期6~11月。

**生境分布**　生于山坡草地、灌丛、田边及路旁。各地均有分布。

**入药部位**　头状花序（野菊花）、全草（野菊）。

**采收加工**　**野菊花：**秋、冬二季花初开放时采摘，晒干，或蒸后晒干。**野菊：**夏、秋间采收，鲜用或晒干。

**功能主治**　**野菊花：**苦，辛、微寒。归肝、心经。清热解毒，泻火平肝。用于疔疮痈肿，目赤肿痛，头痛眩晕。**野菊：**苦、辛，寒。清热解毒。用于感冒，气管炎，肝炎，高血压，痢疾，痈肿，疔疮，目赤肿痛，瘰疬，湿疹。

# 鳢　肠

别名：墨旱莲、墨菜、旱莲草、野万红

*Eclipta prostrata* (L.) L.

标本采集号：360122200616012LY

**形态特征**　一年生草本。茎直立，斜升或平卧，高达60 cm。叶长圆状披针形或披针形，无柄或有极短的柄，顶端尖或渐尖，边缘有细锯齿或有时仅波状，两面被密硬糙毛。总苞球状钟形，总苞片绿色，草质，5~6个排成2层；花冠管状，白色，顶端4齿裂；花柱分枝钝，有乳头状突起；花托凸，有披针形或线形的托片。托片中部以上有微毛；瘦果暗褐色，雌花的瘦果三棱形，两性花的瘦果扁四棱形，顶端截形，具1~3个细齿，基部稍缩小，边缘具白色的肋，表面有小瘤状突起，无毛。花期6~9月。

**生境分布**　生于河边、田边或路旁。分布于石岗镇等地。

**入药部位**　地上部分（墨旱莲）。

**采收加工**　花开时采割，晒干。

**功能主治**　甘、酸，寒。归肾、肝经。滋补肝肾，凉血止血。用于肝肾阴虚，牙齿松动，须发早白，眩晕耳鸣，腰膝酸软，阴虚血热，吐血，衄血，尿血，血痢，崩漏下血，外伤出血。

# 一点红

别名：紫背叶、红背果、片红青、叶下红、红背叶

*Emilia sonchifolia* (L.) DC.

■ 标本采集号：360122210525009LY

**形态特征**　一年生草本，根垂直。茎直立或斜升。叶质较厚，下部叶密集，具不规则的齿，侧生裂片通常1对，长圆形或长圆状披针形；中部茎叶疏生，较小，卵状披针形或长圆状披针形，无柄，基部箭状抱茎，顶端急尖，全缘或有不规则细齿；上部叶少数，线形。花序梗细，基部无小苞片；总苞片1层，8~9，长圆状线形或线形，黄绿色。小花粉红色或紫色，管部细长，檐部渐扩大，具5深裂瘦果圆柱形，具5棱，肋间被微毛；冠毛丰富，白色，细软。花果期7~10月。

**生境分布**　生于山坡荒地、田埂、路旁。分布于西山镇等地。

**入药部位**　全草（一点红）。

**采收加工**　夏、秋二季采收，鲜用或晒干。

**功能主治**　辛、微苦，凉。归肝、胃、肺、大肠、膀胱经。清热解毒，消肿利尿。用于痢疾，腹泻，尿路感染，上呼吸道感染，便血，肠痈，目赤，喉蛾，疔疮肿毒。

# 一年蓬  别名：治疟草、千层塔

*Erigeron annuus* (L.) Pers.

标本采集号：360122200615004LY

**形态特征**　一年生或二年生草本。茎粗壮，高30~100 cm，基部径6 mm，直立，上部有分枝，绿色，下部被开展的长硬毛，上部被较密的上弯的短硬毛。头状花序数个或多数，排列成疏圆锥花序，草质，披针形，近等长或外层稍短，淡绿色或多少褐色，背面密被腺毛和疏长节毛；外围的雌花舌状，2层，上部被疏微毛；中央的两性花管状，黄色；瘦果披针形，长约1.2 mm，扁压，被疏贴柔毛；冠毛异形，雌花的冠毛极短，膜片状连成小冠，两性花的冠毛2层，外层鳞片状，内层为10~15条长约2 mm的刚毛。花期6~9月。

**生境分布**　生于路边旷野或山坡荒地。分布于生米镇等地。

**入药部位**　全草（一年蓬）。

**采收加工**　夏、秋季采收，洗净，鲜用或晒干。

**功能主治**　甘、苦，凉。归胃、大肠经。消食止泻，清热解毒，截疟。用于消化不良，胃肠炎，齿龈炎，疟疾，毒蛇咬伤。

# 小蓬草　别名：小飞蓬、飞蓬、加拿大蓬、小白酒草

*Erigeron canadensis* L.

■ 标本采集号：360122200615004LY

**形态特征**　一年生草本。根纺锤状，具纤维状根。茎直立，圆柱状，多少具棱，有条纹，被疏长硬毛，上部多分枝。叶密集，基部叶花期常枯萎，下部叶倒披针形，长6~10 cm，宽1~1.5 cm。头状花序多数，排列成顶生多分枝的大圆锥花序；花序梗细，长5~10 mm；总苞近圆柱状，长2.5~4 mm；花托平，径2~2.5 mm；雌花多数，舌状，白色，长2.5~3.5 mm；两性花淡黄色，花冠管状。瘦果线状披针形，长1.2~1.5 mm，稍扁压。花期5~9月。

**生境分布**　生于旷野、荒地、田边和路旁。各地均有分布。

**入药部位**　全草（小飞蓬）。

**采收加工**　春、夏季采收，鲜用或切段晒干。

**功能主治**　微苦、辛，凉。清热利湿，散瘀消肿。用于痢疾，肠炎，肝炎，胆囊炎，跌打损伤，风湿骨痛，疮疖肿痛，外伤出血，牛皮癣。

# 白头婆 别名：泽兰、三裂叶白头婆

*Eupatorium japonicum* Thunb.

■ 标本采集号：360122200615030LY

**形态特征** 多年生草本，高50~200 cm。根茎短。叶对生，有叶柄，柄长1~2 cm，质地稍厚；全部茎叶两面粗涩，被皱波状长或短柔毛及黄色腺点，下面、下面沿脉及叶柄上的毛较密，边缘有粗或重粗锯齿。头状花序在茎顶或枝端排成紧密的伞房花序。总苞钟状；总苞片覆瓦状排列，3层；外层极短，披针形；中层及内层苞片渐长。花白色或带红紫色或粉红色，花冠长5 mm，外面有较稠密的黄色腺点。瘦果淡黑褐色，椭圆状，5棱，被多数黄色腺点，无毛；冠毛白色。花果期6~11月。

**生境分布** 生于山坡草地、密疏林下、灌丛中、水湿地及河岸水旁。分布于蛟桥镇等地。

**入药部位** 全草（山佩兰）。

**采收加工** 夏、秋季采收，洗净，鲜用或晒干。

**功能主治** 辛、苦，平。祛暑发表，化湿和中，理气活血，解毒。用于百般伤暑湿，发热头痛，胸闷腹胀，消化不良，胃肠炎，感冒，咳嗽，咽喉炎，扁桃体炎，月经不调，跌打损伤，痈肿，蛇咬伤。

# 鼠麴草

别名：田艾、清明菜、拟鼠麹草、鼠麹草、秋拟鼠麹草

*Gnaphalium affine* D. Don

■ 标本采集号：360122210308005LY

**形态特征**　一年生草本。茎直立或基部发出的枝下部斜升。叶无柄，匙状倒披针形或倒卵状匙形。头状花序较多或较少数，近无柄，在枝顶密集成伞房花序；总苞钟形；总苞片2~3层，膜质，有光泽，外层倒卵形或匙状倒卵形；花托中央稍凹入，无毛。雌花多数，花冠细管状，花冠顶端扩大，3齿裂，裂片无毛。两性花较少，管状，向上渐扩大，檐部5浅裂，裂片三角状渐尖，无毛。瘦果倒卵形或倒卵状圆柱形，有乳头状突起。冠毛粗糙，污白色，易脱落，基部联合成2束。花期1~4月，8~11月。

**生境分布**　生于低海拔干地或湿润草地上。分布于石岗镇等地。

**入药部位**　全草（鼠曲草）。

**采收加工**　春、夏二季花开时采收，除去杂质，晒干。

**功能主治**　微甘，平。祛痰，止咳，平喘，祛风湿，降血压。用于咳嗽，痰喘，风湿痹痛，高血压。

# 匙叶鼠麴草

别名：匙叶合冠鼠曲草

*Gnaphalium pensylvanicum* Willd.

■ 标本采集号：360122210419006LY

**形态特征**　一年生草本。茎直立或斜升，高30~45 cm，基部径3~4 mm，基部斜倾分枝或不分枝，有沟纹，被白色绵毛，节间长2~3 cm。总苞卵形；总苞片2层；内层与外层近等长，稍狭，线形；花托干时除四周边缘外几完全凹入，无毛。雌花多数，花冠丝状。两性花少数，花冠管状，向上渐扩大，檐部5浅裂，裂片三角形或有时顶端近浑圆，无毛。瘦果长圆形，长约0.5 mm，有乳头状突起。冠毛绢毛状，污白色，易脱落，长约2.5 mm，基部连合成环。花期12月至翌年5月。

**生境分布**　生于篱园或耕地上，耐旱性强。分布于樵舍镇等地。

**入药部位**　全草（匙叶鼠麴草）。

**采收加工**　春、夏二季花开时采收，除去杂质，晒干。

**功能主治**　甘，平。清热解毒，宣肺平喘。用于感冒，风湿关节痛。

# 菊 芋
别名：鬼子姜、洋羌、洋姜、芋头

*Helianthus tuberosus* L.

**形态特征**　多年生草本，高1~3 m。有块状的地下茎及纤维状根。茎直立，有分枝，被白色短糙毛或刚毛。叶通常对生，有叶柄，但上部叶互生；下部叶卵圆形或卵状椭圆形。头状花序较大，单生于枝端，有1~2个线状披针形的苞叶，总苞片多层，披针形，顶端长渐尖，背面被短伏毛，边缘被开展的缘毛；托片长圆形，背面有肋、上端不等三浅裂。舌状花通常12~20个，舌片黄色；管状花花冠黄色。瘦果小，楔形，上端有2~4个有毛的锥状扁芒。花期8~9月。

**生境分布**　生于田间、路旁、荒地。分布于铁河乡等地。

**入药部位**　块茎或茎叶（菊芋）。

**采收加工**　秋季采挖块茎。夏、秋季采收茎叶，鲜用或晒干。

**功能主治**　甘、微苦，凉。清热凉血，消肿。用于热病，肠热出血，跌打损伤，骨折肿痛。

# 泥胡菜　别名：艾草、猪兜菜

*Hemistepta lyrata* (Bunge) Bunge

标本采集号：360122210310010LY

**形态特征**　一年生草本，高30~100 cm。茎单生，基生叶长椭圆形或倒披针形，柄基扩大抱茎，上部茎叶的叶柄渐短，最上部茎叶无柄。总苞片多层，覆瓦状排列，最外层长三角形。小花紫色或红色，花冠长1.4 cm，花冠裂片线形，细管部为细丝状。瘦果小，楔状或偏斜楔形，深褐色，压扁，有13~16条粗细不等的突起的尖细肋，顶端斜截形。冠毛异型，白色，两层，外层冠毛刚毛羽毛状，基部连合成环，整体脱落；内层冠毛刚毛极短，鳞片状着生一侧，宿存。花果期3~8月。

**生境分布**　生于森林、林缘、草地、荒地、农田、河边、路旁。分布于石岗镇、蛟桥镇等地。

**入药部位**　全草或根（泥胡菜）。

**采收加工**　夏、秋季采集，洗净，鲜用或晒干。

**功能主治**　辛、苦、寒。清热解毒，散结消肿。用于痔漏，痈肿疔疮，乳痈，淋巴结炎，风疹瘙痒，外伤出血，骨折。

# 马　兰　别名：蓑衣莲、鱼鳅串、路边菊、田边菊

*Kalimeris indica* (L.) Sch. –Bip.

■ 标本采集号：360122200622024LY

**形态特征**　多年生草本，高30~70 cm。根状茎有匍枝，有时具直根。茎直立，上部有短毛。基部叶在花期枯萎；茎部叶倒披针形或倒卵状矩圆形，头状花序单生于枝端并排列成疏伞房状。总苞片2~3层，覆瓦状排列；外层倒披针形，长2 mm，内层倒披针状矩圆形，长达4 mm。花托圆锥形。舌状花1层，15~20个，管部长1.5~1.7 mm；舌片浅紫色，长达10 mm，宽1.5~2 mm；被短密毛。瘦果倒卵状矩圆形，极扁，褐色，边缘浅色而有厚肋，上部被腺及短柔毛。冠毛长0.1~0.8 mm，弱而易脱落，不等长。花期5~9月，果期8~10月。

**生境分布**　生于路边、田野、山坡上。分布于铁河乡等地。

**入药部位**　全草或根（马兰）。

**采收加工**　夏、秋季采收，鲜用或晒干。

**功能主治**　辛，凉。归肺、肝、胃、大肠经。凉血止血，清热利湿，解毒消肿。用于吐血，衄血，血痢，崩漏，创伤出血，黄疸，水肿，淋浊，感冒，咳嗽，咽痛喉痹，痔疮，痈肿，丹毒，小儿疳积。

# 稻槎菜　别名：稻搓菜

*Lapsana apogonoides* Maxim.

■ 标本采集号：360122210309004LY

**形态特征**　一年生矮小草本，高7~20 cm。茎细，自基部发出多数或少数的簇生分枝及莲座状叶丛；全部茎枝柔软，被细柔毛或无毛；茎生叶少数，与基生叶同形并等样分裂，向上茎叶渐小，不裂。全部叶质地柔软，两面同色，绿色。头状花序小，果期下垂或歪斜；总苞片2层，外层卵状披针形，内层椭圆状披针形，先端喙状；舌状小花黄色，两性。瘦果淡黄色，稍压扁，长椭圆形或长椭圆状倒披针形，有12条粗细不等细纵肋，肋上有微粗毛。花果期1~6月。

**生境分布**　生于田野、荒地及路边。分布于望城镇等地。

**入药部位**　全草（稻槎菜）。

**采收加工**　春、夏季采收，洗净，鲜用或晒干。

**功能主治**　苦，平。清热解毒，透疹。用于咽喉肿痛，痢疾，疮疡肿毒，蛇咬伤，麻疹透发不畅。

# 千里光 别名：蔓黄菀、九里明

*Senecio scandens* Buch.–Ham. ex D. Don

**形态特征** 多年生攀援草本。茎长2~5 m，多分枝，被柔毛或无毛。叶卵状披针形或长三角形，长2.5~12 cm，基部宽楔形、平截、戟形，边缘常具齿，近基部具1~3对较小侧裂片。头状花序有舌状花，排成复聚伞圆锥花序；花序梗具苞片，小苞片1~10，线状钻形；总苞圆柱状钟形，长5~8 mm，外层苞片约8，线状钻形，长2~3 mm；舌状花8~10，舌片黄色，长圆形，长0.9~1 cm；管状花多数，花冠黄色，长7.5 mm。瘦果圆柱形，被柔毛；冠毛白色。花期8月至翌年4月。

**生境分布** 生于灌丛中，攀援于灌木、岩石上或溪边。分布于西山镇等地。

**入药部位** 地上部分（千里光）。

**采收加工** 全年均可采收，除去杂质，阴干。

**功能主治** 苦，寒。归肺、肝经。清热解毒，明目，利湿。用于痈肿疮毒，感冒发热，目赤肿痛，泄泻痢疾，皮肤湿疹。

# 豨　莶　别名：粘糊菜、虾柑草

*Siegesbeckia orientalis* L.

■ 标本采集号：360122200616024LY

**形态特征**　一年生草本。茎直立，高30~100 cm；全部分枝被灰白色短柔毛。基部叶花期枯萎。头状花序径15~20 mm，多数聚生于枝端，排列成具叶的圆锥花序；花梗长1.5~4 cm，密生短柔毛；总苞阔钟状，总苞片2层，叶质，背面被紫褐色头状具柄的腺毛；外层苞片5~6枚，线状匙形或匙形，开展；内层苞片卵状长圆形或卵圆形。外层托片长圆形。花黄色，雌花花冠的管部长0.7 mm。瘦果倒卵圆形，有4棱，顶端有灰褐色环状突起。花期4~9月，果期6~11月。

**生境分布**　生于山野、荒草地、灌丛、林缘及林下。分布于生米镇等地。

**入药部位**　地上部分（豨莶草）、根（豨莶根）。

**采收加工**　**豨莶草**：夏、秋二季花开前和花期均可采割，除去杂质，晒干。**豨莶根**：秋、冬季采挖，洗净，切断，鲜用。

**功能主治**　**豨莶草**：辛、苦、寒。归肝、肾经。祛风湿，利关节，解毒。用于风湿痹痛，筋骨无力，腰膝酸软，四肢麻痹，半身不遂，风疹湿疮。**豨莶根**：祛风、除湿、生肌肉。用于风湿顽痹，头风，带下病，烧烫伤。

# 加拿大一枝黄花

别名：麒麟草、幸福草、黄莺、金棒草

*Solidago canadensis* L.

标本采集号：360122201012004LY

| 形态特征 | 多年生草本，有长根状茎。茎直立，高达2.5 m。叶披针形或线状披针形，长5~12 cm。头状花序很小，长4~6 mm，在花序分枝上单面着生，多数弯曲的花序分枝与单面着生的头状花序，形成开展的圆锥状花序。总苞片线状披针形，长3~4 mm。边缘舌状花很短。10月中下旬开花，11月底至12月中旬果实成熟。 |

形态特征　多年生草本，有长根状茎。茎直立，高达2.5 m。叶披针形或线状披针形，长5~12 cm。头状花序很小，长4~6 mm，在花序分枝上单面着生，多数弯曲的花序分枝与单面着生的头状花序，形成开展的圆锥状花序。总苞片线状披针形，长3~4 mm。边缘舌状花很短。10月中下旬开花，11月底至12月中旬果实成熟。

生境分布　生于田野、荒地及路边。分布于石岗镇等地。

入药部位　全草（加拿大一枝黄花）。

采收加工　秋季采收，洗净，晒干。

功能主治　辛、苦，凉；有小毒。疏风清热，消肿解毒。用于感冒头痛，咽喉痛，黄疸，顿咳，小儿惊风，跌打损伤，痈肿发背，鹅掌风。

# 一枝黄花

别名：千斤癀、兴安一枝黄花

*Solidago decurrens* Lour.

■ 标本采集号：360122201012001LY

**形态特征** 多年生草本，高35~100 cm。茎直立，通常细弱，单生或少数簇生，不分枝或中部以上有分枝；向上叶渐小；下部叶与中部茎叶同形，有长2~4 cm或更长的翅柄。全部叶质地较厚，叶两面、沿脉及叶缘有短柔毛或下面无毛。头状花序较小，多数在茎上部排列成紧密或疏松的长6~25 cm的总状花序或伞房圆锥花序，少有排列成复头状花序的。总苞片4~6层，披针形或披狭针形，顶端急尖或渐尖，中内层长5~6 mm。舌状花舌片椭圆形。瘦果长3 mm，无毛，极少有在顶端被稀疏柔毛。花果期4~11月。

**生境分布** 生于阔叶林缘、林下、灌丛中及山坡草地。分布于石岗镇等地。

**入药部位** 全草（一枝黄花）。

**采收加工** 秋季花果盛期采收，除去泥沙，晒干。

**功能主治** 辛、苦，凉。归肺、肝经。清热解毒，疏散风热。用于喉痹，乳蛾，咽喉肿痛，疮疖肿毒，风热感冒。

# 苦苣菜　别名：滇苦荬菜

*Sonchus oleraceus* L.

■ 标本采集号：360122210309010LY

**形态特征**　一年生或二年生草本。根圆锥状，垂直直伸，有多数纤维状的须根。茎直立，单生。基生叶羽状深裂，全部基生叶基部渐狭长或短翼柄；全部叶或裂片边缘及抱茎小耳边缘有大小不等的急尖锯齿或大锯齿或上部及接花序分枝处的叶，边缘大部全缘或上半部边缘全缘，顶端急尖或渐尖。头状花序少数在茎枝顶端排紧密的伞房花序或总状花序或单生茎枝顶端。总苞宽钟状；外面无毛或外层或中内层上部沿中脉有少数头状具柄的腺毛。黄色。花果期5~12月。

**生境分布**　生于山坡或山谷林缘、林下或平地田间、空旷处或近水处。分布于望城镇等地。

**入药部位**　全草（苦菜）。

**采收加工**　冬、春、夏三季均可采收，鲜用或晒干。

**功能主治**　苦，寒。归心、脾、胃、大肠经。清热解毒，凉血止血。用于肠炎，痢疾，黄疸，淋证，咽喉肿痛，痈疮肿毒，乳腺炎，痔瘘，吐血，衄血，咯血，尿血，便血，崩漏。

# 蒲公英

别名：黄花地丁、婆婆丁、蒙古蒲公英、灯笼草

*Taraxacum mongolicum* Hand.-Mazz.

■ 标本采集号：360122210309015LY

**形态特征**　多年生草本。根圆柱状，黑褐色，粗壮。叶倒卵状披针形、倒披针形或长圆状披针形，疏被蛛丝状白色柔毛或几无毛。花葶1至数个，密被蛛丝状白色长柔毛；总苞钟状，淡绿色；总苞片2~3层，外层总苞片卵状披针形或披针形，边缘宽膜质，基部淡绿色，上部紫红色，先端增厚或具小到中等的角状突起；内层总苞片线状披针形，先端紫红色，具小角状突起；舌状花黄色，边缘花舌片背面具紫红色条纹，花药和柱头暗绿色。花期4~9月，果期5~10月。

**生境分布**　生于山坡草地、路边、田野、河滩。分布于望城镇等地。

**入药部位**　全草（蒲公英）。

**采收加工**　春至秋季花初开时采挖，除去杂质，洗净，晒干。

**功能主治**　苦、甘、寒。归肝、胃经。清热解毒，消肿散结，利尿通淋。用于疔疮肿毒，乳痈，瘰疬，目赤，咽痛，肺痈，肠痈，湿热黄疸，热淋涩痛。

# 苍 耳

别名：苍子、野茄子、老苍子、苍耳子

*Xanthium sibiricum* Patrin ex Widder

**形态特征** 一年生草本，高20~90 cm。根纺锤状，茎直立，茎被灰白色糙伏毛。叶三角状卵形或心形，近全缘，基部稍心形或平截，与叶柄连接处成相等楔形，边缘有粗齿，基脉3出，脉密被糙伏毛，下面苍白色，被糙伏毛；叶柄长3~11 cm。雄性的头状花序球形；花药长圆状线形；雌性的头状花序椭圆形，外层总苞片小，披针形，被短柔毛，内层总苞片结合成囊状，在瘦果成熟时变坚硬，外面有疏生的具钩状的刺。瘦果2，倒卵形。花期7~8月，果期9~10月。

**生境分布** 生于空旷干旱山坡、旱田、干涸河床及路旁。分布于石岗镇等地。

**入药部位** 成熟带总苞的果实（苍耳子）、全草（苍耳）、根（苍耳根）、干燥地上部分（苍耳草）、花（苍耳花）。

**采收加工** 苍耳子：秋季果实成熟时采收，干燥，除去梗、叶等杂质。苍耳：夏季割取全草，去泥，切段晒干或鲜用。苍耳根：秋后采挖，鲜用或切片晒干。苍耳草：夏、秋二季未开花时采割，除去杂质，鲜用或晒干。苍耳花：夏季采收，鲜用或阴干。

**功能主治** 苍耳子：辛、苦、温；有毒。归肺经。散风寒，通鼻窍，祛风湿。用于风寒头痛，鼻塞流涕，鼻衄，鼻渊，风疹瘙痒，湿痹拘挛。苍耳：苦、辛、微寒；有小毒。归肺、脾、肝经。祛风，散热，除湿，解毒。用于感冒，头风，头晕，鼻渊，目赤，目翳，风湿痹痛，拘挛麻木，风癞，疔疮，疥癣，皮肤瘙痒，痔疮，痢疾。苍耳根：微苦，平；有小毒。消热解毒，利湿。用于疔疮，痈疽，丹毒，缠喉风，阑尾炎，宫颈炎，痢疾，肾炎水肿，乳糜尿，风湿痹痛。苍耳草：苦、辛，寒；有小毒。归肺、脾、肝经。祛风散热，解毒杀虫，通鼻窍。用于头风鼻渊，目赤目翳，皮肤瘙痒，麻风病，疔疮，疥癣，痔疮。苍耳花：祛风，除湿，止痒。用于白癞顽痒，白痢。

# 粉条儿菜 别名：金线吊白米、肺筋草

*Aletris spicata* (Thunb.) Franch.

■ 标本采集号：360122210421004LY

**形态特征**　多年生草本。植株具多数须根，根毛局部膨大。叶簇生，纸质，条形，长10~25 cm，宽3~4 mm，先端渐尖。花葶高40~70 cm，有棱，密生柔毛，中下部有几枚长1.5~6.5 cm的苞片状叶；总状花序长6~30 cm，疏生多花；苞片2枚，窄条形，位于花梗的基部，短于花；花被黄绿色，上端粉红色，分裂部分占1/3~1/2；裂片条状披针形；雄蕊着生于花被裂片的基部，花药椭圆形；子房卵形，花柱长1.5 mm。蒴果倒卵形或矩圆状倒卵形，有棱角，密生柔毛。花期4~5月，果期6~7月。

**生境分布**　生于山坡上、路边、灌丛边或草地上。分布于樵舍镇等地。

**入药部位**　根及全草（小肺筋草）。

**采收加工**　5~6月采收，洗净，鲜用或晒干。

**功能主治**　甘、苦、平。归肺、肝经。清热，润肺止咳，活血调经，杀虫。用于咳嗽，咯血，百日咳，喘息，肺痈，乳痈，腮腺炎，经闭，缺乳，小儿疳积，蛔虫病，风火牙痛。

# 薤　头 别名：薤、荞头、薤白

*Allium chinense* G. Don

| | |
|---|---|
| **形态特征** | 多年生草本。鳞茎数枚聚生，狭卵状；鳞茎外皮白色或带红色，膜质，不破裂。叶2~5枚，具3~5棱的圆柱状，中空，近与花葶等长。花葶侧生，圆柱状，下部被叶鞘；总苞2裂，比伞形花序短；花淡紫色至暗紫色；花被片宽椭圆形至近圆形；花丝等长，约为花被片长的1.5倍，仅基部合生并与花被片贴生，内轮的基部扩大；子房倒卵球状，腹缝线基部具有帘的凹陷蜜穴；花柱伸出花被外。花果期10~11月。 |
| **生境分布** | 生于田野、路旁，常见栽培。各地均有分布。 |
| **入药部位** | 干燥鳞茎（薤白）。 |
| **采收加工** | 夏、秋二季采挖，洗净，除去须根，蒸透或置沸水中烫透，晒干。 |
| **功能主治** | 辛、苦，温。归心、肺、胃、大肠经。通阳散结，行气导滞。用于胸痹心痛，脘腹痞满胀痛，泻痢后重。 |

# 石刁柏 别名：芦笋、露笋

*Asparagus officinalis* L.

标本采集号：360122210420004LY

**形态特征**　直立草本，高可达1 m。根粗2~3 mm。茎平滑，上部在后期常俯垂，分枝较柔弱。叶状枝每3~6枚成簇，近扁的圆柱形，略有钝棱，纤细，常稍弧曲，长5~30 mm，粗0.3~0.5 mm；鳞片状叶基部有刺状短距或近无距。花每1~4朵腋生，绿黄色；花梗长8~12（~14）mm，关节位于上部或近中部；雄花：花被长5~6 mm；花丝中部以下贴生于花被片上；雌花较小，花被长约3 mm。浆果直径7~8 mm，熟时红色，有2~3颗种子。花期5~6月，果期9~10月。

**生境分布**　生于田间，多为栽培。分布于南矶乡等地。

**入药部位**　嫩茎（石刁柏）。

**采收加工**　4~5月间采收嫩茎，随即采取保鲜措施，防止日晒、脱水。

**功能主治**　微甘，平。清热利湿，活血散结。用于肝炎，银屑病，高脂血症，淋巴肉瘤，膀胱癌，乳腺癌，皮肤癌。

# 麦　冬　别名：金边阔叶麦冬、沿阶草、麦门冬

*Ophiopogon japonicus* (L. f.) Ker Gawl.　　　　■ 标本采集号：360122200615013LY

**形态特征**　多年生草本。根较粗，中间或近末端常膨大成椭圆形或纺锤形的小块根；小块根长1~1.5 cm，宽5~10 mm，淡褐黄色；地下走茎细长，直径1~2 mm，节上具膜质的鞘。茎很短，叶基生成丛。花葶长6~27 cm；苞片披针形，先端渐尖，最下面的长可达7~8 mm；花梗长3~4 mm，关节位于中部以上或近中部；花被片常稍下垂而不展开，长约5 mm，白色或淡紫色；花药三角状披针形。种子球形，直径7~8 mm。花期5~8月，果期8~9月。

**生境分布**　生于山坡阴湿处、林下或溪旁。分布于石岗镇、蛟桥镇、象山镇等地。

**入药部位**　块根（麦冬）。

**采收加工**　夏季采挖，洗净，反复暴晒、堆置，至七八成干，除去须根，干燥。

**功能主治**　甘、微苦，微寒。归心、肺、胃经。养阴生津，润肺清心。用于肺燥干咳，阴虚痨嗽，喉痹咽痛，津伤口渴，内热消渴，心烦失眠，肠燥便秘。

# 多花黄精 别名：姜状黄精

*Polygonatum cyrtonema* Hua

标本采集号：360122200615016LY

**形态特征** 多年生草本。根状茎肥厚，通常连珠状或结节成块，少有近圆柱形，直径1~2 cm。茎高50~100 cm，通常具10~15枚叶。叶互生，椭圆形、卵状披针形至矩圆状披针形；苞片微小，位于花梗中部以下；花被黄绿色，全长18~25 mm，裂片长约3 mm；花丝长3~4 mm，两侧扁或稍扁，具乳头状突起至具短绵毛，花药长3.5~4 mm；子房长3~6 mm，花柱长12~15 mm。浆果黑色，直径约1 cm，具3~9颗种子。花期5~6月，果期8~10月。

**生境分布** 生于林下、灌丛或山坡阴处。分布于石岗镇等地。

**入药部位** 根茎（黄精）。

**采收加工** 春、秋二季采挖，除去须根，洗净，置沸水中略烫或蒸至透心，干燥。

**功能主治** 甘，平。归脾、肺、肾经。补气养阴，健脾，润肺，益肾。用于脾胃气虚，体倦乏力，胃阴不足，口干食少，肺虚燥咳，劳嗽咯血，精血不足，腰膝酸软，须发早白，内热消渴。

# 绵枣儿

*Barnardia japonica* (Thunberg) Schultes
& J. H. Schultes

■ 标本采集号：360122201012016LY

**形态特征** 多年生草本。鳞茎卵圆形或近球形，高2~5 cm，皮黑褐色；基生叶通常2~5，窄带状，柔软；花葶通常比叶长；总状花序长2~20 cm，具多数花；花紫红、粉红或白色，径4~5 mm；花梗长0.5~1.2 cm，顶端具关节，基部有1~2窄披针形苞片；花被片近椭圆形、倒卵形或窄椭圆形；子房长1.5~2 mm，有短柄，多少有小乳突，3室，每室1胚珠，花柱长为子房的1/2~2/3；蒴果近倒卵圆形，长3~6 mm；种子1~3，黑色，长圆状窄倒卵圆形，长2.5~5 mm。花果期7~11月。

**生境分布** 生于山坡、草地、路旁或林缘。分布于铁河乡等地。

**入药部位** 鳞茎或全草（绵枣儿）。

**采收加工** 6~7月采收，洗净，鲜或晒干。

**功能主治** 苦、甘，寒；有小毒。活血止痛，解毒消肿，强心利尿。用于跌打损伤，筋骨疼痛，疮痈肿痛，乳痈，心脏病，水肿。

# 菝 葜

别名：金刚兜、大菝葜、金刚刺、金刚藤

*Smilax china* L.

标本采集号：360122200615041LY

**形态特征** 攀援灌木。根状茎粗厚，坚硬，为不规则的块状。茎长1~3 m，少数可达5 m，疏生刺。叶薄革质或坚纸质，干后通常红褐色或近古铜色，圆形、卵形或其他形状；叶柄长5~15 mm。伞形花序生于叶尚幼嫩的小枝上，具十几朵或更多的花，常呈球形；总花梗长1~2 cm；花序托稍膨大，近球形；花绿黄色，内花被片稍狭；雄花中花药比花丝稍宽；雌花与雄花大小相似，有6枚退化雄蕊。浆果直径6~15 mm，熟时红色，有粉霜。花期2~5月，果期9~11月。

**生境分布** 生于林下、灌丛中、路旁、河谷或山坡上。各地均有分布。

**入药部位** 根茎（菝葜）、叶（菝葜叶）。

**采收加工** **菝葜：**秋末至次年春采挖，除去须根，洗净，晒干或趁鲜切片，干燥。**菝葜叶：**夏、秋季采收，鲜用或晒干。

**功能主治** **菝葜：**甘、微苦、涩、平。归肝、肾经。利湿去浊，祛风除痹，解毒散瘀。用于小便淋浊，带下量多，风湿痹痛，疔疮痈肿。**菝葜叶：**甘，平。祛风，利湿，解毒。用于风肿，疮疖，肿毒，臁疮，烧烫伤，蜈蚣咬伤。

# 土茯苓 别名：光叶菝葜、硬板头

*Smilax glabra* Roxb.

■ 标本采集号：360122201012008LY

**形态特征** 攀援灌木。根状茎粗厚，块状，常由匍匐茎相连接。茎长1~4 m，枝条光滑，无刺。叶薄革质，狭椭圆状披针形至狭卵状披针形，先端渐尖，下面通常绿色，有时带苍白色；叶柄长5~20 mm。伞形花序通常具10余朵花；总花梗长1~8 mm；在总花梗与叶柄之间有一芽；花序托膨大，连同多数宿存的小苞片多少呈莲座状；花绿白色，六棱状球形，直径约3 mm；雄花外花被片；内花被片近圆形。浆果直径7~10 mm，熟时紫黑色，具粉霜。花期7~11月，果期11月至次年4月。

**生境分布** 生于林中、灌丛下、河岸或山谷中。各地均有分布。

**入药部位** 根茎（土茯苓）。

**采收加工** 夏、秋二季采挖，除去须根，洗净，干燥；或趁鲜切成薄片，干燥。

**功能主治** 甘、淡，平。归肝、胃经。解毒，除湿，通利关节。用于梅毒及汞中毒所致的肢体拘挛，筋骨疼痛，湿热淋浊，带下病，痈肿，瘰疬，疥癣。

# 牛尾菜 别名：软叶菝葜、白须公、草菝葜

*Smilax riparia* A. DC.

■ 标本采集号：360122200615015LY

**形态特征**　多年生草质藤本。茎长1~2 m，中空，有少量髓，干后凹瘪并具槽。叶比上种厚，形状变化较大，长7~15 cm，宽2.5~11 cm，下面绿色，无毛；叶柄长7~20 mm，通常在中部以下有卷须。伞形花序总花梗较纤细，长3~5 (~10) cm；小苞片长1~2 mm，在花期一般不落；雌花比雄花略小，不具或具钻形退化雄蕊。浆果直径7~9 mm。花期6~7月，果期10月。

**生境分布**　生于林下、灌丛、山沟或山坡草丛中。分布于蛟桥镇等地。

**入药部位**　根及根茎（牛尾菜）。

**采收加工**　夏、秋季采挖，洗净，晾干。

**功能主治**　甘、苦，平。归肝、肺经。祛风湿，通经络，祛痰止咳。用于风湿痹证，劳伤腰痛，跌打损伤，咳嗽气喘。

# 薯 蓣 别名：山药、淮山、面山药、野山药

*Dioscorea opposita* Thunb.

■ 标本采集号：360122210525007LY

**形态特征**　多年生缠绕草质藤本。块茎长圆柱形，垂直生长，长可达1 m多，断面干时白色。茎通常带紫红色，右旋，无毛。单叶；叶片变异大，卵状三角形至宽卵形或戟形，顶端渐尖，边缘常3浅裂至3深裂；幼苗时一般叶片为宽卵形或卵圆形。叶腋内常有珠芽。雌雄异株。雄花序为穗状花序；雄蕊6。雌花序为穗状花序，1~3个着生于叶腋。蒴果不反折，三棱状扁圆形或三棱状圆形，外面有白粉；种子着生于每室中轴中部，四周有膜质翅。花期6~9月，果期7~11月。

**生境分布**　生于山坡、山谷林下，溪边、路旁的灌丛中或杂草中。分布于西山镇等地。

**入药部位**　根茎（山药）、茎藤（山药藤）、珠芽（零余子）。

**采收加工**　**山药**：冬季茎叶枯萎后采挖，切去根头，洗净，除去外皮和须根，干燥，习称"毛山药"；或除去外皮，趁鲜切厚片，干燥，称为"山药片"；也有选择肥大顺直的干燥山药，置清水中，浸至无干心，闷透，切齐两端，用木板搓成圆柱状，晒干，打光，习称"光山药"。**山药藤**：夏、秋季采收，洗净，切段晒干或鲜用。**零余子**：秋季采收，切片晒干或鲜用。

**功能主治**　**山药**：甘，平。归脾、肺、肾经。补脾养胃，生津益肺，补肾涩精。用于脾虚食少，久泻不止，肺虚喘咳，肾虚遗精，带下病，尿频，虚热消渴。**山药藤**：微苦、甘，平。清利湿热，凉血解毒。用于湿疹，丹毒。**零余子**：甘，平。归肾经。补虚益肾强腰。用于虚劳羸瘦，腰膝酸软。

# 灯心草 别名：水灯草、灯芯草

*Juncus effusus* Linn.

■ 标本采集号：360122200616006LY

**形态特征** 多年生草本，高27~91 cm。根状茎粗壮横走，具黄褐色稍粗的须根。茎丛生，直立，圆柱性，淡绿色，具纵条纹，直茎内充满白色的髓心。叶全部为低出叶，呈鞘状或鳞片状，包围在茎的基部，基部红褐至黑褐色。聚伞花序假侧生；总苞片圆柱形，生于顶端，顶端尖锐；花被片线状披针形，顶端锐尖，黄绿色；雌蕊具3室子房；花柱极短；柱头3分叉，蒴果长圆形或卵形，黄褐色。种子卵状长圆形，黄褐色。花期4~7月，果期6~9月。

**生境分布** 生于河边、池旁、水沟、稻田旁、草地及沼泽湿处。分布于生米镇等地。

**入药部位** 茎髓（灯心草）、根及根茎（灯心草根）。

**采收加工** **灯心草**：夏末至秋季割取茎，晒干，取出茎髓，理直，扎成小把。**灯心草根**：夏、秋季采挖，除去茎部，洗净，晒干。

**功能主治** **灯心草**：甘、淡，微寒。归心、肺、小肠经。清心火，利小便。用于心烦失眠，尿少涩痛，口舌生疮。**灯芯草根**：甘，寒。归心、膀胱经。利水通淋，清心安神。用于淋病，小便不利，湿热黄疸，心悸不安。

# 饭包草

别名：圆叶鸭跖草、狼叶鸭跖草、竹叶菜、火柴头

*Commelina benghalensis* L.

标本采集号：360122201014011LY

**形态特征**　多年生披散草本。茎大部分匍匐，节生根，上部及分枝上部上升，长达70 cm，被疏柔毛。叶有柄；叶片卵形，长3~7 cm，宽1.5~3.5 cm，近无毛；叶鞘口沿有疏而长的睫毛。萼片膜质，披针形，长2 mm，无毛；花瓣蓝色，圆形，长3~5 mm；内面2枚具长爪；蒴果椭圆状，长4~6 mm，3室，腹面2室，每室2种子，2月裂，后面一室1种子，或无种子，不裂。种子长约2 mm，多皱，有不规则网纹，黑色。花期7~10月，果期11~12月。

**生境分布**　生于河边、池旁、水沟潮湿的地方。分布于象山镇等地。

**入药部位**　全草（马儿草）。

**采收加工**　夏、秋季采挖，除去茎部，洗净，晒干。

**功能主治**　苦，寒。清热解毒，利水消肿。用于热病发热，烦渴，咽喉肿痛，热痢，热淋，痔疮，疔疮痈肿，蛇虫咬伤。

# 鸭跖草　别名：挂梁青、鸭儿草、竹芹菜

*Commelina communis* L.

标本采集号：360122200615002LY

**形态特征**　一年生披散草本。茎匍匐生根，多分枝，长可达1 m，下部无毛，上部被短毛。叶披针形至卵状披针形，长3~9 cm，宽1.5~2 cm。总苞片佛焰苞状，有1.5~4 cm的柄，与叶对生，折叠状，展开后为心形，顶端短急尖，基部心形；上面一枝具花3~4朵，具短梗，几乎不伸出佛焰苞。花梗花期长仅3 mm，果期弯曲，长不过6 mm；萼片膜质，长约5 mm，内面2枚常靠近或合生；花瓣深蓝色；内面2枚具爪，长近1 cm。蒴果椭圆形，有种子4颗。种子长2~3 mm，棕黄色，一端平截、腹面平，有不规则窝孔。

**生境分布**　生于河边、池旁、水沟湿地。分布于石岗镇等地。

**入药部位**　地上部分（鸭跖草）。

**采收加工**　夏、秋二季采收，晒干。

**功能主治**　甘、淡，寒。归肺、胃、小肠经。清热泻火，解毒，利水消肿。用于感冒发热，热病烦渴，咽喉肿痛，水肿尿少，热淋涩痛，痈肿疔毒。

# 看麦娘 别名：棒棒草

*Alopecurus aequalis* Sobol.

■ 标本采集号：360122210310012LY

**形态特征**　一年生草本。秆少数丛生，细瘦，光滑，节处常膝曲，高15~40 cm。叶鞘光滑，短于节间；叶舌膜质，长2~5 mm；叶片扁平，长3~10 cm，宽2~6 mm。圆锥花序圆柱状，灰绿色，长2~7 cm，宽3~6 mm；小穗椭圆形或卵状长圆形，长2~3 mm；颖膜质，基部互相连合，具3脉，脊上有细纤毛，侧脉下部有短毛；外稃膜质，先端钝，等大或稍长于颖，下部边缘互相连合，芒长1.5~3.5 mm，约于稃体下部1/4处伸出，隐藏或稍外露；花药橙黄色，长0.5~0.8 mm。颖果长约1 mm。花果期4~8月。

**生境分布**　生于田边及潮湿地。分布于石岗镇等地。

**入药部位**　全草（看麦娘）。

**采收加工**　春、夏季采收，晒干或鲜用。

**功能主治**　淡，凉。清热利湿，止泻，解毒。用于水肿，水痘，泄泻，黄疸性肝炎，赤眼，毒蛇咬伤。

# 牛筋草　别名：蟋蟀草

*Eleusine indica* (L.) Gaertn.

标本采集号：360122200622016LY

**形态特征**　一年生草本。根系极发达。秆丛生，基部倾斜，高10~90 cm。叶鞘两侧压扁而具脊，松弛，无毛或疏生疣毛；叶舌长约1 mm；叶片平展，线形，长10~15 cm，宽3~5 mm，无毛或上面被疣基柔毛。穗状花序2~7个指状着生于秆顶；颖披针形，具脊，脊粗糙；第一颖长1.5~2 mm；第二颖长2~3 mm；第一外稃长3~4 mm，卵形，膜质，具脊，脊上有狭翼，内稃短于外稃，具2脊，脊上具狭翼。囊果卵形，长约1.5 mm，基部下凹，具明显的波状皱纹。鳞被2，折叠，具5脉。花果期6~10月。

**生境分布**　生于荒芜之地及道路旁。分布于铁河乡等地。

**入药部位**　全草（牛筋草）。

**采收加工**　八、九月采收，洗净，晒干。

**功能主治**　甘、淡，平。归肝、肺、胃经。清热利湿，消肿止痛。用于伤暑发热，小儿急惊，湿热黄疸，痢疾，小便不利；外用于跌打损伤。

# 白 茅 别名：毛启莲、红色男爵白茅

*Imperata cylindrica* (L.) Beauv.

标本采集号：360122201013005LY

**形态特征** 多年生草本，具粗壮的长根状茎。秆直立，具1~3节，节无毛。叶鞘聚集于秆基，生长于其节间，质地较厚，老后破碎呈纤维状；叶舌膜质，扁平，质地较薄；秆生叶片长1~3 cm，窄线形，基部上面具柔毛。圆锥花序稠密，基盘具长12~16 mm的丝状柔毛；两颖草质及边缘膜质，近相等，具5~9脉，顶端渐尖或稍钝，顶端尖或齿裂；雄蕊2枚；花柱细长，基部多少连合，柱头2，紫黑色，羽状，自小穗顶端伸出。颖果椭圆形，胚长为颖果之半。花果期4~6月。

**生境分布** 生于河岸草地、沙质草甸等处。各地均有分布。

**入药部位** 根茎（白茅根）、叶（茅草叶）、花穗（白茅花）、初生未放花序（白茅针）。

**采收加工** **白茅根**：春、秋二季采挖，洗净，晒干，除去须根和膜质叶鞘，捆成小把。**茅草叶**：全年可采。**白茅花、白茅针**：4~5月花盛开前采收。

**功能主治** **白茅根**：甘，寒。归肺、胃、膀胱经。凉血止血，清热利尿。用于血热吐血，衄血，尿血，热病烦渴，湿热黄疸，水肿尿少，热淋涩痛。**茅草叶**：辛、微苦，平。祛风除湿。用于风湿痹痛，皮肤风疹。**白茅花**：甘，温。止血，止痛。用于吐血，衄血，刀伤。**白茅针**：甘，平。止血，解毒。用于衄血，尿血，大便下血，外伤出血，疮痈肿毒。

# 箬　竹 别名：长鞘茶竿竹、篔竹

*Indocalamus tessellatus* (Munro) Keng f.

■ 标本采集号：360122201013005LY

| | |
|---|---|
| **形态特征** | 竿高0.75~2 m。箨鞘长于节间，上部宽松抱竿，无毛，下部紧密抱竿，密被紫褐色伏贴疣基刺毛，具纵肋；箨耳无；箨片大小多变化，窄披针形，竿下部者较窄，竿上部者稍宽。小枝具2~4叶；叶片在成长植株上稍下弯，宽披针形或长圆状披针形，下表面灰绿色，密被贴伏的短柔毛或无毛，小横脉明显，形成方格状，叶缘生有细锯齿；被白色绒毛；第一内稃长约为外稃的1/3，背部有2脊，脊间生有白色微毛；子房和鳞被未见。笋期4~5月，花期6~7月。 |
| **生境分布** | 生于山坡路旁和谷地。分布于生米镇等地。 |
| **入药部位** | 叶（箬叶）、叶基部（箬蒂）。 |
| **采收加工** | 箬叶：全年均可采，晒干。箬蒂：全年均可采。 |
| **功能主治** | 箬叶：甘、寒。归肺、肝经。清热止血，解毒消肿。用于吐血，衄血，便血，崩漏，小便不利，喉痹，痈肿。箬蒂：甘、苦、凉。降逆和胃，解毒。用于胃热呃逆，烧烫伤。 |

# 淡竹叶

别名：碎骨草、山鸡米草、竹叶草

*Lophatherum gracile* Brongn.

标本采集号：360122201013019LY

**形态特征** 多年生，具木质根头。须根中部膨大呈纺锤形小块根。秆直立，疏丛生，高40~80 cm，具5~6节。叶鞘平滑或外侧边缘具纤毛；叶舌质硬，长0.5~1 mm，褐色，背有糙毛；叶片披针形，长6~20 cm，宽1.5~2.5 cm，具横脉。小穗线状披针形；第一外秤长5~6.5 mm，宽约3 mm，具7脉，顶端具尖头，内秤较短，其后具长约3 mm的小穗轴；不育外秤向上渐狭小，互相密集包卷，顶端具长约1.5 mm的短芒；雄蕊2枚。颖果长椭圆形。花果期6~10月。

**生境分布** 生于山坡、林地或林缘、道旁蔽荫处。分布于石岗镇、西山镇、象山镇、乐化镇等地。

**入药部位** 茎叶（淡竹叶）、根茎及块根（碎骨子）。

**采收加工** **淡竹叶**：夏季未抽花穗前采割，晒干。**碎骨子**：夏、秋采收，晒干。

**功能主治** **淡竹叶**：甘、淡，寒。归心、胃、小肠经。清热泻火，除烦止渴，利尿通淋。用于热病烦渴，小便短赤涩痛，口舌生疮。**碎骨子**：甘，寒。清热利尿。用于发热，口渴，心烦，小便不利。

# 稻

别名：水稻、稻子、稻谷

*Oryza sativa* L.

■ 标本采集号：360122200623003LY

**形态特征** 一年生水生草本。秆直立，高0.5~1.5 m，随品种而异。叶鞘松弛，无毛；叶舌披针形，两侧基部下延长成叶鞘边缘，具2枚镰形抱茎的叶耳；叶片线状披针形，无毛，粗糙。圆锥花序大型舒展，长约30 cm，分枝多，棱粗糙，成熟期向下弯垂；两侧孕性花外稃质厚，具5脉，中脉成脊，表面有方格状小乳状突起，厚纸质，遍布细毛端毛较密，有芒或无芒；内稃与外稃同质，具3脉，先端尖而无喙；雄蕊6枚，花药长2~3 mm。颖果长约5 mm；胚比小，约为颖果长的1/4。

**生境分布** 生于田间地头，栽培植物。各乡镇均有分布。

**入药部位** 茎叶（稻草）、去壳的种仁（粳米）、果实上的细芒刺（稻谷芒）、成熟果实经发芽干燥的炮制加工品（稻芽）。

**采收加工** **稻草：**收获稻谷时，收集脱粒的稻秆，晒干。**粳米：**秋季颖果成熟时，采收，脱下果实，晒干，除去稻壳即可。**稻谷芒：**脱粒、晒谷或扬谷时收集，晒干。**稻芽：**将稻谷用水浸泡后，保持适宜的温、湿度，待须根长至约1 cm时，干燥。

**功能主治** **稻草：**辛，温。归脾、肺经。宽中，下气，消食，解毒。用于噎膈，反胃，食滞，腹痛，泄泻，消渴，黄疸，喉痹，痔疮，烫火伤。**粳米：**甘，平。归脾、胃、肺经。补气健脾，除烦渴，止泻痢。用于脾胃气虚，食少纳呆，倦怠乏力，心烦口渴，泻下痢疾。**稻谷芒：**利湿退黄。用于黄疸。**稻芽：**甘，温。归脾、胃经。消食和中，健脾开胃。用于食积不消，腹胀口臭，脾胃虚弱，不饥食少。炒稻芽偏于消食。用于不饥食少。焦稻芽善化积滞。用于积滞不消。

# 毛 竹 别名：楠竹、龟甲竹

*Phyllostachys pubescens* Mazel ex H.de Leh.

标本采集号：360122210310003LY

**形态特征** 乔木，高达20 m。幼竿密被细柔毛及厚白粉，箨环有毛，老竿无毛，并由绿色渐变为绿黄色。箨舌宽短，强隆起乃至为尖拱形，边缘具粗长纤毛；箨片较短。末级小枝具2~4叶；叶耳不明显，鞘口繸毛存在而为脱落性；叶舌隆起；叶片较小较薄，披针形。小穗轴延伸于最上方小花的内稃之背部，呈针状，节间具短柔毛；内稃稍短于其外稃，中部以上生有毛茸；鳞被披针形；柱头3。颖果长椭圆形，顶端有宿存的花柱基部。笋期4月，花期5~8月。

**生境分布** 生于山地、林地等处。各地均有分布。

**入药部位** 幼苗（毛笋）。

**采收加工** 春季采收，鲜用。

**功能主治** 甘，寒。化痰，消胀，透疹。用于食积腹胀，痘疹不出。

# 狗尾草 别名：莠、谷莠子

*Setaria viridis* (L.) Beauv.

■ 标本采集号：360122200618004LY

| | |
|---|---|
| **形态特征** | 一年生草本。根为须状，高大植株具支持根。秆直立或基部膝曲，高10~100 cm。叶鞘松弛，无毛或疏具柔毛或疣毛；第一颖卵形、宽卵形，先端钝或稍尖，具3脉；第二颖几与小穗等长，椭圆形，具5~7脉；第一外稃与小穗等长，具5~7脉，先端钝，其内稃短小狭窄；第二外稃椭圆形，顶端钝，具细点状皱纹，边缘内卷，狭窄；鳞被楔形，顶端微凹；花柱基分离；叶上下表皮脉间均为微波纹或无波纹、壁较薄的长细胞。颖果灰白色。花果期5~10月。 |
| **生境分布** | 生于荒野、道旁、草丛等地。分布于铁河乡等地。 |
| **入药部位** | 种子（狗尾草子）、全草（狗尾草）。 |
| **采收加工** | **狗尾草子：**秋季采收成熟果穗，搓下种子，去净杂质，晒干。**狗尾草：**8~9月采收全草，晒干。 |
| **功能主治** | **狗尾草子：**解毒，止泻，截疟。用于缠腰火丹，泄泻，疟疾。**狗尾草：**淡，平。清肝明目，解热祛湿。用于目赤肿痛，黄疸，痈肿疮癣，小儿疳积等。 |

# 棕 榈 别名：棕树

*Trachycarpus fortunei* (Hook.) H. Wendl.

■ 标本采集号：360122200615011LY

**形态特征** 乔木状。两侧具细圆齿，顶端有明显的戟突。花序粗壮，多次分枝，从叶腋抽出；雄花无梗，每2~3朵密集着生于小穗轴上，也有单生的；雌花淡绿色，通常2~3朵聚生；花无梗，球形，着生于短瘤突上，萼片阔卵形，3裂，基部合生，花瓣卵状近圆形，长于萼片1/3，退化雄蕊6枚，心皮被银色毛。果实阔肾形，有脐，宽11~12 mm，高7~9 mm，成熟时由黄色变为淡蓝色，有白粉，柱头残留在侧面附近。种子胚乳均匀，角质，胚侧生。花期4月，果期12月。

**生境分布** 生于疏林、路旁，常见栽培。各地均有分布。

**入药部位** 叶柄（棕榈）、叶鞘纤维（棕榈皮）。

**采收加工** 棕榈：采棕时割取旧叶柄下延部分和鞘片，除去纤维状的棕毛，晒干。棕榈皮：全年均可采，一般多于9~10月间采收期剥下的纤维状鞘片，除去残皮，晒干。

**功能主治** 棕榈：苦、涩，平。归肺、肝、大肠经。收敛止血。用于吐血，衄血，尿血，便血，崩漏。棕榈皮：苦、涩，平。归肝、脾、大肠经。收敛止血。用于吐血，衄血，便血，血淋，尿血，血崩，外伤出血。

# 一把伞南星

别名：洱海南星、溪南山南星、台南星、短柄南星

*Arisaema erubescens* (Wall.) Schott

**形态特征**　多年生草本。块茎扁球形。叶1，叶柄长40~80 cm，中部以下具鞘；花序柄比叶柄短，直立。佛焰苞绿色，背面有清晰的白色条纹，或淡紫色至深紫色而无条纹，管部圆筒形；喉部边缘截形或稍外卷。肉穗花序单性，雄花序长2~2.5 cm，花密；雄花序的附属器下部光滑或有少数中性花；雌花序上的具多数中性花。雄花具短柄。雌花：子房卵圆形，柱头无柄。果序柄下弯或直立，浆果红色，种子1~2，球形，淡褐色。花期5~7月，果期9月。

**生境分布**　生于山沟、林下阴湿处。分布于溪霞镇等地。

**入药部位**　块茎（天南星）。

**采收加工**　秋、冬二季茎叶枯萎时采挖，除去须根及外皮，干燥。

**功能主治**　苦、辛，温；有毒。归肺、肝、脾经。散结消肿。外用于痈肿，蛇虫咬伤。

# 半　夏 别名：地珠半夏、半夏、小天南星、三叶半夏

*Pinellia ternata* (Thunb.) Breit.

■ 标本采集号：360122210419007LY

**形态特征**　多年生草本。块茎圆球形，具须根。叶2~5枚。叶柄长15~20 cm，基部具鞘，鞘内、鞘部以上或叶片基部有直径3~5 mm的珠芽，珠芽在母株上萌发或落地后萌发；幼苗叶片卵状心形至戟形，为全缘单叶；花序柄长25~35 cm，长于叶柄。佛焰苞绿色或绿白色，管部狭圆柱形；檐部长圆形，绿色，有时边缘青紫色，钝或锐尖。肉穗花序：雌花序长2 cm，雄花序长5~7 mm；附属器绿色变青紫色。浆果卵圆形，黄绿色。花期5~7月，果8月成熟。

**生境分布**　生于草坡、荒地、玉米地、田边或疏林下。分布于樵舍镇、流湖镇等地。

**入药部位**　块茎（半夏）。

**采收加工**　夏、秋二季采挖，洗净，除去外皮和须根，晒干。

**功能主治**　辛，温；有毒。归脾、胃、肺经。燥湿化痰，降逆止呕，消痞散结。用于湿痰寒痰，咳喘痰多，痰饮眩悸，风痰眩晕，痰厥头痛，呕吐反胃，胸脘痞闷，梅核气；外用于痈肿痰核。

# 香　蒲　别名：莒蒲、长苞香蒲、水烛、东方香蒲

*Typha orientalis* Presl

■ 标本采集号：360122200616039LY

| 形态特征 | 多年生水生或沼生草本。根状茎乳白色。地上茎粗壮，向上渐细，高1.3~2 m。叶片条形，下部腹面微凹，背面逐渐隆起呈凸形，横切面呈半圆形，细胞间隙大，海绵状；叶鞘抱茎。雌雄花序紧密连接；雄花序长2.7~9.2 cm，花序轴具白色弯曲柔毛；雌花序长4.5~15.2 cm，花药长约3 mm，2室；雌花无小苞片；孕性雌花柱头匙形，外弯，花柱长1.2~2 mm；不孕雌花子房长约1.2 mm。果皮具长形褐色斑点。种子褐色。花果期5~8月。 |

**生境分布**　生于湖泊、池塘、沟渠、沼泽及河流缓流带。分布于生米镇、望城镇等地。

**入药部位**　花粉（蒲黄）。

**采收加工**　夏季采收蒲棒上部的黄色雄花序，晒干后碾轧，筛取花粉。

**功能主治**　甘，平。归肝、心包经。止血，化瘀，通淋。用于吐血，衄血，咯血，崩漏，外伤出血，经闭痛经，胸腹刺痛，跌扑肿痛，血淋涩痛。

# 蘘 荷 别名：野姜

*Zingiber mioga* (Thunb.) Rosc.

**形态特征** 多年生草本。株高0.5~1 m；根状茎圆柱形，淡黄色。叶片披针状椭圆形或线状披针形，叶面无毛，顶端尾尖；叶舌膜质，2裂，长0.3~1.2 cm。穗状花序椭圆形；总花梗0~17 cm，被长圆形鳞片状鞘；苞片覆瓦状排列，椭圆形，红绿色，具紫脉；花萼长2.5~3 cm，一侧开裂；花冠管较萼为长，淡黄色；唇瓣卵形，3裂，中裂片长2.5 cm，宽1.8 cm，中部黄色，边缘白色，侧裂片长1.3 cm，宽4 mm。果倒卵形，熟时裂成3瓣，果皮里面鲜红色；种子黑色。花期8~10月。

**生境分布** 生于山谷中阴湿处。分布于蛟桥镇等地。

**入药部位** 根茎（蘘荷）、花（蘘荷花）、果实（蘘荷子）。

**采收加工** **蘘荷**：夏、秋季采收，鲜用或切片晒干。**蘘荷花**：花开时采收，鲜用或烘干。**蘘荷子**：果实成熟开裂时采收，晒干。

**功能主治** **蘘荷**：辛，温。归肺、肝经。活血调经，祛痰止咳，解毒消肿。用于月经不调，痛经，跌打损伤，咳嗽气喘，痈疽肿毒，瘰疬。**蘘荷花**：辛，温。温肺化痰。用于肺寒咳嗽。**蘘荷子**：辛，温。归胃经。温胃止痛。用于胃痛。